普通高等教育"十二五"规划教材

电路分析基础

曾令琴　主　编

周文俊　陈建国　副主编

化学工业出版社

·北京·

本书是根据应用型人才培养要求编写的。理论内容主要有：电路的基本概念和定律、电路原理及基本分析方法、单相正弦交流电路、相量分析法、谐振、互感耦合电路和变压器、三相电路、电路的暂态分析、非正弦周期电流电路、二端口网络、均匀传输线和拉普拉斯变换等。实践教学内容包括与理论内容相关的实验指导，还有电工实习项目，注重学生素质培养和应用型人才能力培养，真正体现了"应用型"人才培养的教学模式。

本教材配备了立体化教学资源，配套资料包括教学大纲、多媒体教学课件、课程辅导与习题详解以及试题库等。

本书可作为应用型本科和高职高专电类各专业教材，同时也适用于相关工程技术人员参阅。

图书在版编目（CIP）数据

电路分析基础/曾令琴主编. —北京：化学工业出版社，2013.8

普通高等教育"十二五"规划教材

ISBN 978-7-122-17863-3

Ⅰ. ①电… Ⅱ. ①曾… Ⅲ. ①电路分析-高等学校-教材 Ⅳ. ①TM133

中国版本图书馆 CIP 数据核字（2013）第 150054 号

责任编辑：王听讲　　　　　　　　　　文字编辑：吴开亮
责任校对：陶燕华　　　　　　　　　　装帧设计：关　飞

出版发行：化学工业出版社（北京市东城区青年湖南街13号　邮政编码100011）
印　　装：三河市万龙印装有限公司
787mm×1092mm　1/16　印张14½　字数376千字　2013年11月北京第1版第1次印刷

购书咨询：010-64518888（传真：010-64519686）　售后服务：010-64518899
网　　址：http://www.cip.com.cn

定　　价：32.00元　　　　　　　　　　　　　　　　版权所有　违者必究

前　言

　　电路分析基础课程是大学本科、高职高专、中职电类各专业的重要技术基础课程，是电类学生知识结构的重要组成部分，在人才培养中起着十分重要的作用，具有很强的实践性。

　　本书围绕应用型人才培养目标，内容贴近工程实际，注重测试技能和电路分析技能，同时兼顾对学生的素质培养。本教材根据课程内容的广泛性与复杂性，采用科学、合理的方法对教学内容进行归类合并，各学校可以自由选择相关专业所需要的知识模块；同时，在教材中加入了实验指导和实训项目，注重工程技术实际应用，既为学生后续课程服务，又能培养学生的工程技术应用能力。另外，为了给教师和学生提供教学方便，我们对教材进行了立体化建设，除了纸质主教材外，还制作了非常实用的多媒体教学课件，并且提供与教材相配套的教学大纲、试题库、习题详细解析等，需要者可以到化学工业出版社教学资源网站http：//www.cipedu.com.cn 免费下载使用。

　　全书共分 12 章，建议课时如下：第 1 章和第 2 章是理论基础，建议课时 24 学时；第 3章、第 4 章 16 学时；第 5 章 8 学时；第 6 章 10 学时；第 7 章 8 学时；第 8 章 10 学时；第 9章 8 学时；第 10 章 8 学时；第 11 章 6 学时；第 12 章 8 学时（以上课时均包括实践教学环节课时）。如果实验课可以单独设课时，建议全课程理论总学时不低于 86 学时。各校可根据各专业课时制定的不同选择适合于本专业的教学模块组合，但要求保证实际教学课时不低于各模块的建议学时数，以保证教学质量。若按教材全部实践教学环节实施，则总实验和实训学时数建议不低于 86 学时，保证学生的技能和工程应用能力的培养。

　　本书由河南理工大学万方科技学院曾令琴副教授主编，并负责全书统稿和对教材内容进行立体化配套建设工作；温州大学城市学院的周文俊副教授、中国人民解放军防空兵指挥学院陈建国担任副主编，河南理工大学万方科技学院王振玲、梁妍参编。

　　为了进一步提升教材质量，欢迎使用本教材的师生和工程技术人员对书中存在的错漏和不足之处，给予批评指正。

编者

2013 年 9 月

目　录

第1章　电路的基本概念、基本定律

第2章　电路的基本分析方法

第3章　单相正弦交流电路

第4章 相量分析法

第5章 谐振电路

第6章 互感耦合电路与变压器

第7章 三相电路

第 11 章 均匀传输线

第 12 章 拉普拉斯变换

电路的基本概念、基本定律

随着科学技术的飞速发展，现代电工电子设备种类日益繁多，规模和结构更是日新月异，但无论怎样设计和制造，这些设备绝大多数仍是由各式各样的电路所组成的。电路的结构不论多么复杂，它们和最简单的电路之间还是具有许多基本的共性，遵循着相同的规律。本章的重点就是要阐明这些共性并分析电路的基本规律。

本章内容可划分为三个部分：电路的基本概念及电路物理量，基尔霍夫定律及电源模型，电路等效。在"电路基础"课程中，本章内容既是贯穿全书的重要理论基础，也是实用电工技术中通用的理论依据，要求读者在学习中应予以足够的重视。

【本章教学要求】

理论教学要求：了解和熟悉电路模型和理想电路元件的概念；理解和区分电压、电流、电动势、电功率的概念及其描述问题时方法上的区别；进一步熟悉欧姆定律及其扩展应用；充分理解和掌握基尔霍夫定律的内容，并能初步运用基尔霍夫定律分析电路中的实际问题；深刻理解和掌握参考方向在电路分析中的作用；理解和领会电路等效问题，熟练掌握无源二端网络和有源二端网络等效化简的基本方法。

实验教学要求：了解实验室的情况；熟悉常用电路仪器、仪表及其简单的使用方法；学会测量直流电路中的电压和电流，学会用万用表测量电阻的方法。

1.1 电路和电路模型

●**【学习目标】**●

了解基本电路的组成及其功能，理解电路模型及其理想电路元件的概念，熟悉实际电路模型化的条件，掌握实际电路元件与理想电路元件在电特性上的差别。

1.1.1 电路的组成及功能

电流通过的路径称为电路。

实际电路通常由各种电路实体部件（如电源、电阻器、电感线圈、电容器、变压器、仪表、二极管、三极管等）组成。每一种电路实体部件都具有各自不同的电磁特性和功能，按照人们的需要，把相关电路实体部件按一定方式进行组合，就构成了电路。如果某电路元件数量很多且电路结构较为复杂时，通常又把这些电路称为电网络。

手电筒电路、单个照明灯电路是实际应用中最为简单的电路实例，电动机电路、雷达导航设备电路、计算机电路、电视机电路显然是较为复杂的电路。不管简单还是复杂，电路的基本组成部分都离不开三个基本环节：电源、负载和中间环节。

电源：向电路提供电能的装置。如电池、发电机等。电源可以将其他形式的能量转换成电能，如电池把化学能转换为电能，发电机把热能、机械能或原子能等转换为电能。在电路中，电源是激励，是激发和产生电流的因素。

负载：在电路中接收电能的装置。如电灯、电动机等。负载把从电源接收到的电能转换为人们需要的能量形式，如电灯把电能转变成光能和热能，电动机把电能转换为机械能，充电的蓄电池把电能转换为化学能等。在电路中，负载是响应，是接收和转换电能的用电器。

中间环节：电源和负载之间连通的传输导线，控制电路的通、断的控制开关，保护和监控实际电路的设备（如熔断器、热继电器、空气开关等）等称为电路的中间环节。中间环节在电路中起着传输和分配能量、控制和保护电气设备的作用。

工程应用中的实际电路，按照功能的不同可概括为两大类。

（1）电力系统中的电路：特点是大功率、大电流。其主要功能是对发电厂发出的电能进行传输、分配和转换。

（2）电子技术中的电路：特点是小功率、小电流。其主要功能是实现对电信号的传递、变换、储存和处理。

1.1.2 电路模型

人们设计和制作各种电路部件，是为了利用它们的主要电磁特性实现人们的需要。例如，制作一个滑线变阻器，主要是利用它对电流呈现阻力的性质；制作一个电压源，主要是利用其能在正负极间保持一定电压的性质。但实际上滑线变阻器不仅具有对电流呈现阻力的性质，同时电流通过它时还会在其周围产生磁场；实际的电压源也总是存在内阻的，因此使用时不可能保持定值的端电压。因此，在对实际电路进行分析和计算时，如果将实际电气部件的全部电磁特性都加以考虑，问题势必复杂化，造成分析和计算上的困难。

为了方便对实际电路的分析和计算，在电路理论中，通常在工程允许的条件下对实际电路进行模型化处理。例如电阻器、灯泡、电炉等，它们在工频电路中接受电能并将电能转换成光能或热能被人们所利用，光能和热能显然不可能再回到电路中转换成电能，这种能量转换过程不可逆的电磁特性称之为耗能。这些电气设备的主要电磁特性就是耗能，除此之外，它们当然还存在其他一些电磁特性，但在工频电路的分析中，只考虑它们耗能的电磁特性，忽略其他不重要的电磁特性，显然对整个电路的分析、计算并不产生影响，且会给解决问题带来事半功倍的实效。这种抓住主要因素、忽略次要因素的理想化模型处理是工程实际应用中的一种常用和有效解决问题的方法。在电路理论中，凡是具有耗能电磁特性的电气设备，都可以用一个理想电路元件——"电阻元件"来表示，因此电阻元件就在电路分析中成为耗能元件的电路模型。显然，电路模型不仅可为分析和计算实际电路带来方便，对电路图也起到了简化和统一的效果。

工程实际中的电感线圈，其主要电磁特性是吸收电能建立磁场，以达到机电能量转换目的。我们把这种电磁特性用一个理想"电感元件"来表征，这个理想化电路元件吸收电能后只建立磁场，因此"电感元件"只具有吸收电能建立磁场的单一电磁特性。但是，实际电感线圈通常是在一个骨架上用漆包线绕制而成，根据热效应原理，漆包线通电后必定发热而产生能量损耗，即实际电感线圈也存在着"耗能"的电特性。用漆包线绕制而成的电感线圈，由于匝与匝之间、层与层之间相互绝缘，所以还存在着电容效应。这说明，实际电感线圈的电特性是多元、复杂的。在电路分析中，我们根据抓住主要因素，忽略次要矛盾的模型化处理条件，可具体问题具体分析。例如，直流电路中工作的电感线圈由于在稳态下不存在电磁感应，电容效应也可忽略不计时，直流稳态下的电感线圈就可以用一个只具有耗能电磁特性的电阻元件来表征；工频情况下的电感线圈吸收电能建立磁场是其主要功能，但线圈通电发热的耗能因素也不能忽略，电容效应由于微乎其微可不加考虑，这种情况下，电感线圈的电路模型就可以用一个理想电阻元件和一个理想电感元件的串联组合来表征；实际电感线圈在某中频条件下，当电容效应也不能忽略时，其电路模型显然就要用一个电阻、电感元件的串联组合，再与一个电容元件相并联来进行恰当表征了；高频下的电感线圈往往可以忽略耗能的电磁特性，这时的电路模型就可以用电感元件和电容元件的并联组合来表征。某些高频下，如电感线圈在电路中作为扼流圈时，甚至只考虑电容效应来建立其电路模型。

由此可知，同一实体电路部件，其电磁特性是多元和复杂的，并且在不同的外部条件下，它们呈现的电磁特性也会各不相同。

进行模型化处理的思路，就是要在工程允许的范围内，用一些理想元件表征实际元器件的主要电磁特性，忽略它们的次要电磁特性，从而大大简化对实际问题的分析和计算。电路理论中的这种抽象出实际电路器件的"电路模型"，也是简化电路分析和计算的最行之有效的方法。

实际电路元件的"电路模型"分为有源和无源两大类，如图 1.1 所示。

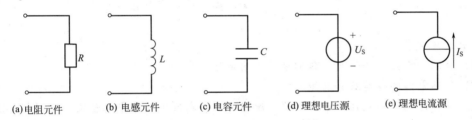

图 1.1　无源和有源的理想电路元件的电路模型

由于用电器上的电磁特性无非就是耗能、储存磁场能和储存电场能三种，因此可抽象出图 1.1 中的电阻元件（只具有耗能的电磁特性）、电感元件（只具有建立储存磁场能的电磁特性）和电容元件（只具有储存电场能的电磁特性），通常把电阻、电感、电容这三个无源二端理想元件称为电路的三大基本元件，简称为电路元件。电路元件是实际电路器件的理想抽象，其电磁特性单一而确切。

图 1.1 中的有源二端元件，其中的"源"是指它们能向电路提供电能。如果电源的主要供电方式是向电路提供一定的电压，称为电压源；若主要供电方式是向电路提供一定的电流，则称为电流源。

对实际元器件的模型化处理，使得不同的实体电路部件，只要具有相同的电磁性能，在一定条件下就可以用同一个电路模型来表示，这显然降低了实际电路的绘图难度。而且，同一个实体电路部件，处在不同的应用条件和环境下，其电路模型可具有不同的形式。有时模型比较简单，仅由一种元件构成；有时比较复杂，可用几种理想元件的不同组合构成。这种对实际电路进行模型化处理的方法，给工程实际中的分析和计算带来了极大的方便。

例如，图 1.2 所示是一个最简单的手电筒电路及它的电路模型。

由图 1.2 可看出，手电筒的实体电路画法较为复杂，而电路模型显得清晰明了。

对电路进行分析，就是要寻求实际电路共有的一般规律，电路模型就是用来探讨存在于不同特性的各种真实电路中共有规律的工具。简单地说，电路模型就是与实际电路相对应的、由理想电路元件构成的电路图。

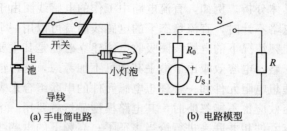

图 1.2 手电筒电路及其电路模型

电路模型具有两大特点：一是它里面的任何一个元件都是只具有单一电磁特性的理想电路元件，因此反映出的电磁现象均可用数学方式进行精确的分析和计算；二是对各种电路模型的深入研究，实质上就是探讨各种实际电路共同遵循的基本规律。

需要指出的是，上面所讲到的各种电路模型，只适用于低、中频电路的分析，因为在低、中频电路中，其中的电路元器件基本上都是集总参数元件（即次要因素可以忽略的元件），集总参数元件的电磁过程都分别集中在元件内部进行。而在高频和超高频电路中，元器件上的电磁过程并不是集中在元件内部进行，因此要用"分布电路模型"来抽象和进行描述。

本教材中如不做特殊说明，电路中的元器件均按符合集总参数元件处理。

●【学习思考】●

（1）电路由哪几部分组成，各部分的作用是什么？

（2）试述电路的分类及其功能。

（3）何谓理想电路元件，如何理解"理想"二字在实际电路中的含义，何谓电路模型？

（4）你能说明集总参数元件的特征吗？你如何在电路中区分电源和负载？

1.2 电路的基本物理量

●【学习目标】●

在高中物理学的基础上，进一步熟悉电流、电压、电功率等电路物理量的概念，学会从工程应用的角度重新理解电流、电压、电功率，掌握它们的国际单位制；理解电位的相对性和电压的绝对性，区分电压和电动势的相同点和不同点；深刻领会参考方向的问题。

1.2.1 电流

电荷有规则的定向移动形成电流。在稳恒直流电路中，电流的大小和方向不随时间变化；在正弦交流电路中，电流的大小和电荷移动的方向按正弦规律变化。

在金属导体内部，自由电子可以在原子间做无规则运动；在电解液中，正负离子可以在溶液中自由运动。如果在金属导体或电解液两端加上电压，在金属导体内部或电解液中就会形成电场，自由电子或正负离子就会在电场力的作用下，做定向移动从而形成电流。

电流的大小是用单位时间内通过导体横截面的电量进行衡量的，称为电流强度，即

$$i = \frac{\mathrm{d}q}{\mathrm{d}t}$$

(1.1)

稳恒直流电路中，电流的大小及方向都不随时间变化时，其电流强度可表示为

$$I = \frac{Q}{t} \qquad (1.2)$$

注意：在电路理论中，一般把变量用小写的英文字母来表示，而把恒量用大写的英文字母来表示。如式(1.1)中的电流和电量都是用的小写英文字母，而式(1.2)中则用大写。这一点在电学中十分重要，切不可张冠李戴。

高中物理学中，我们把电荷的定向移动称为电流，即电流表明一种物理现象。在电学中，电路中的电流强度简称电流，电流是电路中的主要参量，各种用电器的应用就是它们通过电流吸收电能并把电能转换成其他形式能量为人们所利用的实例。

物理学习惯上规定正电荷移动的方向作为电流的正方向，这一习惯规定同样适用于电路。实际中，电流的作用方向对它的作用效果并不产生不同的影响，因此电流是标量。但在电路的分析和计算中，电流的大小用来定量地反映电流的强弱，电流的方向则要用方程式中各电流前面的"＋"、"－"号加以区别。

在式(1.1)和式(1.2)中，当电量 $q(Q)$ 的单位采用国际制单位库仑【C】、时间 t 的单位用国际制单位秒【s】时，电流 $i(I)$ 的单位就应采用国际制安培【A】。

电流还有较小的单位毫安【mA】、微安【μA】和纳安【nA】，它们之间的换算关系为

$$1A = 10^3\,mA = 10^6\,\mu A = 10^9\,nA$$

1.2.2 电压、电位和电动势

1. 电压

根据物理学可知，电压就是将单位正电荷从电场中的一点移至电场中的另一点时，电场力所做的功，用数学式可表达为

$$U_{ab} = \frac{W_a - W_b}{q} \qquad (1.3)$$

式中，U_{ab} 就是电压。当电功的单位用焦耳【J】，电量的单位用库仑【C】时，电压的单位是伏特【V】。电压的单位还有千伏【kV】和毫伏【mV】，各种单位之间的换算关系为

$$1V = 10^{-3}\,kV = 10^3\,mV$$

由欧姆定律可知，如果把一个电压加在电阻两端，电阻中就会有电流通过。实际电路中的情况也是如此，当我们在负载两端加上一个电压时，负载中同样会有电流通过，而电流通过负载时必定会在负载两端产生电压降，即发生能量转换的过程。电学中从工程实际上认为：电压是电路中产生电流的根本原因（就像水路中产生水流的原因是必须存在水位差一样）。

电压在电路分析中同样存在方向问题。一般规定：电压的正方向由高电位"＋"指向低电位"－"，因此电学中通常把电压称为电压降。

2. 电位

电路中各点位置上所具有的势能称为电位。空间各点位置的高度都是相对于海平面或某个参考高度而言的，没有参考高度讲空间各点的高度无意义。同样，电路中的电位也具有相对性，只有先明确了电路的参考点，再讨论电路中各点的电位才有意义。电路理论中规定：电位参考点的电位取零值，其他各点的电位值均要和参考点相比，高于参考点的电位是正电位，低于参考点的电位是负电位。

参考点的选取理论上是任意的。但实际应用中，由于大地的电位比较稳定，所以经常以大地作为电路参考点。有些设备和仪器的底盘、机壳往往需要与接地极相连，这时我们也常

选取与接地极相连的底盘或机壳作为电路参考点。电子技术中的大多数设备，很多元件常常汇集到一个公共点，为分析和研究实际问题的方便，又常常把电子设备中的公共连接点作为电路的参考点。

电位的高低正负都是相对于参考点而言的。只要电路参考点确定之后，电路中各点的电位数值就是唯一确定的。实际上，电路中某点电位的数值，等于该点到参考点之间的电压。因此，在电子技术中检测电路时，常常选取某一公共点作为参考点，用电压表的负极表棒与该点相接触，而正极表棒只需其他各点来测量它们的电位是否正常，即可查找出故障点。引入电位的概念后，给分析电路中的某些问题带来了不少方便。例如，一个电子电路中有 5 个不同的点，任意两点间均有一定的电压，直接用电压来讨论要涉及 10 个不同的电压，而改用电位讨论时，只需把其中的一个点作为电路参考点，其余只讨论 4 个点的电位就可以了。

电位的定义式与电压的定义式的形式相同，因此它们的单位相同，也是伏特【V】。所不同的是，电位特指电场力把单位正电荷从电场中的一点移到参考点所做的功。为了区别于电压，在电学中把电位用单注脚的"V"表示，电压和电位的关系为

$$U_{ab} = V_a - V_b \tag{1.4}$$

即电路中任意两点间电压，在数值上等于这两点电位之差。由式(1.4) 也可以看出，电压是绝对的量，电路中任意两点间的电压大小，仅取决于这两点电位的差值，与参考点无关。

3. 电动势

电动势和电位一样属于一种势能，它反映了电源内部能够将非电能转换为电能的本领。从电的角度上看，电动势代表了电源力将电源内部的正电荷从电源负极移到电源正极所做的功，是电能累积的过程。电动势定义式的形式与电压、电位类同，因此它们的单位相同，都是伏特【V】。

电路中持续的电流需要靠电源的电动势来维持，这就好比水路中需要用水泵来维持连续的水流一样。水泵之所以能维持连续的水流，是由于水泵具有将低水位的水抽向高水位的本领，从而保持水路中两处的水位差，高处的水就能连续不断地流向低处。电源之所以能够持续不断地向电路提供电流，也是由于电源内部存在电动势的缘故。电动势用符号"E"表示。在电路分析中，电动势的方向规定由电源负极指向电源正极，即电位升高的方向。

1.2.3 电功和电功率

1. 电功

电流能使电动机转动、电炉发热、电灯发光，说明电流具有做功的本领。电流做的功称为电功。电流做功的同时伴随着能量的转换，其做功的大小显然可以用能量进行度量，即

$$W = UIt \tag{1.5}$$

式中，电压的单位用伏特【V】，电流的单位用安培【A】，时间的单位用秒【s】时，电功（或电能）的单位是焦耳【J】。工程实际中，还常常用千瓦·小时【kW·h】来表示电功（或电能）的单位，1kW·h 又称为一度电。一度电的概念可用下述例子解释：100W 的灯泡使用 10 个小时耗费的电能是 1 度；40W 的灯泡使用 25 小时耗费电能也是 1 度；1000W 的电炉加热一个小时，耗费电能还是 1 度，即 1 度=1kW×1h。

2. 电功率

单位时间内电流做的功称为电功率。电功率用 P 表示，即

$$P = \frac{W}{t} = \frac{UIt}{t} = UI \tag{1.6}$$

式中，电功的单位用焦耳【J】，时间的单位用秒【s】，电压的单位为伏特【V】，电流的单位为安培【A】时，电功率的单位是瓦特【W】。

用电器铭牌上的电功率是它的额定功率，是对用电设备能量转换本领的量度。例如"220V，100W"的白炽灯，说明它两端加 220V 电压时，可在 1 秒钟内将 100 焦耳的电能转换成光能和热能；1 只"220V，40W"的白炽灯，则指它两端加 220V 电压时，在 1 秒钟内能将 40 焦耳的电能转换成光能和热能。显然，"220V，100W"的白炽灯能量转换的本领大。需要注意的是：用电器实际消耗的电功率只有实际加在用电器两端的电压等于它铭牌数据上的额定电压时，才等于它铭牌上的额定功率。用电器上加的实际电压小于额定电压时，由于用电器的参数不变，则通过的电流也一定小于额定电流，电功率是电压、电流的乘积，因此实际功率必定小于额定功率；当用电器上加的实际电压大于额定电压时，由于用电器的参数不变，则通过的电流也一定大于额定电流，实际功率也必定大于额定功率。

电路分析中，电功率也是一个有正、负之分的量。当一个电路元件上消耗的电功率为正值时，说明这个元件在电路中吸收电能，是负载；若电路元件上消耗的电功率为负值时，说明它非但没有吸收电能，反而在向外供出电能，起电源的作用，是电源。

1.2.4 参考方向

比较简单的直流电路，电压、电流的实际方向很容易看出来，可是对于复杂的直流电路，有时电路中电流（或电压）的实际方向很难预先判断出来；在交流电路中，由于电流（或电压）的实际方向在不断地变化，所以也无法在电路图中正确标出电流（或电压）某一瞬间的实际方向。

电路分析的任务是已知电路中的元件参数和"激励"（电源），去寻求电路中的"响应"（电压和电流），从而得到不同电路激励所对应的不同"响应"的规律。"寻求规律"是要有依据的，这个依据就是对电路列写方程式或方程组。在电路图上标出电压、电流的参考方向，就是为电路方程式中的各电量提供正、负依据，在这些参考方向下方可列写出相应的电路方程，进而求得"响应"（待求电压、电流）的结果。

在分析和计算电路的过程中，参考方向是人为假定的分析依据。但参考方向一经确定，整个分析过程中就不能再随意更改。为了避免麻烦，在假设元件是负载时，一般把元件两端电压的参考方向与通过元件中的电流的参考方向选成一致（说明负载通过电流时要进行能量转换，其结果使电流流出端电位降低），如图 1.3（a）所示。这种参考方向称为关联方向。当我们假设元件是电源时，参考方向一般选择非关联方向，如图 1.3（b）所示。

在运用参考方向时有两个问题要注意。

① 参考方向是列写方程式的需要，是待求值的假定方向而不是待求值的真实方向，所以不必去追求其物理实质是否合理。

② 在分析、计算电路的过程中，出现"正、负"、"加、减"及"相同、相反"这几个概念时，切不可把它们混为一谈。

分析和计算电路的最后结果，当某一所求电压或电流得正值，说明它在电路图上的参考方向与实际方向相同；若某一所求电压或电流得负值，则说明它在电路图上所标定的参考方向与该电量的实际方向相反。

方程式各量前面的加、减号规定：凡与参考方向一致的电量，前面取加号，凡与参考方向相反的电量，前面则取减号。

某元件上流过的电流与它两端电压为关联参考方向时，称方向相同，若流过元件上的电流与它两端电压为非关联参考方向时，称方向相反。实际负载上的电压、电流方向总是关联的；实际电源上的电压、电流方向总是非关联的。因此，当假定一个元件是负载时，其参考方向通常选取关联方向，若假定一个元件是电源时，其参考方向通常选取非关联方向。

(a) 关联参考方向　　　　　　　　　　　　(b) 非关联参考方向

图1.3　电压、电流参考方向

●【学习思考】●

（1）如图1.3(a)所示，若已知元件吸收功率为-20W，电压$U=5\text{V}$，求电流I。

（2）如图1.3(b)所示，若已知元件中通过的电流$I=-100\text{A}$，元件两端电压$U=10\text{V}$，求电功率P，并说明该元件是吸收功率还是发出功率。

（3）电压、电位、电动势有何异同？

（4）电功率大的用电器，电功也一定大。这种说法正确吗，为什么？

（5）在电路分析中，引入参考方向的目的是什么？应用参考方向时，会遇到"正、负，加、减，相同、相反"这几对词，你能说明它们的不同之处吗？

1.3　基尔霍夫定律

●【学习目标】●

理解基尔霍夫定律只取决于电路的连接方式，与其接入电路的方式无关这一特点，明确基尔霍夫定律是各种电路都必须遵循的普遍规律；熟悉基尔霍夫定律的内容，了解基尔霍夫定律的约束对象与欧姆定律的区别；尽快掌握基尔霍夫定律分析问题的方法；初步学会基尔霍夫定律的简单应用。

对任意一段电路，电流与该段电路两端的电压成正比，与该段电路中的电阻成反比。这一结论是在1827年由德国科学家欧姆提出的，因此称为欧姆定律。当电压与电流为关联参考方向时，欧姆定律可表示为

$$I=\frac{U}{R}$$

上式仅适用于线性电路，即欧姆定律体现了线性电路元件上的电压、电流约束关系，表明了元件特性只取决于元件本身，与其接入电路的方式无关这一规律。

电路的基本定律除了欧姆定律，还有本节要讲的结点电流定律【KCL】和回路电压定律【KVL】，KCL和KVL都是德国科学家基尔霍夫提出的，因此也把KCL称为基尔霍夫第一定律，把KVL称为基尔霍夫第二定律。1847年，基尔霍夫将物理学中"流体流动的连续性"和"能量守恒定律"用于电路之中，创建了结点电流定律（KCL），之后根据"电位的单值性原理"又创建了回路电压定律（KVL）。欧姆定律体现了电路元件上的电压、电流约束关系，与电路的连接方式无关；而基尔霍夫定律则反映了电路整体的规律，具有普遍性，不但适合于任何元件组成的电路，而且适合于任何变化的电压与电流。基氏两定律和欧姆定律被人们称为电路的三大基本定律。

1.3.1 几个常用的电路名词

1. 支路

指一个或几个元件相串联后，连接于电路的两个结点之间，使通过其中的电流值相同。如图 1.4 中的 ab、adb、acb 三条支路。对一个整体电路而言，支路就是指其中不具有任何分岔的局部电路。

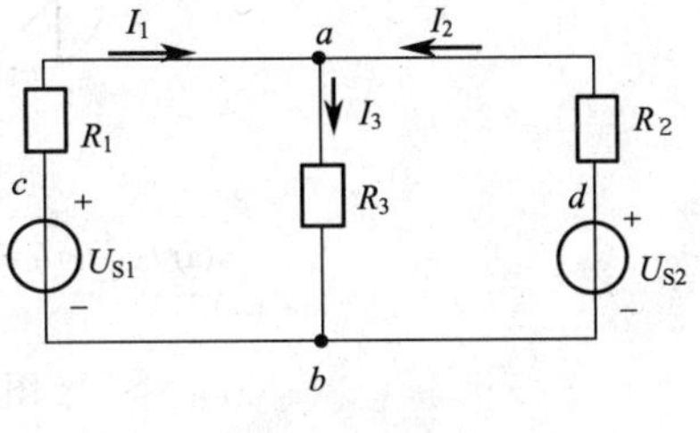

2. 结点

电路中三条或三条以上支路的汇集点称为结点。如图 1.4 中的 a 点和 b 点。

3. 回路

电路中任意一条或多条支路组成的闭合路径称为回路。如图 1.4 中的 $abca$、$adba$、$adbca$ 都是回路。

图 1.4　常用名词举例电路图

4. 网孔

电路中不包含其他支路的单一闭合回路称为网孔，如图 1.4 中的 $abca$ 和 $adba$ 两个网孔。网孔中不包含回路，但回路中可能包含有网孔。

1.3.2 结点电流定律（KCL）

KCL 指出，对电路中任一结点而言，在任一时刻，流入结点的电流的代数和恒等于零。数学表达式为

$$\sum I = 0 \tag{1.7}$$

列写 KCL 电流方程式时要注意，必须先标出汇集到结点上的各支路电流的参考方向，一般对已知电流，可按实际方向标定，对未知电流，其参考方向可任意选定。只有在参考方向选定之后，才能确立各支路电流在 KCL 方程式中的正、负号。对式(1.7)，本教材中约定：指向结点的电流取正，背离结点的电流取负。若约定背离结点的电流为正，指向结点的电流为负时，KCL 仍不失其正确性，会取得相同的结果。

例 1.1　在图 1.5 所示电路中，已知 $I_1 = -2\text{A}$，$I_2 = 6\text{A}$，$I_3 = 3\text{A}$，$I_5 = -3\text{A}$，参考方向如图标示。求元件 4 和元件 6 中的电流。

解： 首先应在图中标示出待求电流的参考方向。设元件 4 上的电流方向从 a 点到 b 点；流过元件 6 上的电流指向 b 点。

对 a 点列 KCL 方程式，并代入已知电流值

$$I_1 + I_2 - I_3 - I_4 = 0$$
$$(-2) + 6 - 3 - I_4 = 0$$

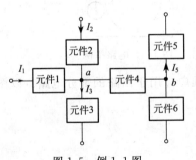

图 1.5　例 1.1 图

求得　　　　$I_4 = (-2) + 6 - 3 = 1(\text{A})$

对 b 点列 KCL 方程式，并代入已知电流值

$$I_4 - I_5 + I_6 = 0$$
$$1 - (-3) + I_6 = 0$$

求得　　　　$I_6 = (-1) - 3 = -4(\text{A})$

式中，I_6 得负值，说明设定的参考方向与该电流的实际方向相反。

KCL 虽然是对电路中任一结点而言的，根据电流的连续性原理，它可推广应用于电路

中的任一假想封闭曲面。如图 1.6 所示。

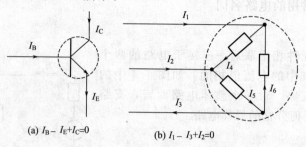

(a) $I_B - I_E + I_C = 0$ (b) $I_1 - I_3 + I_2 = 0$

图 1.6　KCL 定律的推广应用

1.3.3　回路电压定律（KVL）

KVL 是描述电路中任一回路上各段电压之间相互约束关系的电路定律。KVL 指出，在集总参数电路中，任一时刻，沿任意回路绕行一周（顺时针方向或逆时针方向），回路中各段电压的代数和恒等于零，即

$$\sum U = 0 \tag{1.8}$$

如果约定沿回路绕行方向，电压降低的参考方向与绕行方向一致时取正号，电压升高的参考方向与绕行方向一致时取负号。对图 1.7 所示电路，根据 KVL 可对电路中三个回路分别列出 KVL 方程式如下。

对左回路　　　　　$I_1 R_1 + I_3 R_3 - U_{S1} = 0$
对右回路　　　　　$-I_2 R_2 - I_3 R_3 + U_{S2} = 0$
对大回路　　　　　$I_1 R_1 - I_2 R_2 + U_{S2} - U_{S1} = 0$

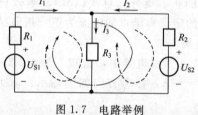

图 1.7　电路举例

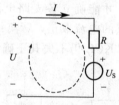

图 1.8　电路举例

KVL 不仅应用于电路中的任意闭合回路，同时也可推广应用于回路的部分电路。以图 1.8 所示电路为例，应用 KVL 可列出

$$\sum U = IR + U_S - U$$

或　　　　　　　　　$U = IR + U_S$

应用 KVL 时应注意，列写方程式之前，必须在电路图上标出各元件端电压的参考极性，然后根据约定的正、负列写相应的方程式。当约定不同时，KCL 和 KVL 仍不失其正确性，会得到同样的结果。

例 1.2　在图 1.9 电路中，利用 KVL 求解图示电路中的电压 U。

解：显然，要想求出电压 U，需先求出支路电流 I_3，I_3 电流与待求电压 U 的参考方向如图所示。

对图 1.9 回路假设一个如虚线所示的回路参考绕行方向，然后对该回路列写 KVL 方程式

$$(22+88)I_3=10$$

求得 $\qquad I_3=10/(22+88)\approx0.0909(\text{A})$

因此 $\qquad U=0.0909\times88\approx8(\text{V})$

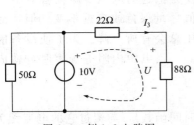

图 1.9　例 1.2 电路图　　　　　　　图 1.10　KVL 的推广应用

KVL 和 KCL 一样可以推广应用，以图 1.10 所示电路为例进行 KVL 推广应用的说明。图 1.10 所示电路是一个星形连接的电阻电路，其中 $ABOA$ 是一个非闭合的回路。

假设电阻 R_a 上电压 U_a 和 R_b 上电压 U_b 均为已知，求 A、B 两点电压时，就可设想在 A、B 之间有一个由 A 指向 B 的电压源 U_{ab}，这时 $ABOA$ 可视为一个闭合回路。

设该回路绕行方向为图中虚线所示的顺时针方向，则可列写出如下 KVL 方程式

$$U_{ab}-U_b-U_a=0$$

可得 $\qquad U_{ab}=U_b+U_a$

应用 KVL 定律或是推广应用 KVL 定律时，需要注意回路的闭合和非闭合概念是相对于电压而言的，并不是指电路形式上的闭合与否，因为 KVL 定律讨论的依据是"电位的单值性原理"。

学习和掌握了分析电路的三大基本定律后，我们初步了解到电路的约束大致可分为两类：一类是元件特性对元件本身电压、电流的约束，例如欧姆定律给出的线性电阻上的约束，这种约束关系不涉及元件之间的关系；另一类就是元件之间连接时给支路上电流与电压造成的约束，例如 KCL、KVL 给出的这两种约束，它们不涉及元件本身的性质。

●【学习思考】●

(1) 你能说明什么是支路、回路、结点和网孔吗？

(2) 你能说明欧姆定律和基尔霍夫定律在电路的约束上有什么不同吗？

(3) 在应用 KCL 定律解题时，为什么要首先约定流入、流出结点的电流的正、负，计算结果电流为负值说明了什么问题？

(4) 应用 KCL 和 KVL 定律解题时，为什么要在电路图上先标示出电流的参考方向及事先给出回路中的参考绕行方向？

(5) 你是如何理解和掌握 KCL 和 KVL 的推广应用的？

1.4　电压源和电流源

●【学习目标】●

熟悉理想电压源和理想电流源的外特性；理解实际电源的两种电路模型——电压源模型

和电流源模型的概念，能够区别两种理想电源模型和实际电源之间的不同之处。

1.4.1　理想电压源

实际电路设备中所用的电源，多数是需要输出较为稳定的电压，即设备对电源电压的要求是：当负载电流改变时，电源所输出的电压值尽量保持或接近不变。但实际电源总是存在内阻的，因此当负载增大时，电源的端电压总会有所下降。为了使设备能够稳定运行，工程应用中，我们希望电源的内阻越小越好，当电源内阻等于零时，就成为理想电压源。

理想电压源具有两个显著特点。

① 它对外供出的电压 U_S 是恒定值（或是一定的时间函数），与流过它的电流无关，即与接入电路的方式无关。

② 流过理想电压源的电流由它本身与外电路共同来决定，即与它相连接的外电路有关。

理想电压源的外特性如图 1.11 所示。

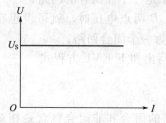

图 1.11　理想电压源的外特性

1.4.2　理想电流源

实际电路设备中所用的电源，并不是在所有情况下都要求电源的内阻越小越好。在某些特殊场合下，有时要求电源具有很大的内阻，因为高内阻的电源能够有一个比较稳定的电流输出。

例如一个 60V 的蓄电池串联一个 $60k\Omega$ 的大电阻，就构成了一个最简单的高内阻电源。这个电源如果向一个低阻负载供电，基本上就可具有恒定的电流输出。例如低阻负载在 $1\sim10\Omega$ 之间变化时，这个高内阻电源供出的电流

$$I=\frac{60}{60000+R}\approx 1(\mathrm{mA})$$

电流基本维持在 1mA 不变。这是因为只有几个或十几个欧姆的负载电阻，与几十千欧的电源内阻相加时是可以忽略不计的。很显然，在这种情况下，电源的内阻越高，此电源输出的电流就越稳定。当电源内阻为无限大时，供出的电流就是恒定值，这时我们称它为理想电流源。

理想电流源也具有两个显著特点。

① 它对外供出的电流 I_S 是恒定值（或是一定的时间函数），与它两端的电压无关，即与接入电路的方式无关。

② 加在理想电流源两端的电压由它本身与外电路共同来决定，即与它相连接的外电路有关。

理想电流源的外特性如图 1.12 所示。

1.4.3　实际电源的两种电路模型

实际电源既不同于理想电压源，又不同于理想电流源，即上面所讲的理想电压源和理想电流源在实际当中是不存在的。实际电源的性能只是在一定的范围内与理想电源相接近。

实际电源总是存在内阻的。当实际电源的电压值变化不大时，一般用一个理想电压源与一个电阻元件的串联组合作为其电路模型，如图 1.13(a) 所示；当实际电源供出的电流值

变化不大时，常用一个理想电流源与一个电阻元件的并联组合作为它的电路模型，如图
1.13(b)所示。

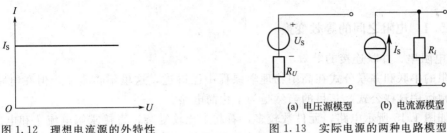

图 1.12 理想电流源的外特性   图 1.13 实际电源的两种电路模型

当我们把电源内阻视为恒定不变时，电源内部和外电路的消耗就主要取决于外电路负载
的大小。即电源内部的消耗和外电路的消耗是按比例分配的。在电压源形式的电路模型中，
这种分配比例是以分压形式给出的；在电流源形式的电路模型中，则是以分流形式给出的比
例分配。

因为实际电源内阻上的功率消耗一般很小，所以实际电源的两种电路模型所对应的外特
性曲线与理想电源的外特性非常接近，如图 1.14 所示。

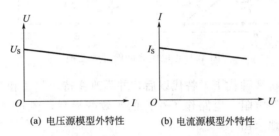

(a) 电压源模型外特性   (b) 电流源模型外特性

图 1.14 实际电源两种电路模型的外特性

●【学习思考】●

(1) 理想电压源和理想电流源各有何特点，它们与实际电源的区别主要在哪里？

(2) 碳精送话器的电阻随声音的强弱变化，当电阻阻值由 300Ω 变至 200Ω 时，假设由
3V 的理想电压源对它供电，电流变化多少？

(3) 实际电源的电路模型如图 1.13(a) 所示，已知 $U_S=20V$，负载电阻 $R_L=50\Omega$，当
电源内阻分别为 0.2Ω 和 30Ω 时，流过负载的电流各为多少，由计算结果可说明什么问题？

(4) 当电流源内阻很小时，对电路有何影响？

1.5 电路的等效变换

●【学习目标】●

深刻理解电路中"等效"的概念；熟练掌握电阻不同连接方式之间的等效变换方法；牢
固掌握电源模型之间的等效变换原理及分析方法。

"等效"就是指作用效果相同。一个车厢被一台拖拉机拖动，使其速度为 10m/s，同样
一个车厢被五匹马拖动时，速度也达到 10m/s，这时拖拉机和五匹马对这个车厢的作用效果
相同，即它们对车厢"等效"。在这里不能把"等效"和"相等"混同，"等效"是指两个或

几个事物对它们之外的某一事物作用效果相同，对其内部特性是不同的，即拖拉机不等于五匹马。

1.5.1 电阻之间的等效变换

1. 电阻串、并联连接的等效

电阻的串联和并联公式在高中物理学课程中已讲过，这里不再重复。但在电路分析中，还会经常运用这些公式，其目的当然是为了化简电路。

例如图 1.15 所示电路，元件数较多，看起来比较复杂，直接求解电流 I 和电压 U 似乎不那么容易。如果我们把虚线框内的五个电阻从 A、B 两点断开，求这个无源二端网络的"等效"电阻 R_{AB}，即

$$R_{AB} = [(R_1 /\!/ R_2) + R_5] /\!/ R_3 /\!/ R_4$$

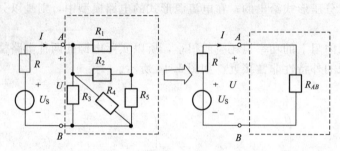

图 1.15　电阻之间的等效变换

于是，五个电阻就由 R_{AB} 来替代了，替代以后，并不改变待求量 I 和 U，所以说 R_{AB} 是虚线框内电路部分的"等效"电阻。电路作了这样的等效变换后，流过 A 点的电流和 A、B 两点间的电压可以很方便地求出

$$I = U_S / (R + R_{AB})$$
$$U_{AB} = IR_{AB}$$

显然，用一个较为简单的电路替代原来看似很复杂的电路，会给电路的分析和计算带来很大的方便。

虚线框内电路部分等效前后，对虚线框外部电路来说作用效果相同。但若要对虚线框内部某一电阻上的电流进行求解时，就必须返回到原来的电路进行，即电路变换前后虚线框内部电路并不"等效"。

2. Y 形网络与△形网络之间的等效

三个电阻的一端汇集于一个电路结点，另一端分别连接于三个不同的电路端钮上，这样构成的部分电路称为电阻的 Y 形网络，如图 1.16(a) 所示。如果三个电阻连接成一个闭环，由三个连接点分别引出三个接线端钮，所构成的电路部分就称为电阻的△形网络，如图 1.16(b) 所示。

电阻的 Y 形网络和△形网络都是通过 3 个端钮与外部电路相连接（图中未画电路的其他部分），如果在它们的对应端钮之间具有相同的电压 U_{12}、U_{23} 和 U_{31}，而流入对应端钮的电流也分别相等时，我们就说这两种方式的电阻网络相互之间"等效"，即它们可以"等效"互换。

满足上述"等效"互换的条件，即可推导出两种电阻网络中各电阻参数之间的关系（推导的详细过程不再赘述，读者可自行推导）。当一个 Y 形电阻网络变换为△形电阻网络时：

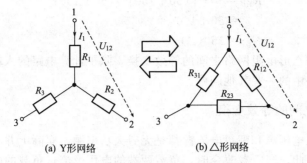

(a) Y形网络　　　　　(b) △形网络

图 1.16　Y形网络和△形网络的等效

$$R_{12} = \frac{R_1 R_2 + R_2 R_3 + R_3 R_1}{R_3}$$

$$R_{23} = \frac{R_1 R_2 + R_2 R_3 + R_3 R_1}{R_1} \qquad (1.9)$$

$$R_{31} = \frac{R_1 R_2 + R_2 R_3 + R_3 R_1}{R_2}$$

当一个△形电阻网络变换为 Y 形电阻网络时：

$$R_1 = \frac{R_{12} R_{31}}{R_{12} + R_{23} + R_{31}}$$

$$R_2 = \frac{R_{23} R_{12}}{R_{12} + R_{23} + R_{31}} \qquad (1.10)$$

$$R_3 = \frac{R_{31} R_{23}}{R_{12} + R_{23} + R_{31}}$$

若 Y 形电阻网络中 3 个电阻值相等，则等效△形电阻网络中 3 个电阻也相等，即

$$R_{\mathrm{Y}} = \frac{1}{3} R_{\triangle} \quad 或 \quad R_{\triangle} = 3 R_{\mathrm{Y}} \qquad (1.11)$$

例 1.3　试求图 1.17 所示电路的入端电阻 R_{AB}。

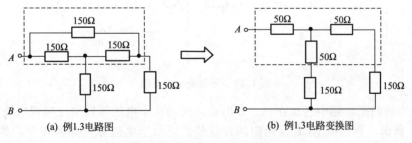

(a) 例1.3电路图　　　　　(b) 例1.3电路变换图

图 1.17　例 1.3 电路图

解：图 1.17(a) 所示电路由 5 个电阻元件构成，其中任何两个电阻元件之间都没有串、并联关系，因此这是一个复杂电路。

对这样一个复杂电路的入端电阻进行求解的基本的方法就是假定 A、B 两端钮之间有一个理想电压源 U_{S}，然后运用 KCL 和 KVL 定律对电路列出足够的方程式并从中解出输入端电流 I，于是就可解出入端电阻 $R_{AB} = U_{\mathrm{S}}/I$。这种方法显然比较烦琐。

如果我们把图 1.17(a) 中虚线框中的△形电阻网络变换为图 1.17(b) 虚线框中的 Y 形电阻网络，复杂的电阻网络就变成了简单的串并联关系，利用电阻的串、并联公式即可方便地求出 R_{AB}

$$R_{AB} = 50 + [(50+150)//(50+150)]$$
$$= 50 + 100$$
$$= 150(\Omega)$$

Y 形电阻网络与△形电阻网络之间的等效变换，除了计算电路的入端电阻以外，还能较方便地解决实际电路中的一些其他问题。

1.5.2 电源之间的等效变换

前面介绍的理想电压源和理想电流源都是无穷大功率源，实际上并不存在。实际的电源总是存在内阻的。因此，当负载改变时，负载两端的电压及流过负载的电流都会发生改变。

上一节讲到，一个实际的电源既可以用与内阻相串联的电压源作为它的电路模型，也可以用一个与内阻相并联的电流源作为它的电路模型。因此，这两种实际电源的电路模型在一定条件下也是可以等效互换的。

例如图 1.18(a) 所示电路，如果我们的求解对象是 R 支路中的电流 I 时，观察电路可发现，该电路中的三个电阻之间无串、并联关系，因此是一个复杂电路。对复杂电路的求解显然要应用 KCL 和 KVL 定律对电路列写方程式，然后对方程式联立求解才能得出待求量。

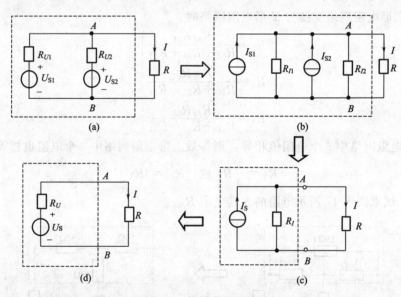

图 1.18　等效变换电路图

但是，当我们把电路中连接在 A、B 两点之间的两个电压源模型变换成电流源模型，如图 1.18(b) 所示，再根据 KCL 及电阻的并联公式将两个电流源合并为一个，如图 1.18(c) 所示，原复杂电路就变成了一个简单电路，利用分流关系即可求出电流 I。或者还可以继续将图 1.18(c) 中的电流源模型再等效变换为一个电压源模型，如图 1.18(d) 所示，利用欧姆定律也可求出待求支路电流 I。

提出问题：将一个与内阻相并的电流源模型等效为一个与内阻相串的电压源模型，或是将一个与内阻相串的电压源模型等效为一个与内阻相并的电流源模型，等效互换的条件是什么？

图 1.19 所示为实际电源与负载所构成的电路。对图 1.19(a) 电路列 KCL 方程式，设回路绕行方向为顺时针，则

$$U_S = U + IR_U \qquad \text{①}$$

对图 1.19(b) 电路应用 KCL 定律列方程

$$I_S = U/R_i + I \qquad ②$$

将②式等号两端同乘以 R_i，得到

$$R_i I_S = U + IR_i \qquad ③$$

比较①式和③式，两式都反映了负载端电压 U 与通过负载的电流 I 之间的关系，假设两个电源模型对负载等效，则①式和③式中的各项应完全相同。于是我们可得到两种电源模型等效互换的条件是

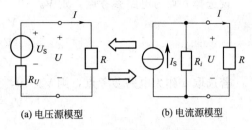

(a) 电压源模型　　　　(b) 电流源模型

图 1.19　两种电源模型之间的等效互换

$$\left. \begin{aligned} U_S &= I_S R_i \\ R_U &= R_i \end{aligned} \right\} \text{或者} \left. \begin{aligned} I_S &= U/R_U \\ R_i &= R_U \end{aligned} \right\} \qquad (1.12)$$

注意：在进行上述等效变换时，一定要让电压源由"−"到"＋"的方向与电流源电流的方向保持一致，这一点恰恰说明了电源上的电压、电流符合非关联方向。

●【学习思考】●

(1) 图 1.18(a) 所示电路中，设 $U_{S1} = 2V$，$U_{S2} = 4V$，$R_{U1} = R_{U2} = R = 2\Omega$。求图 1.18(c) 电路中的理想电流源、图 1.18(d) 中的理想电压源发出的功率，再分别求出两等效电路中负载 R 上吸收的功率。根据计算结果，能得出什么样的结论？

(2) 能否用电阻的串、并联公式解释一下"等效"的真实含义？

1.6　直流电路中的几个问题

●【学习目标】●

熟悉电路中各点电位的计算方法，了解电桥电路的平衡条件，掌握负载获得最大功率的条件及最大功率计算式，了解受控源和独立源在分析问题时的区别。

1.6.1　电路中各点电位的计算

前面介绍过，电位实际上也是电路中两点间的电压，只不过其中的一点是预先指定好的参考点而已。因此，计算电位离不开参考点。

以图 1.20 所示电路为例进行说明。

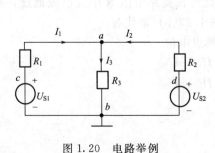

图 1.20　电路举例

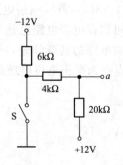

图 1.21　例 1.4 电路图一

设选择 b 点为电路参考点，则 $V_b=0$

$$V_a=I_3R_3$$
$$V_c=U_{S1}$$
$$V_d=U_{S2}$$

若选取 a 作为电路参考点，则 $V_a=0$，又可得到

$$V_b=-I_3R_3$$
$$V_c=I_1R_1$$
$$V_d=I_2R_2$$

可见，参考点是可以任意选定的，但一经选定，各点电位的计算即以该点为准。当参考点发生变化时，电路中各点的电位也随之发生变化，即电位是相对参考点的选择而确定的。

在电子技术中，为了作图的简便和图面的清晰，习惯上在电路图中不画出电源，而是在电源的非接"地"的一端标出其电位的极性及数值，如图 1.21 所示电路。

例 1.4 求图 1.21 所示电路中 a 点电位值。若开关闭合，a 点电位值又为多少？

解：S 断开时，三个电阻相串。串联电路两端点的电压为

$$U=12-(-12)=24(\mathrm{V})$$

电流方向由 $+12\mathrm{V}$ 经三个电阻至 $-12\mathrm{V}$，$20\mathrm{k}\Omega$ 电阻两端的电压为

$$U_{20\mathrm{k}\Omega}=24\times\frac{20}{6+4+20}=16(\mathrm{V})$$

根据电压等于两点电位之差可求得

$$V_a=12-16=-4(\mathrm{V})$$

开关 S 闭合后，电路相当于图 1.22 所示电路，即

$$V_a=\frac{12}{4+20}\times4=2(\mathrm{V})$$

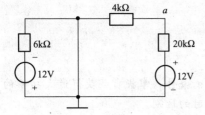

图 1.22　例 1.4 电路图二

1.6.2　电桥电路

在实际问题中，时常会遇到图 1.23 所示的电桥电路。其中，电阻 R_1、R_2、R_3 和 R_4 叫做电桥电路的四个桥臂；四个桥臂中间对角线上的电阻 R 构成桥支路；一理想电压源与一个电阻元件相串联构成电桥电路的另一条对角线。整个电桥就是由四个桥臂和两条对角线所组成。

电桥电路的主要特点就是当四个桥臂电阻 R_1、R_2、R_3 和 R_4 的值满足一定关系时，使得桥支路的电阻 R 中没有电流通过，这种情况称为电桥的平衡状态。

那么，四个桥臂电阻之间具有什么样的关系时，才能使电桥处于平衡状态呢？

若使图 1.23(a) 所示电桥电路中的桥支路 R 中没有电流通过，则要求 a、b 两点电位相等。因此，可假设电桥电路已达平衡，即 $V_a=V_b$。此时桥支路电阻 R 中无电流通过，将其拆除不会影响电路的其余部分，原电桥电路就可用图 1.23(b) 来代替。

选取 c 点作为平衡电桥电路的参考点，则 a、b 两点电位

$$V_a=-I_1R_1=I_1R_2+IR_0-U_S$$
$$V_b=-I_2R_3=I_2R_4+IR_0-U_S$$

由 $V_a=V_b$ 可得

$$I_1R_1=I_2R_3$$
$$I_1R_2=I_2R_4$$

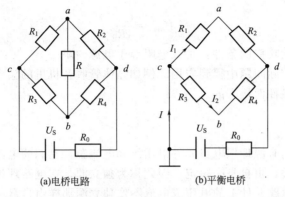

図 1.23　电桥电路图

将上述两式相除，可得电桥平衡条件为

$$\frac{R_1}{R_2} = \frac{R_3}{R_4} \tag{1.13}$$

也可写成

$$R_1 R_4 = R_2 R_3 \tag{1.14}$$

实用中的直流电桥是一种能比较准确地测量电阻的仪器，其基本工作原理就是利用电桥的平衡条件。直流电桥采用一个旋钮（称为比例臂）直接调节 1/1000、1/100、1/10、1/4、1、10 及 100 七种比率，这个比率相当于式(1.13)中的 R_3/R_4。直流电桥还有四个电阻选择开关，利用其旋钮调节，可以获得 0~9999Ω 的一切整数阻值，使测出的电阻能准确到 4 位数字，这是万用表所不能及的。

直流电桥上的 G 是检流计，E 是电池组，分别通过按钮开关 A_1、A_2 接于桥支路的对角线上。当被测电阻 R_x 接在电路中时，同时按下 A_1、A_2 并观察检流计 G 的偏转情况，若 G 向"＋"方向偏转，应调整开关将电阻增大，反之减小电阻。当 G 指示为零，R_x 值就可由电阻选择开关上的数值读出。

1.6.3　负载获得最大功率的条件

一个实际电源产生的功率通常分为两部分，一部分消耗在电源及线路的内阻上，另一部分输出给负载。在电子通信技术中总是希望负载上得到的功率越大越好，那么怎样才能使负载从电源获得最大功率呢？

如图 1.24 所示电路，当负载太大或太小时，显然都不能使负载上获得最大功率：负载 R_L 很大时，电路将接近于开路状态；若负载 R_L 很小时，电路又会接近短路状态。为找出负载上获得最大功率的条件，我们可写出图示电路中负载 R_L 的功率表达式

$$P = I^2 R_L = \left(\frac{U_S}{R_0 + R_L}\right)^2 R_L = \frac{U_S^2 R_L}{(R_0 + R_L)^2}$$

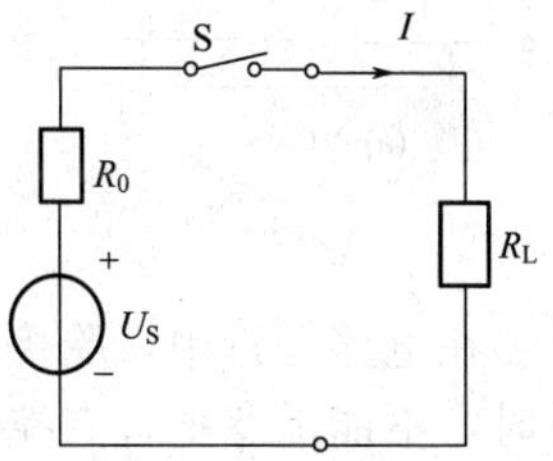

图 1.24　电路举例

为了便于对问题的分析，上式可化为

$$P = \frac{U_S^2}{4R_0 + \frac{(R_0 - R_L)^2}{R_L}}$$

由此式可以看出，负载功率 P 仅由分母中的两项所决定。第一项 $4R_0$ 与负载无关，第二项显然只取决于分子 $(R_0 - R_L)^2$。因此，当第二项中的分子为零时，分母最小，此时负

载上获得最大功率，即

$$P_{\max} = \frac{U_S{}^2}{4R_0} \tag{1.15}$$

由此得出负载获得最大功率的条件：负载电阻等于电源内阻。

这一原理在许多实际问题中得到应用。例如晶体管收音机里的输入、输出变压器就是为了达到上述阻抗匹配条件而接入的。

1.6.4 受控源

前面向大家介绍的有源理想电路元件电压源和电流源，它们的电压值或电流值与电路中的其他电压或电流无关，由自身来决定，因此称为独立源。在电路理论中还有一种有源理想电路元件，这种有源电路元件上的电压或电流不像独立源那样由自身决定，而是受电路中某部分的电压或电流的控制，因而称为受控源。

受控源实际上是晶体管、场效应管、电子管等电压或电流控件的电路模型。当整个电路中没有独立电源存在时，它们仅仅是一个无源元件，若电路中有电源为它们提供能量时，它们又可以按照控制量的大小为后面的电路提供不同类型的电能，因此受控源实际上具有双重身份。

受控源可受电流控制（如晶体管），也可受电压控制（如场效应管），受控源为负载提供能量的形式也分有恒压和恒流两种，因此能组合成四种类型：电压控制的电压源（VCVS）、电压控制的电流源（VCCS）、电流控制的电压源（CCVS）和电流控制的电流源（CCCS）。为区别于独立源，受控源的图形符号采用棱形，四种形式的电路图符号如图1.25所示。

图中受控源的系数 μ 和 β 无量纲，g 的量纲是西门子【S】，r 的量纲是欧姆【Ω】。

必须指出的是：独立源与受控源在电路中的作用完全不同。独立源在电路中起"激励"作用，有了这种"激励"作用，电路中才能产生响应（即电流和电压）；而受控源则是受电路中其他电压或电流的控制，当这些控制量为零时，受控源的电压或电流也随之为零，因此受控源实际上反映了电路中某处的电压或电流能控制另一处的电压或电流这一现象而已。

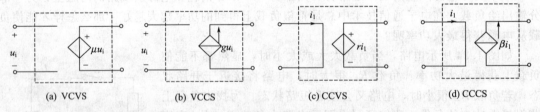

图 1.25　四种理想受控源电路图

在电路分析中，受控源的处理与独立源并无原则上的不同，只是要注意在对电路进行化简时，不能随意把含有控制量的支路消除掉。

例 1.5　化简图 1.26 所示电路。

解：首先将图 1.26(a) 中的受控电流源等效变换为受控电压源，即图 1.26(b) 电路所示，由图 1.26(b) 电路可写出电路中 U、I 关系式

$$U = -400I + (1000 + 1000)I + 20 = 1600I + 20$$

根据这一结果，我们可进一步将图 1.26(b) 电路化简为图 1.26(c) 所示的等效电路。

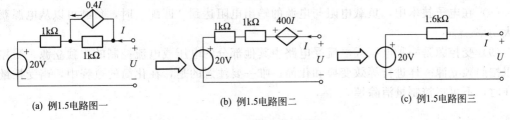

(a) 例1.5电路图一　　　　(b) 例1.5电路图二　　　　(c) 例1.5电路图三

图 1.26　例 1.5 电路图

●【学习思考】●

(1) 电桥平衡的条件是什么？电桥在不平衡条件下和平衡条件下有什么区别？

(2) 计算电路中某点电位时的注意事项有哪些？在电路分析过程中，能改动参考点吗？

(3) 负载上获得最大功率的条件是什么？写出最大功率的计算式。

(4) 负载上获得最大功率时，电源的利用率是多少？

(5) 电路等效变换时，电压为零的支路可以去掉吗，为什么？电流为零的支路可以短路吗，为什么？

小　结

(1) 电路理论研究的对象，是由理想电路元件构成的电路模型。实际电路元器件的电磁特性是多元、复杂的，各种理想电路元件的电磁特性都是具有精确定义、表征参数、伏安关系和能量特性的，即电特性单一、确切。

(2) 电路分析的主要变量有电压、电流和电功率等。在分析电路时，电流、电压的参考方向是重要的概念，必须注意熟练掌握和正确运用。

(3) KCL 和 KVL 是电路中两个非常重要的基本定律。它们只取决于电路的连接方式，与元件的性质无关。KCL 是电流连续性原理的体现，KVL 是电位单值性原理的反映。两定律不仅适用于直流电路，也适用于交流电路。也可以说，凡集总参数的电路，任何时刻都遵循这两条定律。

应用 KCL、KVL 两定律列写方程式时，必须注意电压、电流的参考方向以及回路的绕行方向，由此来进一步理解和掌握参考方向的重要性。

(4) 实际电源具有两种电路模型：一是由电阻元件与理想电压源相串联构成的电压源模型；二是由电阻元件与理想电流源相并联构成的电流源模型。理想电压源视为零值时，它相当于短路，理想电流源视为零值时，相当于开路；而实际的电压源不允许短路，实际的电流源也是不允许开路的。

(5) "等效"这一概念贯穿于整个教材的始终，是电路分析中非常重要的基本概念。两个线性电路"等效"，是指它们对"等效"之外的电路作用效果相同。两个线性电路相互"等效"的条件，在保持两个线性电路对外引出端钮上的电压、电流、功率关系一致的情况下，即可导出。由此本章导出：电阻串、并联电路的等效变换；Y-△电阻网络的等效互换；实际电源的两种电路模型之间的等效变换。

(6) 电路中某一点电位等于该点与参考点之间的电压，计算电位时与所选择的路径无关。

(7) 电桥电路由四个桥臂电阻及两条对角线组成，电源接在一条对角线上，当两个相对的桥臂电阻的乘积相等时，在另一条对角线两端出现等电位现象，则桥支路中无电流通过，此时称为电桥平衡。利用电桥平衡原理可以比较精确地测量电阻。

（8）在电子技术中，负载电阻与电源的输出电阻达到"匹配"时，负载可以从电源获得最大功率。

（9）受控源是一种电压或电流受电路中其他部分的电压或电流控制的非独立源。受控源可以按照独立源一样进行等效变换和化简。唯一要注意的是，在化简的过程中，当受控量还存在时，不可将控制量消除掉。

实训项目一　电路测量预备知识及技能的训练

一、实训目的

（1）学习双路直流稳压电源的使用和调节方法，掌握直流电路中测量电压和电流的方法。

（2）学习万用表的使用方法，学会用万用表测量电压、电阻的方法。

（3）学习交直流毫安表测量电流的方法，认识单相功率表盘面上各旋钮的功能和测量功率时的连接方法，了解单相调压器的使用方法。

二、实训内容

在电路实验中，离不开电工测量，因此必须首先了解电工测量的基本知识，包括电工测量的测量方法，电工仪表的准确度等级，测量误差和测量准确度的评定，消除测量误差的方法，电工仪表的分类、标记和型号，对电工仪表的一般要求等，以便在实验中正确选择和使用仪表，掌握正确的测量方法，获得最佳的实验效果。

（一）电工测量的预备知识

电工测量通常采用的方法有直接测量法和间接测量法两种。

1. 直接测量法

直接测量法是指被测量与其单位量作比较，被测量的大小可以直接从测量的结果得出。例如用电压表测量电压，读数即为被测电压值，这就是直接测量法。

直接测量法又分直接读数法和比较法两种。上述用电压表测量电压，就是直接读数法，被测量可直接从指针指示的表面刻度读出。这种测量方法的设备简单、操作方便，但其准确度较低，测量误差主要来源于仪表本身的误差，误差最小约可达±0.05%。比较法是指测量时将被测量与标准量进行比较，通过比较确定被测量的值。例如用电位差计测量电压源的电压，就是将被测电压源的电压与已知标准电压源的电压相比较，并从指零仪表确定其作用互相抵消后，即可从刻度盘读得被测电源的电压值。比较法的优点是准确度和灵敏度都比较高，测量误差主要决定于标准量的精度和指零仪表的灵敏度，误差最小约可达±0.001%。比较法的缺点是设备复杂、价格昂贵、操作麻烦，仅适用于较精密的测量。

2. 间接测量法

间接测量法是指测量时测出与被测量有关的量，然后通过被测量与这些量的关系式，计算得出被测量。例如用伏安法测量电阻，首先测得被测电阻上的电压和电流，再利用欧姆定律求得被测电阻值。间接测量法的测量误差较大，它是各个测量仪表和各次测量中误差的综合。

（二）有效数字

在测量和数字计算中，该用几位数字来代表测量或计算结果是很重要的，它涉及有效数字和计算规则问题，不是取的位数越多越准确。

1. 有效数字的概念

在记录测量数值时，该用几位数字来表示呢？下面通过一个具体例子来说明。设一个 0~100V 的电压表在两种测量情况下指针的指示结果为：第一次指针指在 76~77 之间，可记作 76.5V，其中数字"76"是可靠的，称为可靠数字，而最后一位数"5"是估计出来的不可靠数字（欠准数字），两者合称为有效数字，通常只允许保留一位不可靠数字，对于 76.5 这个数字来说，有效数字是三位；第二次指针指在 50V 的地方，应记为 50.0V，这也是三位有效数字。

数字"0"在数中可能不是有效数字。例如 76.5V 还可写成 0.0765kV，这时前面的两个"0"仅与所用单位有关，不是有效数字，该数的有效数字仍为三位。对于读数末位的"0"不能任意增减，它是由测量设备的准确度来决定的。

2. 有效数字的运算规则

处理数字时，常常要运算一些精度不相等的数值。按照一定运算规则计算，既可以提高计算速度，也不会因数字过少而影响计算结果的精度。常用规则如下。

(1) 加减运算时，各数所保留小数点后的位数，一般取与各数中小数点后面位数最少的相同。例如 13.6、0.056、1.666 相加，小数点后最少位数是一位 (13.6)，所以应将其余二数修正到小数点后一位，然后相加，即

$$13.6+0.1+1.7=15.4$$

其结果应为 15.4。

(2) 乘除运算时，各因子及计算结果所保留的位数一般与小数点位置无关，应以有效数字位数最少项为准。例如 0.12、1.057 和 23.41 相乘，有效数字位数最少的是两位 (0.12)，则

$$0.12\times1.06\times23.41=2.98$$

(三) 测量误差和仪表的准确度

测量是指通过试验的方法去确定一个未知量的大小，这个未知量叫做"被测量"。一个被测量的实际值是客观存在的。但由于人们在测量中对客观认识的局限性、测量仪器的误差、手段不完善、测量条件发生变化及测量工作中的疏忽等原因，都会使测量结果与实际值存在差别，这个差别就是测量误差。

不同的测量，对测量误差大小的要求往往是不同的。随着科学技术的进步，对减小测量误差提出了越来越高的要求。我们学习、掌握一定的误差理论和数据处理知识，目的是能进一步合理设计和组织实验，正确选用测量仪器，减小测量误差，得到接近被测量实际值的结果。

1. 仪表的误差

对于各种电工指示仪表，不论其质量多高，其测量结果与被测量的实际值之间总是存在一定的差值，这种差值称为仪表误差。仪表误差值的大小反映了仪表本身的准确程度。实际仪表的技术参数中，仪表的准确度被用来表示仪表的基本误差。

(1) 仪表误差的分类　根据误差产生的原因，仪表误差可分为两大类。

① 基本误差：仪表在正常工作条件下（指规定温度、放置方式，没有外电场和外磁场干扰等），因仪表结构、工艺等方面的不完善而产生的误差叫基本误差。如仪表活动部分的摩擦、标尺分度不准、零件装配不当等原因造成的误差都是仪表的基本误差，基本误差是仪表的固有误差。

② 附加误差：仪表离开了规定的工作条件（指温度、放置方式、频率、外电场和外磁

场等）而产生的误差，叫附加误差。附加误差实际上是一种因工作条件改变而造成的额外误差。

（2）误差的表示　仪表误差的表示方式有绝对误差、相对误差和引用误差三种。

①绝对误差：仪表的指示值 A_X 与被测量的实际值 A_0 之间的差值，叫绝对误差，用"Δ"表示

$$\Delta = A_X - A_0$$

显然，绝对误差有正、负之分。正误差说明指示值比实际值偏大，负误差说明指示值比实际值偏小。

②相对误差：绝对误差 Δ 与被测量的实际值 A_0 比值的百分数，叫做相对误差 γ。

$$\gamma = \frac{\Delta}{A_0} \times 100\%$$

由于测量大小不同的被测量时，不能简单地用绝对误差来判断其准确程度，因此在实际测量中，通常采用相对误差来比较测量结果的准确程度。

③引用误差：相对误差能表示测量结果的准确程度，但不能全面反映仪表本身的准确程度。同一块仪表，在测量不同的被测量时，其绝对误差虽然变化不大，但随着被测量的变化，仪表的指示值可在仪表的整个分度范围内变化。因此，对应于不同大小的被测量，其相对误差也是变化的。换句话说，每只仪表在全量程范围内各点的相对误差是不同的。为此，工程上采用引用误差来反映仪表的准确程度。

把绝对误差与仪表测量上限（满刻度值 A_m）比值的百分数称为引用误差 γ_m。

$$\gamma_m = \frac{\Delta}{A_m} \times 100\%（引用误差实际上是测量上限的相对误差）$$

2. 测量误差分类及产生的原因

测量误差是指测量结果与被测量的实际值之间的差异。测量误差产生的原因，除了仪表的基本误差和附加误差的影响外，还由测量方法的不完善，测试人员操作技能和经验的不足，以及人的感官差异等因素造成。

根据误差的性质，测量误差一般分为系统误差、偶然误差和疏忽误差三类。

（1）系统误差：造成系统误差的原因一般有两个：一是由于测量标准度量器或仪表本身具有误差，如分度不准、仪表的零位偏移等造成的系统误差；二是由于测量方法的不完善，测量仪表安装或装配不当，外界环境变化以及测量人员操作技能和经验不足等造成的系统误差，如引用近似公式或接触电阻的影响所造成的误差。

（2）偶然误差：偶然误差是一种大小和符号都不固定的误差。这种误差主要是由外界环境的偶发性变化引起的。在重复进行同一个量测量的过程中，其结果往往不完全相同。

（3）疏忽误差：这是一种严重歪曲测量结果的误差，它是因测量时的粗心和疏忽造成的，如读数错误、记录错误等。

3. 减小测量误差的方法

（1）对测量仪器、仪表进行校正，在测量中引用修正值，采用特殊方法测量，这些手段均能减小系统误差。

（2）对同一被测量，重复多次测，取其平均值作为被测量的值，可减少偶然误差。

（3）以严肃认真的态度进行实验，细心记录实验数据，并及时分析实验结果的合理性，是可以摒弃疏忽误差的。

4. 仪表的准确度

指示仪表在测量值不同时，其绝对误差多少有些变化，为了使引用误差能包括整个仪表

的基本误差，工程上规定以最大引用误差来表示仪表的准确度。

仪表的最大绝对误差 Δ_m 与仪表的量程 A_m 比值的百分数，叫做仪表的准确度 K，即

$$\pm K\% = \frac{\Delta_m}{A_m} \times 100\%$$

一般情况下，测量结果的准确度就等于仪表的准确度。选择适当的仪表量程，才能保证测量结果的准确性。

（四）常用电路测量仪器、仪表的使用

1. 万用表的认识和使用

万用表可以测量直流电压与电流、交流电压与电流、直流电阻以及晶体直流放大倍数、音频电平、电容、电感等电基本量。

万用表（图 1.27）的型号、种类较多，结构差异也较大，但其工作原理基本相同。因此使用前要了解仪表面板上的转换开关、零欧姆调节旋钮、测量输出插孔的使用方法、刻度盘上数据的读数方法、仪表操作过程中的一些注意事项等。

（1）万用表的使用 指针式万用表使用时应尽量水平放置，数字万用表的放置方法不限。用万用表测量前，首先应检查表头指针是否指在机械零点，若不在零点，要调节表头下方的调零旋钮使指针指在零点，将红表棒插入标有"＋"的插孔，黑表棒插入标有"－"的插孔（对于 500 型系列，表上没

图 1.27　MF500 型万用表和数字万用表

有"－"而是用"＊"），然后根据测量种类将转换开关拨到所需挡位上，严禁测量时挡位放错。

万用表刻度盘上有数条标尺刻度线，它们分别供测量不同电量时使用，根据测量种类在相应的标尺线上读取数据。标有"DC"或"－"的标尺供测量直流量使用；标有"AC"或"～"的标尺供测量工频交流量使用；标有"Ω"的供测量直流电阻时使用；"hFE"供测量晶体管直流放大倍数使用；"dB"是供测量音频电平时使用等。

（2）电量具体测量

① 直流电压的测量。将万用表转换开关拨到直流电压挡上，估计被测电压的大小，选择适当的量限，红表棒插"＋"孔，黑表棒插"－"孔，两表棒跨接在被测电压两端，红表棒接正极，黑表棒接负极，从对应的标"≅"的刻度线上读取测量数据。当指针反偏时要交换红、黑表棒进行测量。

② 直流电流的测量。将万用表转换开关拨到直流电流挡，估计被测电流的大小，选择适当的量限，两表棒与被测支路串联，应使电流从红表棒流入，从黑表棒流出，当指针反偏时，交换表棒测量。然后，从对应的刻度线上读取测量数据。

③ 交流电压的测量。将万用表转换开关拨到交流电压挡，估计被测电压大小，选择适当的量限，将红、黑表棒并联跨接在被测电压的两端，从对应的刻度线上读取测量数据。

④ 电阻的测量。将万用表转换开关拨到欧姆挡，估计被测电阻的大小，选择电阻挡的倍率量限。短接红、黑表棒，转动零欧姆调节旋钮，使指针指在标有"Ω"的刻度线的"0"位置。红、黑表棒接在电阻的两端，从表盘刻度线上读取测量数据。

（3）注意事项

① 选择量程时如不能估计被测量的大小，必须先选择最大量程测量，然后根据最大值和测量的数值，再重新选择合适的量程。

② 测量过程中绝不允许带电转换开关。

③ 不允许带电测电阻，这样易损坏电阻；也不允许在线测电阻，以免测量不准确；对于阻值较大的电阻，测量时"手"不能同时接触电阻两端。

④ 测量交直流电压、直流电流时，应尽量使指针偏转。

⑤ 测量电阻时，应使指针尽量偏转在中间位置。

⑥ 调零旋钮不能将指针调到欧姆零点，说明表内电池不足。表内 1.5V 电池是供电阻挡"1k"及以下倍率挡使用；9V（或者是 15V）电池是供电阻挡"10k"倍率使用。电池与电流、电压挡无关。

⑦ 严禁使用电流挡、电阻挡测电压。

⑧ 万用表使用完毕，应将转换开关置于交流电压最高挡。长时间不用应取出表内电池。

⑨ 测量高压时要单手操作表棒。

⑩ 测电阻时，拨动过转换开关后要重新调零。

图 1.28　双路直流稳压电源

2. 双路直流稳压电源的使用

双路直流稳压电源（图 1.28）是用来提供可调直流电压的电源设备。在电网电压或负载变化时，能保持其输出电压基本稳定不变。直流稳压电源的内阻非常小，在其工作范围内，直流稳压电源的伏安特性十分接近于理想电压源。

直流稳压电源的型号众多，面板布置也有差异，但它们的使用方法相差不多。

双路直流稳压电源后面的插头与 220V 交流电源插座相联，使其正常工作。稳压电源有额定电流和额定电压不等的若干路输出，每一路都由粗调旋钮控制。稳压电源面板上装有电压表（电流表），作为电压源使用还是作为电流表使用，均由转换开关确定。稳压电源的输出电压一般是分挡连续调节的。"粗调旋钮"决定输出电压的挡位或范围，而输出电压究竟取该范围中的哪个值，则由"细调旋钮"来调节。例如取直流电压为 6V，则"粗调旋钮"置于"0V"挡，通过"细调旋钮"可将输出电压调在 0～10V 的范围内；取直流电压为 15V 时，则"粗调旋钮"置于"10V"挡，通过"细调旋钮"可将输出电压调在 10～20V 的范围内；取直流电压为 25V 时，则"粗调旋钮"置于"20V"挡，通过"细调旋钮"可将输出电压调在 20～30V 的范围内。面板上的输出端旋钮有电源正、负端子和接地端子之分。电路若不需要接地时，接地端子可空着。两个红旋钮分别为两路直流电源的正极输出端子，两个黑旋钮分别为两路直流电源的负极输出端子。

3. 交直流两用电流表的使用

交直流两用电流表（图 1.29）既可以测量直流电流，又可以测量交流电流，因此该表不分正负端子。电流表是用来测量电流的，理论上其内阻等于零，实际上根据电表精度的不同，电流表的内阻也不同，精度越高，内阻越接近零，测量的电流值也越精确。本实验中使用的电流表为 0.5 级精度，测量的数值精度是比较高的。电流表表盘上的刻度为 100，选用 250mA 量程，测量数值指示在 50 时，读作 2.5×50＝125mA；选用 500mA 量程时，测量数据指示在 50 时，读作 5×50＝250mA；若选用 1000mA 挡位量程时，测量数据指示在 50 时，读作 10×50＝500mA。量程的选择对所测电流的精确度有一定的影响，一般选择量程应尽量让指示值在 $50\sim100$ 之间为好。电流表连接时应注意，一定要串接在待测支路中。

图 1.29　交直流两用电流表

图 1.30　单相功率表

4. 功率表的使用方法

（1）功率表的接线规则　功率表（图 1.30）也称为瓦特表。它通常有两个电流量程和几个电压量程，根据被测负载的电流和电压的最大值来选择不同的电压、电流量程。功率表是否过载，是不能仅仅根据表的指针是否超过满偏转来确定的。这是因为当功率表的电流线圈没有电流时，即使电压线圈已经过载而将要烧坏，功率表的读数却仍然为零，反之亦然。所以，使用功率表时，必须保证其电压线圈和电流线圈都不能过载。

功率表的电压线圈相当于一块电压表，因此应并接在电源两端；功率表的电流线圈相当于一块电流表，当然要串联在电源与负载之间的火线上。在连接时还应注意，功率表电压线圈其中一个端钮上有标记"＊"号，电流线圈其中一个端钮上也有标记"＊"号，它们分别称为电压线圈和电流线圈的发电机端。这两个端子应用一根短接线相连后，与电源的火线相接，称之为前接法，这样才能保证两个线圈的电流都从发电机端流入，使功率表指针做正向偏转。

（2）功率表的读数方法

在多量程功率表中，刻度盘上只有一条标尺，它不标瓦特数，只标示分格数，因此被测功率须按所选量程正确读出。

例如：刻度盘上的标尺格数为 75，而所选取的量程为 $U=300\text{V}$、$I=1\text{A}$，则功率表满量程的读数应为 300W，所以读数应乘以 4 才是实际的功率测量值。

5. 单相调压器的正确使用

单相调压器（图 1.31）是一种可调的自耦变压器，在环形铁芯上均匀地绕制着线圈，接触电刷在弹簧压力作用下与线圈的磨光表面紧密吻合，转动转轴带动刷架使电刷沿着线圈的表面滑动，改变电刷接触位置，可使其在输出电压调节范围获得平滑无级调节。

实验原理图中（产品附带）A、X 是单相调压器输入端接线柱，分别与实验室单相交流电源 220V 火线与零线相接；a、x 是单相调压器输出接线柱，作为负载的火线与零线端。箭头是电刷，转动调压器手柄可以输出不同的电压。具体电压的数值应以电压表测量值为依据，调压器上指示数值仅为参考（不准确）。调压器具有波形不失真、结构简单、体积小、重量轻、效率高、使用方便、性能可靠、能长期运行等特点，广泛应用于仪器仪表、机电制造、轻工业及学校、科研实验室，是一种理想的交流调压设备。

图 1.31　单相调压器

调压器使用注意事项如下。

(1) 当调压器安装时或长期停用，在投入运行之前，必须用兆欧表测量线圈对地的绝缘电阻，应不低 0.5MΩ 时才能安全使用。

(2) 调压器在调节电压之前，应注意将手轮先旋至 0 位，在调节电压的过程中，从 0 位顺时针缓慢均匀地旋转手轮，并观察电压表指示数值（旋转过快则易引起电刷磨损和火花现象），调至负载所需数值后停止旋转手轮。

(3) 搬动调压器时，不可利用手轮将整个调压器提起移动。

(4) 单相调压器的输入电压不应高于 230V。

【思考题】

1. 用电压表测量真值为 220V 的电压，其测量相对误差为－5％，试求测量中的绝对误差和测得的电压值。

2. 欲测量 200V 的电压，要求测量中相对误差不大于 ±1％，若选用量限为 300V 的电压表，其准确度等级为多少合适？

3. 一只电流表的准确度为 0.5 级，有 1A 和 0.5A 两个量限，现分别用这两个量限测量 0.35A 的电流，计算出它们的最大相对误差，并说明宜采用哪个量限测量为好？

实验一　基尔霍夫定律的验证

一、实验目的

(1) 学习实验室规章制度和基本的安全用电常识。

(2) 熟悉实验室供电情况和实验电源、实验设备情况。

(3) 验证基尔霍夫电流、电压定律（KCL、KVL），巩固有关的理论知识。

(4) 加深理解电流和电压参考正方向的概念。

二、实验器材与设备

(1) 电工实验台：一套。

(2) 交直流毫安表：一块。

(3) 数字万用表：一块。

(4) 电路原理箱（或其他配套实验设备）。

(5) 导线若干。

三、实验步骤

1. 认识和熟悉电路实验台设备及本次实验的相关设备

(1) 实验电源、实验设备。

(2) 数字万用表的正确使用方法及其量程的选择。

(3) 指针式交直流毫安表的正确使用方法及量程的选择。

2. 测量电阻、电压和电流

(1) 测电阻：用数字万用表的欧姆挡测电阻，万用表的红表棒插在电表下方的"VΩ"插孔中，黑表棒插在电表下方的"COM"插孔中。选择实验原理箱上的电阻或实验室其他电阻作为待测电阻，欧姆挡的量程应根据待测电阻的数值合理选取。把测量所得数值与电阻的标称值进行对照比较，得出误差结论。

(2) 测电压：利用实验室设备连接一个汽车拖拉机照明电路（图 1.32）。选择直流电源分别为 6V 和 12V。用万用表的直流电压 20V 挡位对电路各段电压进行测量，把测量结果填写在表格中。

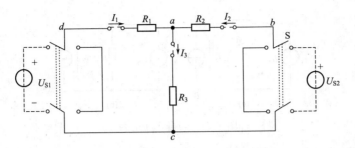

图 1.32 汽车拖拉机照明实验电路

附　表

测量参量	U_{S1}/V	U_{S2}/V	U_{R1}/V	U_{R2}/V	U_{R3}/V	I_1/A	I_2/A	I_3/A
实测值								

（3）测电流：用交直流毫安表进行测量。首先将量程打到最大量程位置，在测量过程中再根据指针偏转程度重新选择合适量程。电表应注意串接在各条支路中。将测量值填写在附表中。

（4）根据测量数据验证 KCL 和 KVL，并分析误差原因。

实验结束后，应注意将万用表上电源按键按起，使电表与内部电池断开。

【思考题】

（1）如何用万用表测电阻？电阻在线测量会产生什么问题，电阻带电测量时又会发生什么问题？

（2）电压、电流的测量中应注意什么事项？

（3）如何把测量仪表所测得的电压或电流数值与参考正方向联系起来？

习　题

1.1 一只"100Ω、100W"的电阻与120V电源相串联，至少要串入多大的电阻 R 才能使该电阻正常工作，电阻 R 上消耗的功率又为多少？

1.2 图 1.33（a）和图 1.33（b）电路中，若让 $I=0.6A$，$R=?$ 图1.33（c）和图1.33（d）电路中，若让 $U=0.6V$，$R=?$

1.3 两只额定值分别是"110V、40W"、"110V、100W"的灯泡，能否串联后接到220V的电源上使用？如果两只灯泡的额定功率相同时又如何？

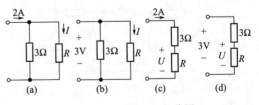

图 1.33 习题 1.2 电路图

1.4 图 1.34 所示电路中，已知 $U_S=6V$，$I_S=3A$，$R=4\Omega$。计算通过理想电压源的电流及理想电流源两端的电压，并根据两个电源功率的计算结果，说明它们是产生功率还是吸收功率。

1.5 电路如图 1.35 所示，已知 $U_S=100V$，$R_1=2k\Omega$，$R_2=8k\Omega$，在下列 3 种情况下分别求电阻 R_2 两端的电压及 R_2、R_3 中通过的电流。（1）$R_3=8k\Omega$；（2）$R_3=\infty$（开路）；

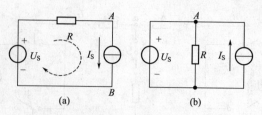

图 1.34 习题 1.4 电路

（3）$R_3 = 0$（短路）。

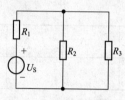

图 1.35 习题 1.5 电路

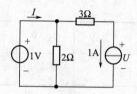

图 1.36 习题 1.6 电路

1.6 电路如图 1.36 所示，求电流 I 和电压 U。

1.7 求图 1.37 所示各电路的入端电阻 R_{ab}。

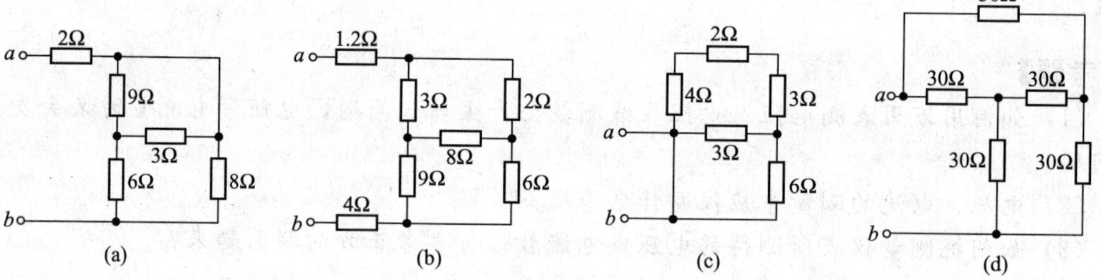

(a)   (b)   (c)   (d)

图 1.37 习题 1.7 电路

1.8 求图 1.38 所示电路中的电流 I 和电压 U。

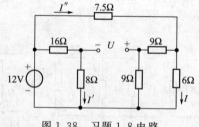

图 1.38 习题 1.8 电路

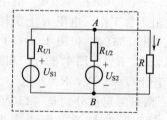

图 1.39 习题 1.9 电路

1.9 假设图 1.39 电路中 $U_{S1} = 12V$，$U_{S2} = 24V$，$R_{U1} = R_{U2} = 20\Omega$，$R = 50\Omega$，利用电源的等效变换方法，求解流过电阻 R 的电流 I。

1.10 常用的分压电路如图 1.40 所示，试求：（1）当开关 S 打开，负载 R_L 未接入电路时，分压器的输出电压 U_0；（2）开关 S 闭合，接入 $R_L = 150\Omega$ 时，分压器的输出电压 U_0；（3）开关 S 闭合，接入 $R_L = 15k\Omega$，此时分压器输出的电压 U_0 又为多少？并由计算结果得出一个结论。

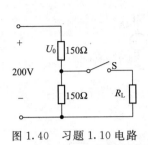

图 1.40 习题 1.10 电路

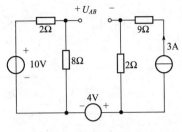

图 1.41 习题 1.11 电路

1.11 用电压源和电流源的"等效"方法求出图 1.41 所示电路中的开路电压 U_{AB}。

1.12 电路如图 1.42 所示，已知其中电流 $I_1 = -1A$，$U_{S1} = 20V$，$U_{S2} = 40V$，电阻 $R_1 = 4\Omega$，$R_2 = 10\Omega$，求电阻 R_3。

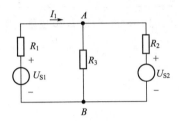

图 1.42 习题 1.12 电路

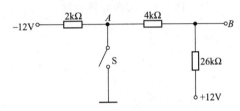

图 1.43 习题 1.14 电路

1.13 接 1.12 题，若使 R_2 中电流为零，则 U_{S2} 应取多大？若让 $I_1 = 0$ 时，U_{S1} 又应取多大？

1.14 分别计算 S 打开与闭合时图 1.43 电路中 A、B 两点的电位。

1.15 求图 1.44 所示电路的入端电阻 R_i。

1.16 有一台 40W 的扩音机，其输出电阻为 8Ω。现有 "8Ω、10W" 低音扬声器 2 只，"16Ω、20W" 扬声器 1 只，问应把它们如何连接在电路中才能满足"匹配"的要求，能否像电灯那样全部并联？

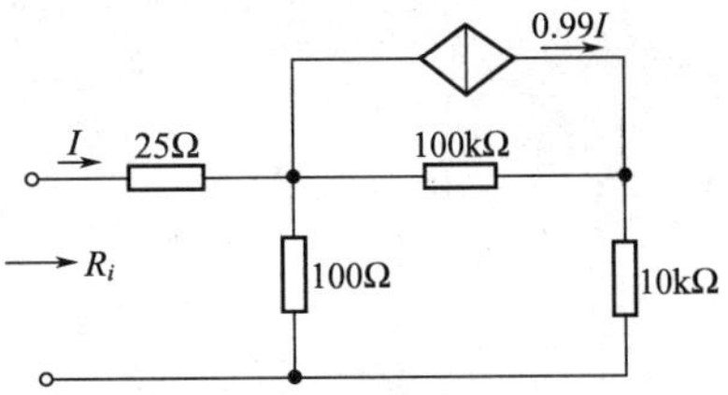

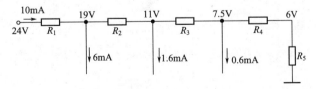

图 1.44 习题 1.15 电路

1.17 某一晶体管收音机电路，已知电源电压为 24V，现用分压器获得各段电压（对地电压）分别为 19V、11V、7.5V 和 6V，各段负载所需电流如图 1.45 所示，求各段电阻的数值。

图 1.45 习题 1.17 电路

1.18 化简图 1.46 所示电路。

1.19 图 1.47 电路中，电流 $I = 10mA$，$I_1 = 6mA$，$R_1 = 3k\Omega$，$R_2 = 1k\Omega$，$R_3 = 2k\Omega$。求电流表 A$_4$ 和 A$_5$ 的读数各为多少？

1.20 如图 1.48 所示电路中，有几条支路和几个结点？U_{ab} 和 I 各等于多少？

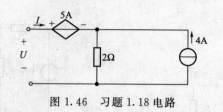

图 1.46　习题 1.18 电路

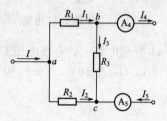

图 1.47　习题 1.19 电路

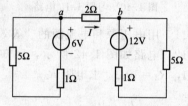

图 1.48　习题 1.20 电路

第 2 章

电路的基本分析方法

　　电路的基本概念和基本定律，是电路分析理论中的共同约定和共同语言。但是，由于工程实际应用电路的结构多种多样，求解的对象也往往由于具体要求的不同而大相径庭，所以，只用第 1 章所学的基本概念和基本定律来分析和计算较为复杂的电路，显然是不够的。为此，本章将向大家介绍支路电流法、回路电流法、结点电压法及叠加定理和戴维南定理等广泛应用的电路分析方法。

　　常用的电路分析方法及定理，大多建立在欧姆定律及基尔霍夫定律之上，因此本章的学习实质上还是对电路基本定律及基本分析方法的延伸。本章将向读者介绍的电路基本分析方法中所应用的一些原则、原理均具有普遍的典型意义，可扩展运用到交流电路甚至更为复杂的网络中。因此，本章内容是全书的重点内容之一。

【本章教学要求】

　　理论教学要求：熟练掌握支路电流法，因为它是直接应用基尔霍夫定律求解电路的最基本方法之一；理解回路电流及结点电压的概念，掌握回路电流法和结点电压法的正确运用；深刻理解线性电路的叠加性，了解叠加定理的适用范围；了解有源二端网络、无源二端网络的概念，熟悉无源二端网络入端电阻的求解方法和有源二端网络戴维南等效电路的分析方法。

　　实验教学要求：进一步熟悉实验室设备和测量仪器仪表的使用，掌握叠加定理和戴维南定理的验证方法，通过实验，深入理解两个定理的内涵。

2.1　支路电流法

●【学习目标】●

　　支路电流法是 KCL 和 KVL 的直接应用，要求学习者能够十分熟练地掌握这种求解电路的基本方法。在学习中熟练掌握独立支路和独立回路的正确设定，熟悉支路电流法的解题步骤。

　　支路电流客观存在于电路之中，直接把它设为未知量，然后应用 KCL 和 KVL 定律对电路列写方程式进行求解，这种解题方法称为支路电流法。

　　例 2.1　图 2.1 是两个参数不同的电源并联运行向负载供电的电路。已知负载电阻 $R_L =24\Omega$，两个电源的电压值 $U_{S1} =130V$、$U_{S2} =117V$，电源内阻 $R_1 =1\Omega$、$R_2 =0.6\Omega$。试用 KCL 和 KVL 定律求出各支路电流及两个电源的输出功率，要求进行功率平衡校验。

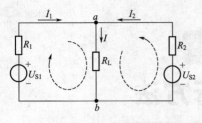

图 2.1 例 2.1 电路

解：观察电路结构，可看出它有 a、b 两个结点，两结点之间连接 3 条支路，左右两个闭合路径及外围闭合路径共构成的 3 个回路。

客观存在的支路电流电路是电路的待求量。因支路数为 3，所以应列写 3 个独立的方程式。

3 条支路电流既汇集于 a 点又汇集于 b 点，因此两个结点互相不独立。解题时只需对两结点中任意一个列出 KCL 独立方程式，余下的两个独立方程可选取三个回路中的任意两个，习惯上我们常常选择比较直观的网孔作为独立回路，并分别对它们列出 KVL 方程式。

列写方程式之前，首先要在电路图上标出待求各支路电流的参考方向及独立回路（或网孔）的绕行方向，如图 2.1 中实线、虚线箭头所示。

选取 a 点为独立结点，约定指向结点的电流取正，背离结点的电流为负，可列出相应的 KCL 方程

$$I_1 + I_2 - I = 0 \qquad ①$$

对左回路列写 KVL 方程

$$I_1 R_1 + I R_L = U_{S1} \qquad ②$$

对右回路列写 KVL 方程

$$I_2 R_2 + I R_L = U_{S2} \qquad ③$$

将数值代入上述方程组，化简处理后可得

$$\left. \begin{array}{l} I_1 + I_2 - I = 0 \\ I_1 = 130 - 24I \\ I_2 = 195 - 40I \end{array} \right\}$$

利用代入消元法联立求解可得

$$I = 5\text{A}$$

$$I_1 = 10\text{A}$$

$$I_2 = -5\text{A} \quad （得负值说明其参考方向与实际方向相反）$$

联立方程求解的方法不是唯一的，也可采用行列式或其他方法求解。

由此可得出应用支路电流法求解电路的一般步骤。

（1）选定 $n-1$ 个独立结点和 $m-n+1$ 个独立回路（其中 n 是结点数，m 是支路数），在电路图上标出各支路电流的参考方向及回路的参考绕行方向。

（2）应用 KCL 定律对独立结点列出相应的电流方程式。

（3）应用 KVL 定律对独立回路列出相应的电压方程式。

（4）将电路参数代入，联立方程式进行求解，得出各支路电流。

显然，支路电流法求解电路的优点是解题结果直观明了。但这种解题方法的缺点也很突出，当电路的支路数较多时，列写的方程式个数相应增加，使得手工联立方程求解方程式的过程烦琐且极易出错。当然如果使用现代 Matlab 计算机工具软件应用支路电流法求解电路，上述缺点也就不再凸显。

●【学习思考】●

（1）说说你对独立结点和独立回路的看法，应用支路电流法求解电路时，根据什么原则选取独立结点和独立回路？

（2）图 2.2 所示电路，有几个结点、几条支路、几个回路、几个网孔？若对该电路应用支路电流法进行求解，最少要列出几个独立的方程式？应用支路电流法，列出相应的方程式。

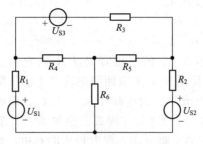

图 2.2　学习思考（2）电路

2.2　回路电流法

●【学习目标】●

了解回路电流法的适用场合，理解回路电流的概念，正确区分回路电流和支路电流的不同点及它们之间的关系，初步掌握回路电流法的应用。

通过 2.1 节中学习思考（2）的练习，我们了解到当一个复杂电路的支路数较多时，需要列写较多个方程式，造成了解题过程的烦琐和不易。观察图 2.2 所示电路，该电路虽然支路数较多，但网孔数却较少。针对上述类型电路，为了适当地减少方程式的数目，我们引入了回路电流法。

以图 2.2 所示电路为例，并将它重画在图 2.3 中，由于此电路具有 4 个结点、6 条支路、7 个回路和 3 个网孔，因此利用支路电流法求解时，需列出 3 个 KCL 方程式和 3 个 KVL 方程式，而对 6 个方程式进行联立求解时，其过程的烦琐程度可想而知。

如果我们假想在三个独立回路中（独立回路一般选取独立网孔）均有一个绕回路环行的电流，把这些假想的绕回路流动的电流取名为回路电流，如图 2.3 所示电路中虚线箭头所示的 I_a、I_b 和 I_c。由于回路电流在流

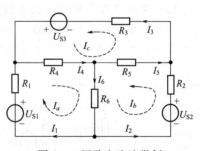

图 2.3　回路电流法举例

入和流出结点时并不发生变化，因此它们自动满足 KCL 定律。所以，求解电路过程中 KCL 方程式被省略，只需对三个独立回路列出相应的 KVL 方程式即可。

选定图 2.3 电路的三个网孔作为独立回路，列写的三个 KVL 方程式如下。

对回路 a：　　　　$(R_1+R_4+R_6)I_a+R_4 I_c+R_6 I_b=U_{S1}$

对回路 b：　　　　$(R_2+R_5+R_6)I_b-R_5 I_c+R_6 I_a=U_{S2}$

对回路 c：　　　　$(R_3+R_4+R_5)I_c-R_5 I_b+R_4 I_a=U_{S3}$

三个方程式的左边为电阻压降，其中第一项为本回路电流流经本回路中所有电阻时产生的电压降，括号内的所有电阻称为回路的自电阻；方程式左边的第二项和第三项为相邻回路电流流经本回路公共支路上连接的电阻（即 R_4、R_5 和 R_6）时产生的电压降，把这些公共支路上连接的电阻称为互电阻。换句话说，每一个互电阻上的电压降都是相邻两个回路电流

在互电阻上产生的电压的叠加。

上述问题并不难理解，我们仔细观察电路中客观存在的支路电流 $I_1 \sim I_6$，找出它们与假想的回路电流之间的关系，可以看出

$$I_1 = I_a \qquad\qquad I_4 = I_a + I_c$$
$$I_2 = I_b \qquad\qquad I_5 = I_c - I_b$$
$$I_3 = I_c \qquad\qquad I_6 = I_a + I_b$$

也就是说，实际上互电阻 R_4 上的电压降是 $I_4 R_4$，它对应的回路电流压降是 $I_a R_4 + I_c R_4$；互电阻 R_5 上的电压降是 $I_5 R_5$，对应回路电流产生的压降 $I_c R_5 - I_b R_5$；互电阻 R_6 上的电压降是 $I_6 R_6$，对应回路电流产生的压降 $I_a R_6 + I_b R_6$。即回路电流法中的三个 KVL 方程式实质上与支路电流法中的三个 KVL 方程式完全等效，只不过将假想的、实际上并不存在的回路电流替代了客观存在的支路电流。在方程式的右边，由于不牵扯到回路电流，因此与支路电流法中 KVL 方程式右边完全相同。

对多支路少回路的平面电路而言，以回路电流为未知量，根据 KVL 列写回路电压方程，求解出回路电流，进而求出客观存在的支路电流、电压或功率等的解题方法，称回路电流法。提出回路电流法的目的就是为了对类似图 2.3 所示电路进行分析和计算时，减少方程式的数目，当一个电流的支路数与回路数相差不多时，采用回路电流法显然意义不大。

归纳回路电流法求解电路的基本步骤如下。

（1）选取独立回路（一般选择网孔作为独立回路），在回路中标示出假想回路电流的参考方向，并把这一参考方向作为回路的绕行方向。

（2）建立回路的 KVL 方程式。应注意自电阻压降恒为正值，公共支路上互电阻压降的正、负由相邻回路电流的方向来决定：当相邻回路电流方向流经互电阻时与本回路电流方向一致时，该部分压降取正，相反时取负。方程式右边电压升的正、负取值方法与支路电流法相同。

（3）求解联立方程式，得出假想的各回路电流。

（4）在电路图上标出客观存在的各支路电流的参考方向，按回路电流与支路电流方向一致时取正，相反时取负的原则进行叠加运算，求出客观存在的各待求支路电流。

例 2.2 已知图 2.4 所示电路中负载电阻 $R_L = 24\Omega$，$U_{S1} = 130V$，$U_{S2} = 117V$，$R_1 = 1\Omega$，$R_2 = 0.6\Omega$。试用回路电流法求出各支路电流。

解： 首先选取左右两个网孔作为独立回路，在图上标出假想回路电流的参考方向，并把这一参考方向作为回路的绕行方向。

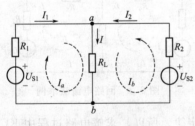

图 2.4 例 2.2 电路

对独立回路建立 KVL 方程

$$(R_L + R_1) I_a + I_b R_L = U_{S1} \qquad\qquad ①$$
$$(R_L + R_2) I_b + I_a R_L = U_{S2} \qquad\qquad ②$$

将数值代入上述方程组

$$25 I_a + 24 I_b = 130 \qquad\qquad ①$$
$$24.6 I_b + 24 I_a = 117 \qquad\qquad ②$$

联立上述两个方程式求解，由①得

$$I_a = \frac{130 - 24 I_b}{25} \qquad\qquad ③$$

③代入②可求得 $I_b = -5A$，代入③得 $I_a = 10A$。

根据电路图中标示的参考方向可知

$$I_1 = I_a = 10\text{A}$$
$$I_2 = I_b = -5\text{A} \quad (\text{得负值说明其参考方向与实际方向相反})$$
$$I = I_1 + I_2 = 5\text{A}$$

计算结果和例 2.1 相同，显然解题步骤减少了。

●【学习思考】●

（1）说说回路电流与支路电流的不同之处，你能很快找出回路电流与支路电流之间的关系吗？

（2）试阐述回路电流法的适用范围。

2.3 结点电压法

●【学习目标】●

理解结点电压的概念，熟悉和掌握结点电压法的特例——弥尔曼定理；明确结点电压法在电路分析中的适用范围；初步掌握结点电压法的解题步骤和分析方法。

2.3.1 结点电压法

所谓的结点电压，就是指两个结点电位之间的差值。引入结点电压法的目的和引入回路电流法的目的相同，都是为了简化分析和计算电路的步骤。

以图 2.5 所示电路为例，具体说明结点电压法的适用范围及解题步骤。

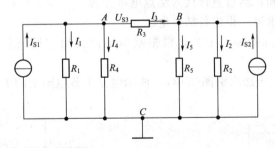

图 2.5　结点电压法电路举例

观察图 2.5 所示电路，其电路的结构特点是支路数多，回路数也多，但结点数较少。如果我们能像回路电流法省略掉 KCL 方程式那样，把 KVL 方程省略掉，只用 KCL 电流方程式进行解题，显然可大大减少该电路的方程式数目，从而达到简化解题步骤的目的。

寻求这种减少 KVL 方程数目的解题方法，我们要先从所有结点中找出其中的一个作为参考电位点，而任意一个结点上的电位都可以看作是该点与参考点之间的结点电压。

首先，选择 C 点作为电路参考点。由图 2.5 可知，恒流源 I_{S1}、电阻 R_1、电阻 R_4 的端电压就等于 A 点电位 V_A；恒流源 I_{S2}、电阻 R_2 和电阻 R_5 的端电压就等于 B 点电位 V_B；电压源 U_{S3} 与电阻 R_3 相串联的支路端电压则等于 A 点至 B 点的电位差 $V_A - V_B$。在图 2.5 中标示的各支路电流的参考方向下，根据欧姆定律可得

$$I_1 = \frac{V_A}{R_1}, \quad I_4 = \frac{V_A}{R_4}, \quad I_2 = \frac{V_B}{R_2}, \quad I_5 = \frac{V_B}{R_5}, \quad I_3 = \frac{V_A - V_B}{R_3}$$

显然，只要求出各结点电位，由上述关系即可求出各支路电流。下面我们就来研究如何求解结点电位。

假设电路中各结点电位已知，对电路中 A、B 两个结点分别列写 KCL 方程式。

对结点 A
$$\frac{V_A}{R_1} + \frac{V_A}{R_4} + \frac{V_A - V_B}{R_3} = I_{S1}$$

对结点 B
$$\frac{V_B}{R_2} + \frac{V_B}{R_5} - \frac{V_A - V_B}{R_3} = I_{S2}$$

两式进行整理后可得

$$\left(\frac{1}{R_1} + \frac{1}{R_3} + \frac{1}{R_4}\right)V_A - \frac{1}{R_3}V_B = I_{S1} \qquad ①$$

$$\left(\frac{1}{R_2} + \frac{1}{R_3} + \frac{1}{R_5}\right)V_B - \frac{1}{R_3}V_A = I_{S2} \qquad ②$$

方程式①和②的左边是汇集到结点上的各未知支路电流，右边是已知电流。而左边第一项括号内各电导（电阻的倒数称为电导）之和称为自电导，自电导等于连接于本结点上所有支路的电导之和，恒为正值；左边第二项（或后几项）的电导为相邻结点与本结点之间公共支路上连接的电导，称为互电导，互电导总是取负值；各方程式右边则为汇集到本结点上的所有已知电流的代数和（仍然约定指向结点的电流取正，背离结点的电流取负）。由于这种解题形式是以结点电压为未知量，进而对电路进行分析计算的方法，因而称为结点电压法。

求得各结点电压后，还要根据待求量与结点电压之间的关系，最后得出各待求量。

结点电压法是以结点电位为未知量，进而对电路进行求解的方法。分析步骤如下。

（1）选定参考结点。其余各结点与参考结点之间的电压就是待求的结点电压。

（2）建立求解结点电压的 KCL 方程。一般可先算出各结点的自电导、互电导及汇集到本结点的已知电流代数和，然后直接代入结点电流方程。

（3）对方程式联立求解，得出各结点电压。

（4）选取各支路电流的参考方向，根据欧姆定律找出它们与各结点电压的关系进而求解。

例 2.3 应用结点电压法求解图 2.6(a) 所示电路中各电阻上的电流。

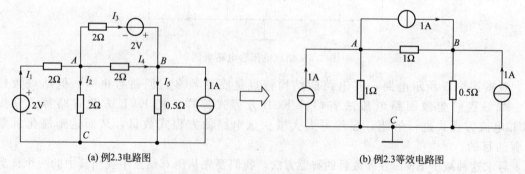

(a) 例2.3电路图　　　　　　　　(b) 例2.3等效电路图

图 2.6　例 2.3 电路及等效电路

解：首先可根据电源模型之间的等效变换，将图 2.6(a) 等效为图 2.6(b) 的形式，然后选定 C 点为电路参考点，应用结点电压法分别对 A、B 两点列方程。

对 A 点
$$\left(\frac{1}{1} + \frac{1}{1}\right)V_A - \frac{1}{1}V_B = 1 - 1$$

对 B 点 $$\left(\frac{1}{1}+\frac{1}{0.5}\right)V_B-\frac{1}{1}V_A=1+1$$

对两式进行通分和整理后可得

$$V_A=0.5V_B \qquad\qquad ①$$

$$3V_B-V_A=2 \qquad\qquad ②$$

利用代入消元法可求得

$$\left.\begin{array}{l}V_A=0.4\text{V}\\V_B=0.8\text{V}\end{array}\right\}$$

再回到图 2.6(a) 电路，利用欧姆定律可求得

$$I_2=\frac{V_A}{R_{AC}}=\frac{0.4}{2}=0.2(\text{A})$$

$$I_4=\frac{V_A-V_B}{R_{AB}}=\frac{0.4-0.8}{2}=-0.2(\text{A})$$

$$I_5=\frac{V_B}{R_{BC}}=\frac{0.8}{0.5}=1.6(\text{A})$$

根据 KVL 定律的扩展应用可得

$$I_1=\frac{2-0.4}{2}=0.8(\text{A})$$

$$I_3=\frac{2+0.4-0.8}{2}=0.8(\text{A})$$

2.3.2 弥尔曼定理

若电路只具有两个结点时，应用结点电压法对电路只需列写一个方程式，从而使问题变得十分简单。此时结点电压方程式的一般表达式为

$$V_1=\frac{\sum\dfrac{U_S}{R}}{\sum\dfrac{1}{R}}$$

以图 2.7 所示电路为例进行说明。

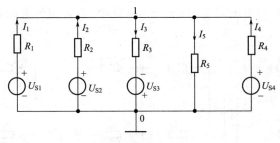

图 2.7　弥尔曼定理电路举例

选定 0 点作为电路参考点，应用公式对电路列出弥尔曼定理方程式

$$V_1=\frac{\dfrac{U_{S1}}{R_1}+\dfrac{U_{S2}}{R_2}-\dfrac{U_{S3}}{R_3}+\dfrac{U_{S4}}{R_4}}{\dfrac{1}{R_1}+\dfrac{1}{R_2}+\dfrac{1}{R_3}+\dfrac{1}{R_4}+\dfrac{1}{R_5}}$$

此方程式是在下述约定下列写的：分子上各项，凡电压源的"－"极与电位参考点相连

时取正；凡电压源由"−"到"+"的方向指向结点 1 时取正；分母中各项恒为正值。

显然，只要结点 V_1 求出，各支路电流应用欧姆定律或 KVL 定律的扩展应用即可求得。

图 2.7 电路中：

$$V_1 = U_{S1} - I_1 R_1 \quad \to 得\ I_1 = (U_{S1} - V_1)/R_1$$
$$V_1 = U_{S2} - I_2 R_2 \quad \to 得\ I_2 = (U_{S2} - V_1)/R_2$$
$$V_1 = -U_{S3} + I_3 R_3 \quad \to 得\ I_3 = (V_1 + U_{S3})/R_3$$
$$V_1 = U_{S4} - I_4 R_4 \quad \to 得\ I_4 = (U_{S4} - V_1)/R_4$$
$$I_5 = V_1/R_5$$

●【学习思考】●

（1）用结点电压法求解图 2.4 所示电路，与用回路电流法求解此电路相比较，能得出什么结论？

（2）说说结点电压法的适用范围。应用结点电压法求解电路时，能否不选择电路参考点？

（3）比较回路电流法和结点电压法，能从中找出它们相通的地方吗？

2.4 叠加定理

●【学习目标】●

明确叠加定理的适用范围；熟悉当一个电源单独作用时，其他的电压源和电流源的处理方法；明确功率不能叠加的道理；深刻理解线性电路的叠加性，牢固掌握应用叠加定理分析电路的方法及步骤。

叠加定理指出，在多个电源共同作用的线性电路中，任一支路的响应（即电流或电压）都可以看成是由每个激励（理想电压源或理想电流源）单独作用时在该支路中所产生的响应的代数和。

叠加定理体现了线性电路的基本特性——叠加性，是线性电路的一个重要定理。

我们以图 2.8 所示电路为例，对叠加定理进行研究和说明。

例 2.4 应用叠加原理求出图 2.8(a) 所示电路中 5Ω 电阻的电压 U 和电流 I，最后再求出它消耗的功率 P。

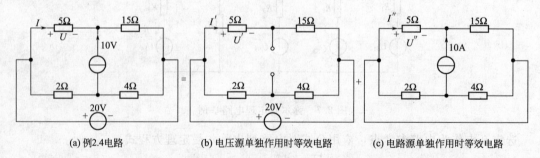

(a) 例2.4电路　　(b) 电压源单独作用时等效电路　　(c) 电路源单独作用时等效电路

图 2.8　例 2.4 叠加定理举例电路

解：根据叠加定理，我们可以把原电路图 2.8(a) 看作是由理想电压源单独作用时的图 2.8(b) 所示等效电路和由理想电流源单独作用时的图 2.8(c) 所示等效电路的叠加。

先计算 20V 理想电压源单独作用时 5Ω 电阻的电压 U' 和电流 I'。

$$U'=20\times\frac{5}{5+15}=5(\text{V})\qquad\qquad I'=\frac{5}{5}=1(\text{A})$$

然后计算 10A 理想电流源单独作用下 5Ω 电阻的电压 U'' 和电流 I''。

$$I''=-10\times\frac{15}{5+15}=-7.5(\text{A})\qquad\qquad U''=-7.5\times5=-37.5(\text{V})$$

将两个结果叠加可得

$$U=U'+U''=5+(-37.5)=-32.5(\text{V})$$
$$I=I'+I''=1+(-7.5)=-6.5(\text{A})$$

计算结果得负值，说明电路图中假设的电压、电流的参考方向与它们的实际方向相反。由此可得出 5Ω 电阻上消耗的功率

$$P=UI=32.5\times6.5=211.25(\text{W})$$

假如功率也应用叠加定理分别求解后叠加，则

$$P'=U'I'=5\times1=5(\text{W})$$
$$P''=U''I''=37.5\times7.5=281.25(\text{W})$$
$$P=P'+P''=5+281.25=286.25(\text{W})$$

显然，应用叠加定理求解功率的结果是不正确的。究其原因，是因为电路功率和电路激励之间的关系是二次函数的非线性关系，因此不符合叠加定理的线性分析思想。

应用叠加定理分析电路时，应注意以下几点。

(1) 叠加定理只适用于线性电路，对非线性电路不适用。在线性电路中，叠加定理也只能用来计算电流或电压，因为线性电路中的电压和电流响应，与电路激励之间的关系是一次函数的线性关系；功率与电路激励之间的关系是二次函数的非线性关系，因此不能用叠加定理进行分析和计算。

(2) 叠加时一般要注意使各电流、电压分量的参考方向与客观存在的原电路中电流、电压的参考方向保持一致。若选取不一致时，叠加时就要注意各电流、电压的正、负号：与原电流、电压的参考方向一致的电流、电压分量取正值，相反时取负值。

(3) 当某个独立源单独作用时，不作用的电压源应短路处理，不作用的电流源应开路处理。

(4) 叠加时，还要注意电路中所有电阻及受控源的连接方式都不能任意改动。

例 2.5 应用叠加定理对图 2.9(a) 所示电路进行求解。

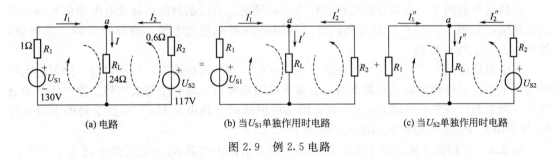

(a) 电路　　　　　(b) 当 U_{S1} 单独作用时电路　　　　　(c) 当 U_{S2} 单独作用时电路

图 2.9　例 2.5 电路

解： 当 U_{S1} 单独作用时，U_{S2} 视为短路，电路如图 2.5(b) 所示，其中

$$I_1'=\frac{U_{S1}}{R_1+R_L//R_2}=\frac{130}{1+24//0.6}=82(\text{A})$$

$$I_2'=-I_1'\frac{24}{0.6+24}=-80(\text{A})$$

$$I' = I'_1 + I'_2 = 82 + (-80) = 2(\text{A})$$

当 U_{S2} 单独作用时，U_{S1} 视为短路，电路如图 2.9（c）所示，其中

$$I''_2 = \frac{U_{S2}}{R_2 + R_L // R_1} = \frac{117}{0.6 + 24 // 1} = 75(\text{A})$$

$$I''_1 = -I''_2 \frac{24}{1+24} = -72(\text{A})$$

$$I'' = I''_2 + I''_1 = 75 + (-72) = 3(\text{A})$$

根据各电路电流的参考方向，把结果叠加可得

$$I_1 = I'_1 + I''_1 = 82 + (-72) = 10(\text{A})$$

$$I_2 = I'_2 + I''_2 = -80 + 75 = -5(\text{A})$$

$$I = I' + I'' = 2 + 3 = 5(\text{A})$$

叠加定理不仅可以把一个复杂电路分解为多个简单电路，从而把复杂电路的分析计算变为简单电路的分析计算，它的重要性还在于，当线性电路中含有多种信号源激励时，为研究响应与激励的关系提供了必要的理论根据和方法。线性电路的许多定理都可以从叠加定理导出。

●【学习思考】●

（1）说说叠加定理的适用范围。它是否仅适用于直流电路而不适用于交流电路的分析和计算？

（2）电流和电压可以应用叠加定理进行分析和计算，为什么功率不行？

2.5 戴维南定理

●【学习目标】●

进一步理解电路"等效"的概念；理解电路中"有源二端网络"和"无源二端网络"的概念；熟悉并掌握电路中任意两点间电压的求解方法；深刻理解戴维南定理的内容，初步掌握运用戴维南定理分析、计算电路的方法。

任何仅具有两个引出端钮的电路均称为二端网络。若二端网络内部含有电源就称为有源二端网络，如图 2.10(b) 所示电路；若二端网络内部不包含电源，则称为无源二端网络，如图 2.10(c) 所示电路。

戴维南定理指出，任何一个线性有源二端网络，对外电路而言，均可以用一个理想电压源与一个电阻元件相串联的有源支路（也称为戴维南等效电路）来等效代替。等效代替的条件：有源支路的理想电压源 U_S 等于原有源二端网络的开路电压 U_{ab}；有源支路的电阻元件 R_0 等于原有源二端网络除源后的入端电阻 R_{ab}。

例 2.6 应用戴维南定理求解图 2.10(a) 所示电路中电阻 R_2 上通过的电流 I_2。

解：根据戴维南定理，首先把待求支路从原电路中分离，则原电路就成为一个如图 2.10(b) 所示的有源二端网络，对其求解开路电压 U_{ab}，使之等于戴维南等效电路的 U_S。

由图 2.10(b) 可看出，$I_1 = -6\text{A}$，因此

$$U_S = U_{ab} = -(-6) \times 5 + 20 = 50(\text{V})$$

再对有源二端网络进行除源，把 20V 电压源用短接线代替，6A 电流源开路处理，即可

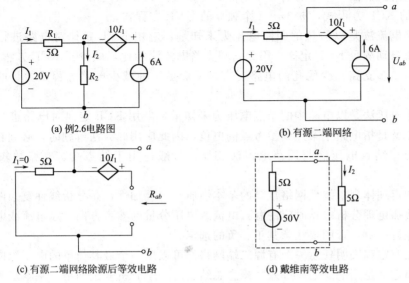

(a) 例2.6电路图

(b) 有源二端网络

(c) 有源二端网络除源后等效电路

(d) 戴维南等效电路

图 2.10　例 2.6 戴维南等效电路

得到如图 2.10(c) 所示的无源二端网络（因为控制量 $I_1 = 0$，所以受控电压源也等于零）。显然

$$R_0 = R_{ab} = 5\Omega$$

这样，我们就得到了如图 2.10(d) 虚线框内所示的戴维南等效电路。此时，再把待求支路从原来断开处接上，利用欧姆定律即可求出其电流 I_2。

$$I_2 = \frac{U_S}{R_0 + R_L} = \frac{50}{5+5} = 5(A)$$

在例 2.6 所示电路中的有"源"二端网络内部含有受控源，其中"源"是指一个固定不变的量。本例中的受控源是随 I_1 的变化而变化的量，在 I_1 未求出之前它不是一个固定不变的量，因此受控源这时应视为无源元件；当 I_1 确定且不为零值时，受控源才能视为有源元件。

归纳戴维南定理的解题步骤如下。

（1）将待求支路与有源二端网络分离，对断开的两个端钮分别标以记号（例如 a 和 b）。

（2）对有源二端网络求解其开路电压 U_{OC}。

（3）把有源二端网络进行除源处理：其中电压源用短接线代替，电流源断开。然后对无源二端网络求解其入端电阻 $R_入$。

（4）让开路电压 U_{OC} 等于戴维南等效电路的电压源 U_S，入端电阻 $R_入$ 等于戴维南等效电路的内阻 R_0，在戴维南等效电路两端断开处重新把待求支路接上，根据欧姆定律求出其电流或电压。

●【学习思考】●

（1）戴维南定理适用于哪些电路的分析和计算，是否对所有的电路都适用？

（2）在电路分析时，独立源与受控源的处理上有哪些相同之处，有哪些不同之处？

（3）如何求解戴维南等效电路的电压源 U_S 及内阻 R_0？该定理的物理实质是什么？

小　结

（1）支路电流法是以客观存在的支路电流为未知量，直接应用 KCL 和 KVL 定律对复杂电路进行求解的方法。对于含有 n 个结点、m 条支路的复杂网络，应用支路电流法可列出 $n-1$ 个独立的 KCL 方程式，$m-n+1$ 个独立的 KVL 方程式。

（2）回路电流法是以假想的回路电流为未知量，应用 KVL 定律对电路进行求解的方法。回路电流自动满足 KCL 定律，因此它和支路电流法相比，减少了 KCL 方程式的数目。回路电流法对于多支路、少网孔的电路而言，无疑是一种减少电路方程式数目的有效解题方法。

（3）结点电压法是以电路中的结点电压为未知量，应用 KCL 定律对电路进行求解的方法。结点电压就是指电路中某点到参考点的电位，因此应用此方法解题时，必须在电路中确立参考电位点。结点电压法与回路电流法相比，一般适用于结点少、支路数较多的复杂电路。

（4）叠加定理体现了线性网络重要的基本性质——叠加性，是分析线性复杂网络的理论基础。应用叠加定理分析电路时应注意：电流或电压分量的参考方向与原电流或电压的参考方向应尽量保持一致，否则要注意其正、负的选定。

（5）戴维南定理表明任意一个有源二端网络都可以用一个极其简单的电压源模型来等效代替。戴维南定理是用电路的"等效"概念总结出的一个分析复杂网络的基本定理。

实验二　叠加定理和戴维南定理的验证

一、实验目的
（1）通过实验加深对叠加定理与戴维南定理内容的理解。
（2）学习线性有源二端网络等效参数的测量方法，加深对"等效"概念的理解。
（3）进一步加深对参考方向概念的理解。

二、实验器材与设备
（1）电工实验台。
（2）电路原理实验箱或相关实验器件。
（3）数字万用表：一块。
（4）导线若干。

三、实验原理及实验步骤
（一）叠加定理的实验

1. 实验电路原理图

如图 2.11 所示。

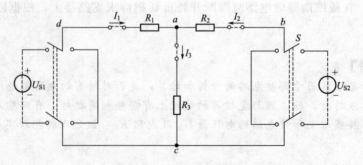

图 2.11　叠加定理实验原理图

2. 实验原理

叠加定理的内容：对任一线性电路而言，任一支路的电流或电压，都可以看作是电路中各个电源单独作用下，在该支路产生的电流或电压的代数和。

叠加定理是分析线性电路的非常有用的网络定理，叠加定理反映了线性电路的一个重要规律：叠加性。要深入理解定理的含义、适用范围，灵活掌握叠加定理分析复杂线性电路的方法，可通过实验进一步加深对它的理解。

3. 实验步骤

（1）调节实验电路中的两个直流电源，分别让 $U_{S1} = 12V$ 和 $U_{S2} = 6V$。

（2）当 U_{S1} 单独作用时，U_{S1} 处双向开关向外打，U_{S2} 处双向开关向里打，即 U_{S2} 短接。

（3）测量 U_{S1} 单独作用下支路电流 I_3'、支路端电压 U_{ab}'，记录在自制的表格中。

（4）再让 U_{S1} 处开关向里打短接，U_{S2} 处开关向外打，测量 U_{S2} 单独作用下支路电流 I_3''、支路端电压 U_{ab}''，记录在自制的表格中。

（5）测量两个电源共同作用下的各支路电流 I_3，支路电压 U_{ab}，记录在自制的表格中。

（6）验证：$I_3 = I_3' + I_3''$、$U_{ab} = U_{ab}' + U_{ab}''$，说明了叠加定理的验证结果，如有误差，分析误差原因。

（二）戴维南定理的实验

1. 实验原理电路

实验原理电路如图 2.12 所示。

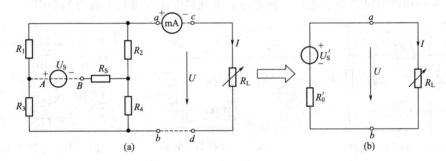

图 2.12　戴维南定理实验原理图

2. 实验原理

戴维南定理的内容：对任意一个有源二端网络而言，都可以用一个理想电压源 U_S' 和一个电阻 R_0' 的戴维南支路来等效代替。等效代替的条件：原有源二端网络的开路电压 U_{OC} 等于戴维南支路的理想电压源 U_S'；原有源二端网络除源后（让网络内所有的电压源短路处理，保留支路上电阻不动；所有电流源开路）成为无源二端网络后的入端电阻 R_0 等于戴维南支路的电阻 R_0'。

3. 实验步骤

（1）按照图 2.12（a）连接实验电路（注意把 $U_S = 12V$ 的电压源接入电路 A、B 两点间）。

（2）让电路从 a、b 处断开，在 12V 电源作用下测出 a、b 间开路电压 U_{OC}，记录在自制表格中。

（3）把电流表串进电路中的 a、b 两点之间，测出短路电流值 I_{OS}，求出 $R_0 = \dfrac{U_{OC}}{I_{OS}}$，记录在自制表格中。

（4）调节负载电阻 $R_L = 500\Omega$，把电流表接于 a、c 两点间，b、d 两点用短接线连通，

测出负载端电压 U 和电流 I，记录在自制表格中。

（5）按照图 2.12(b) 构建电路，选择电压源的数值 $U_S{'}=U_{OC}$，内阻的 $R_0{'}$ 的数值等于 R_0，负载电阻 $R_L=500\Omega$ 与图 2.12(a) 相同，计算此电路的负载端电压 U 和电流 I，记录在自制表格中，并且和图 2.12(a) 电路所测得的 U 和 I 相比较，由此验证戴维南定理。

【思考题】

1. 验证叠加定理实验中，当一个电源单独作用时，其余独立源按零值处理，如果其余电源中有电压源和电流源，如何做到让它们为零值？

2. 在求戴维南定理等效网络时，测量短路电流的条件是什么，能不能直接将负载短路？

习　题

2.1　求图 2.13 所示电路中通过 14Ω 电阻的电流 I。

2.2　求图 2.14 所示电路中的电流 I_2。

2.3　如图 2.15 所示，试用弥尔曼定理求解电路中 A 点的电位值。

2.4　某浮充供电电路如图 2.16 所示。整流器直流输出电压 $U_{S1}=250V$，等效内阻 $R_{S1}=1\Omega$，浮充蓄电池组的电压值 $U_{S2}=239V$，内阻 $R_{S2}=0.5\Omega$，负载电阻 $R_L=30\Omega$，分别用支路电流法和回路电流法求解各支路电流、负载端电压及负载上获得的功率。

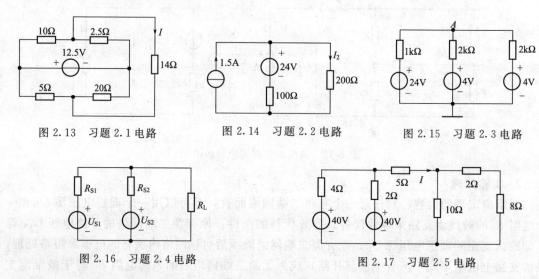

图 2.13　习题 2.1 电路　　　图 2.14　习题 2.2 电路　　　图 2.15　习题 2.3 电路

图 2.16　习题 2.4 电路　　　图 2.17　习题 2.5 电路

2.5　用戴维南定理求解图 2.17 所示电路中的电流 I，再用叠加定理进行校验。

2.6　先将图 2.18 所示电路化简，然后求出电流 I。

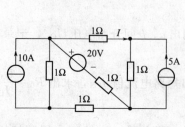

图 2.18　习题 2.6 电路

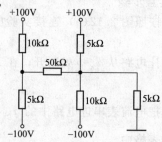

图 2.19　习题 2.7 电路

2.7 用结点电压法求解图 2.19 所示电路中 50kΩ 电阻中的电流 I。

2.8 求图 2.20 所示各有源二端网络的戴维南等效电路。

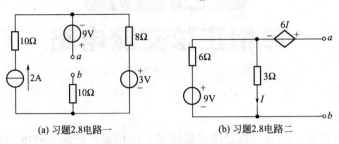

(a) 习题2.8电路一　　　　　　　(b) 习题2.8电路二

图 2.20 习题 2.8 电路

2.9 分别用叠加定理和戴维南定理求解图 2.21 所示各电路中的电流 I。

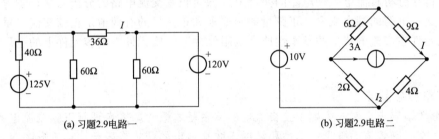

(a) 习题2.9电路一　　　　　　　(b) 习题2.9电路二

图 2.21 习题 2.9 电路

2.10 用戴维南定理求图 2.22 所示电路中的电压 U。

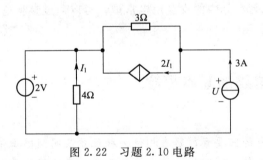

图 2.22 习题 2.10 电路

第 3 章

单相正弦交流电路

正弦交流电是日常生活和科技领域中最常见、应用最广泛的一种电的形式。正弦交流电路的理论在电路基础课程中占有极其重要的位置，学习和掌握好正弦交流电路的基本概念和基本分析方法，是本课程中的一个重要环节。

本章将在分析直流电阻性电路的基础上，探讨正弦交流电路的分析方法。学习的主要内容有正弦交流电路的基本概念，正弦量的三要素和正弦量的有效值，正弦交流参量的基本运算，电抗元件在交流电路中的基本性质及电阻元件、电感元件、电容元件上的电压、电流关系及功率关系。

【本章教学要求】

理论教学要求：深入了解正弦交流电的诸多基本概念，重点理解正弦交流电的三要素和正弦交流电有效值的概念；熟悉和掌握正弦交流电的解析式表示法和波形图表示法；深刻理解和牢固掌握单一电阻元件参数电路、单一电感元件参数电路、单一电容元件参数电路的电压、电流关系；理解有功功率和无功功率的概念及其含义。

实验教学要求：了解实际中的安全用电常识，可以通过参观电厂来了解正弦交流电的产生、传输和分配概况。

3.1　正弦交流电路的基本概念

● **【学习目标】** ●

深刻理解正弦交流电的三要素，熟悉相位、相位差及同频率正弦量之间超前、滞后等概念；掌握正弦交流电有效值、瞬时值、最大值的概念，有效值与最大值之间的数量关系；理解频率、周期、角频率的概念，掌握它们在反映问题角度上的区别及三者间数量关系。

1820 年奥斯特发现了电生磁的现象后，又经过十多年，英国学徒出身的物理学家法拉第在 1831 年通过大量实验证实了磁生电的现象，向人们揭示了电和磁之间的联系，从此开创了普遍利用交流电的新时代。

电磁感应现象奠定了交流发电机的理论基础。现代发电厂（站）的交流发电机都是基于电磁感应的原理工作的：发电机的原动机（汽轮机或水轮机等）带动磁极转动，与固定不动的发电机定子绕组相切割从而在定子绕组中感应电动势，与外电路接通后即可供出交流电。

3.1.1　正弦量的三要素

1. 正弦交流电的周期、频率和角频率

发电厂的发电机产生的交流电，其大小和方向均随时间按正弦规律变化。交流电随时间变化的快慢程度可以由周期、频率和角频率从不同的角度来反映。

（1）频率

单位时间内，正弦交流电重复变化的循环次数称为频率。频率用"f"表示，单位是赫兹【Hz】，简称"赫"，习惯上也称为"周波"或"周"。如我国电力工业的交流电频率规定为50Hz，简称工频；少数发达国家采用的工频为60Hz。在无线电工程中，常用兆赫来计量。无线电广播的中波段频率为535～1650kHz，电视广播的频率是几十兆赫到几百兆赫。频率的高低反映了正弦交流电随时间变化的快慢程度。显然，频率越高，交流电随时间变化得越快。

（2）周期

交流电每重复变化一个循环所需要的时间称为周期，如图3.1中所示。周期用"T"表示，单位是秒【s】。

显然，周期和频率互为倒数关系，即

$$f=\frac{1}{T} \quad 或 \quad T=\frac{1}{f}$$

上式告诉我们，周期越短频率越高。可见，周期的大小同样可以反映正弦量随时间变化的快慢程度。

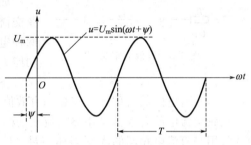

图3.1　正弦交流电示意图

（3）角频率

正弦函数总是与一定的电角度相对应，所以正弦交流电变化的快慢程度除了用周期和频率描述外，还可以用角频率"ω"表征。角频率 ω 表示正弦量每秒经历的弧度数，其单位为弧度/秒【rad/s】，通常弧度可以略去不写，其单位便为1/秒【1/s】。由于正弦量每变化一周所经历的电角弧度是 2π，因此角频率与频率、周期在数量上具有的关系为

$$\omega=2\pi f=\frac{2\pi}{T} \tag{3.1}$$

周期、频率和角频率从不同的角度反映了同一个问题：正弦量随时间变化的快慢程度。式（3.1）表示了三者之间的数量关系。实际应用中，频率的概念用得最多。

2. 正弦交流电的瞬时值、最大值和有效值

（1）瞬时值

交流电每时每刻均随时间变化，它对应任一时刻的数值称为瞬时值。瞬时值是随时间变化的量，因此要用英文小写斜体字母表示为"u、i"。图3.1所示正弦交流电压的瞬时值可用正弦函数式（解析式）来表示

$$u=U_m\sin(\omega t+\psi) \tag{3.2}$$

（2）最大值

交流电随时间按正弦规律振荡变化的过程中，出现的正、负两个振荡最高点称为正弦量的振幅，其中的正向振幅称为正弦量的最大值，一般用大写斜体字母加下标 m 表示为"U_m、I_m"。注意：式（3.2）所示的正弦交流电的一般表达式中，其中的最大值恒为正值。

正弦量是一个等幅振荡、正负交替变化的周期函数。对正弦量的数学描述，可以用正弦函数，也可以用余弦函数，式（3.2）采用的是正弦函数，本书中均采用正弦函数。

对于大小和方向都随时间变化的电流来说，更有必要选定参考方向了。因为电流的实际方向随时在变化，如不规定电流的参考方向，就很难用一个表达式来准确地表达出任何时刻

电流的大小及其实际方向。参考方向的规定与前面一样，一般用箭头来表示。当电流的实际方向与所选定的参考方向一致时，电流值为正，反之就为负，因此电流的参考方向只是用来确定某一时刻电流的正负号。

（3）有效值

正弦交流电的瞬时值是变量，无法确切地反映正弦量的做功能力，用最大值表示正弦量的做功能力，显然夸大了其作用，因为正弦交流电在一个周期内只有两个时刻的瞬时值等于最大值的数值，其余时间的数值都比最大值小。为了确切地表征正弦量的做功能力和方便于计算和测量正弦量的大小，实用中人们引入了有效值的概念。

有效值是根据电流的热效应定义的。不论是周期性变化的交流电流还是恒定不变的直流电流，只要它们的热效应相等，就可认为它们的安培值（或做功能力）相等。

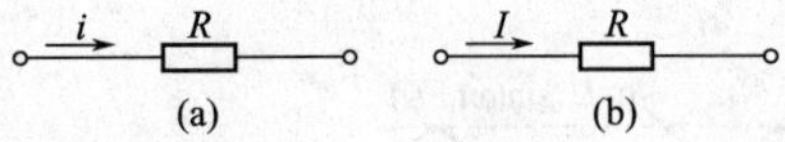

图 3.2　有效值定义

如图 3.2 所示，让两个相同的电阻 R 分别通以正弦交流电流 i 和直流电流 I，如果在相同的时间 t 内，两种电流在两个相同的电阻上产生的热量相等（即做功能力相同），我们就把图 3.2(b) 中的直流电流 I 定义为图 3.2(a) 中交流电流 i 的有效值。与正弦量热效应相等的直流电的数值称为正弦量的有效值。

正弦交流电的有效值是用热效应相同的直流电的数值来定义的，因此正弦交流电的有效值通常用与直流电相同的大写斜体字母"U、I"进行表示。值得注意的是，正弦量的有效值和直流电虽然表示符号相同，但它们所表达的概念是不同的。

实验结果和数学分析都可以证明，正弦交流电的最大值和有效值之间存在如下数量关系

$$U_m = \sqrt{2}U = 1.414U$$

$$U = \frac{U_m}{\sqrt{2}} = 0.707U_m \qquad (3.3)$$

或

$$I_m = \sqrt{2}I, \quad I = \frac{I_m}{\sqrt{2}}$$

在电路理论中，通常所说的交流电数值如不做特殊说明，一般均指交流电的有效值。在测量交流电路的电压、电流时，仪表指示的数值通常也都是交流电的有效值。各种交流电器设备铭牌上的额定电压和额定电流一般均指有效值。

正弦交流电的瞬时值表达式可以精确地描述正弦量随时间变化的情况。正弦交流电最大值表征了其振荡的正向最高点，其有效值则确切地反映出正弦交流电的做功能力。显然，最大值和有效值可从不同的角度表征正弦交流电的"大小"。

3. 正弦交流电的相位、初相

（1）相位

正弦量随时间变化的核心部分是解析式中的 $\omega t + \psi$，它反映了正弦量随时间变化的进程，显然，这是一个随时间变化的电角度，称为正弦量的相位角，简称相位。当相位随时间连续变化时，正弦量的瞬时值随之做连续变化。

（2）初相

对应 $t=0$ 时的相位 ψ 称为初相角，简称初相。初相确定了计时开始时正弦量的状态。为保证正弦量解析式表示上的统一性，通常规定初相不得超过 $\pm 180°$。

在上述规定下，初相为正角时，正弦量对应的初始值一定是正值；初相为负角时，正弦量对应的初始值则为负值。在波形图上，正值初相角位于坐标原点左边零点（指波形由负值变为正值所经历的 0 点）与原点之间（如图 3.3 所示 i_1 的初相 ψ_1）；负值初相位于坐标原点

右边零点与原点之间（如图 3.3 所示 i_2 的初相 ψ_2）。

3.1.2 相位差

为了比较两个同频率正弦量在变化过程中的相位关系和先后顺序，引入相位差的概念，相位差用 φ 表示。如图 3.3 所示的两个正弦交流电流，它们的解析式分别为

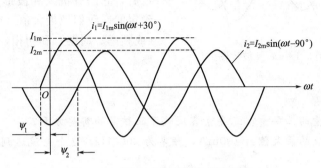

图 3.3 正弦交流电的初相与相位差

$$i_1 = I_{1m}\sin(\omega t + \psi_1)$$
$$i_2 = I_{2m}\sin(\omega t + \psi_2)$$

两电流的相位差

$$\varphi = (\omega t + \psi_1) - (\omega t + \psi_2)$$
$$= \omega t + \psi_1 - \omega t - \psi_2$$
$$= \psi_1 - \psi_2 \tag{3.4}$$

可见，两个同频率正弦量的相位差实际上等于它们的初相之差，与时间 t 无关。相位差是比较两个同频率正弦量关系的重要参数之一。

若已知 $\psi_1 = 30°$、$\psi_2 = 90°$，则电流 i_1 与 i_2 在任意瞬时的相位之差为

$$\varphi = (\omega t + 30°) - (\omega t - 90°) = 30° - (-90°) = 120°$$

相位差 φ 和初相的规定相同，均不得超过 $\pm 180°$。

谈到相位关系，只对两个同频率的正弦量有效。当两个同频率正弦量之间的相位差为零时，说明它们的相位相同，称同相关系。只有同相关系的电压、电流才可构成有功功率。当两个同频率正弦量之间的相位差为 90° 时，称它们在相位上具有正交关系，正交关系的电压和电流可构成无功功率（后面详细讲述）。若两个同频率正弦量之间的相位差是 180°，称它们之间的相位关系为反相关系。除此之外，两个同频率正弦量之间还具有超前、滞后的相位关系。不同频率的正弦量之间没有相位关系可言。

例 3.1 已知工频电压有效值 $U = 220\mathrm{V}$，初相 $\psi_u = 60°$；工频电流有效值 $I = 22\mathrm{A}$，初相 $\psi_i = -30°$。求其瞬时值表达式、波形图及它们的相位差。

解： 工频电角频率 $\omega = 314\mathrm{rad/s}$。

电压的解析式为

$$u = 220\sqrt{2}\sin(314t + \pi/3)\ \mathrm{V}$$

电流的解析式为

$$i = 22\sqrt{2}\sin(314t - \pi/6)\ \mathrm{A}$$

电压与电流的波形图如图 3.4 所示。

电压与电流的相位差为

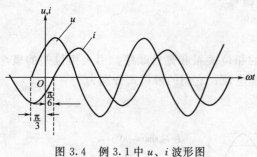

图 3.4 例 3.1 中 u、i 波形图

$$\varphi = \psi_u - \psi_i = \frac{\pi}{3} - \left(-\frac{\pi}{6} \right) = \frac{\pi}{2}$$

即电压超前电流 90°。

可见，一个正弦量的最大值（或有效值）、角频率（或频率、周期）及初相一旦确定后，它的解析式和波形图的表示就是唯一确定的。我们把最大值（或有效值）、角频率（或频率、周期）和初相，称之为正弦量的三要素。

● 【学习思考】 ●

(1) 何谓正弦量的三要素？三要素各反映了正弦量的哪些方面？

(2) 某正弦电流的最大值为 100mA，频率为 2000Hz，这个电流达到零值后经过多长时间可达 50mA？

(3) 正弦交流电压 $u_1 = U_{1m} \sin(\omega t + 60°)$ V，$u_2 = U_{2m} \sin(2\omega t + 45°)$ V。比较哪个超前，哪个滞后？

(4) 一个正弦电压 $u(t) = 100\sin(100\pi t + 90°)$ V，试分别计算它在 0.0025s、0.01s、0.018s 时的值。

(5) 一个正弦电压的初相为 30°，在 $t = \frac{T}{2}$ 时的值为 -268V，试求它的有效值。

3.2 单一参数的正弦交流电路

● 【学习目标】 ●

理解电阻、电感和电容元件在正弦交流电路中的不同作用，明确各单一元件上的电压、电流关系，理解感抗和容抗与频率的关系以及在正弦交流电路中的作用，理解正弦交流电路中各种功率的概念。

在交流电路中，由于电流、电压的大小和方向的变化引起了许多在直流电路中不会发生的特殊现象。当电流和电压随时间不断变化时，电路周围的电场和磁场也随时间在变化，这些变化的电场和磁场反过来又影响电路中的电流和电压，由于这些电磁现象的存在，使得交流电路的研究要比直流电路复杂得多。

前面讨论直流电路时只涉及电阻元件，实际上电路中的无源元件还有电感和电容。在交流电路中，电感元件和电容元件各有它们的特殊作用。

3.2.1 电阻元件

1. 电压和电流的关系

如图 3.5(a) 所示，参考方向下电阻元件的电压、电流关系为

$$u = Ri$$

设通过电阻元件的正弦电流为

$$i = \sqrt{2} I \sin(\omega t + \psi_i)$$

则电阻元件两端的电压为

$$u=Ri=\sqrt{2}RI\sin(\omega t+\psi_i)$$
$$=\sqrt{2}U\sin(\omega t+\psi_u)$$

其中
$$U=RI,\quad \psi_u=\psi_i$$

可见，正弦交流电路中，电阻元件的同频率正弦电压、电流的有效值、最大值之间都符合欧姆定律，且关联参考方向下的电压和电流同相。图 3.5(b) 画出了 $\psi_i=0$ 时电压、电流的波形，图 3.5(b) 的下边标出了电流和电压的实际方向，在正半周内，电流和电压的实际方向与参考方向一致，而在负半周内，电流和电压的实际方向与参考方向相反。

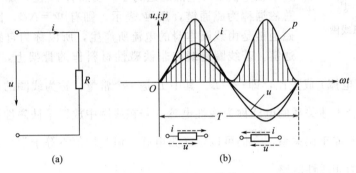

图 3.5　电阻中正弦量

2. 功率

正弦电流和电压随时间变化时，功率也是变化的。电路在某一瞬间吸收或发出的功率称为瞬时功率，用小写字母 p 表示。瞬时功率用瞬时电压和瞬时电流值来计算，即

$$p=ui$$

如果电路中电压和电流的参考方向相同，p 为正值，代表吸收功率；如果电压和电流的参考方向相反，p 为负值，代表发出功率。

正弦交流电路中电阻元件接受的瞬时功率为

$$p=ui=\sqrt{2}U\sin(\omega t+\psi_u)\times\sqrt{2}I\sin(\omega t+\psi_i)$$
$$=2UI\sin^2(\omega t+\psi_i)=UI[1-\cos2(\omega t+\psi_i)]$$

从上式可看出瞬时功率由两部分组成：一部分是不变的直流分量 UI；另一部分是 2 倍于电流频率的变化分量 $-UI\cos2(\omega t+\psi_i)$，当 $\psi_i=0$ 时，此变化分量在一个周期内的平均值等于零。

从瞬时功率的波形图 [图 3.5(b)] 中也可看出，它是随时间以 2 倍于电流频率变化的周期量，因为电阻元件的电压和电流的方向总是一致的，所以它恒为正值。这说明电阻元件总是把接受的能量转变为热能，或者说电阻元件始终消耗功率。因此，人们也把电阻元件称为耗能元件。

瞬时功率的实用意义不大，工程上都是用瞬时功率在一个周期内的平均值来描述电路的功率，称为平均功率。用大写字母 P 表示，则有

$$P=\frac{1}{T}\int_0^T p\mathrm{d}t=\frac{1}{T}\int_0^T UI(1-\cos2\omega t)\mathrm{d}t=UI$$

由此可见，交流电路中电阻元件接受的平均功率与直流情况下 $P=UI$ 的形式一样，只是二者表达的意义不同，这里 P 是平均功率，U 和 I 是交流电的有效值。

因为平均功率代表了电路上实际消耗的功率，所以平均功率也称有功功率，习惯上直接

称功率。例如 220V、100W 的灯泡，就是指这只灯泡接到 220V 电压上时，它所消耗的平均功率为 100W。

3.2.2 电感元件

1. 自感系数和电磁感应

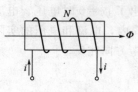

图 3.6 电感线圈

实际电路中经常遇到由导线绕制的线圈，如发电机、电动机、变压器等电气设备中都有线圈。当电流流过线圈时，线圈周围就会产生磁场，就有磁通穿过这个线圈，如图 3.6 所示。

设电流 i 产生的磁通为 Φ，线圈有 N 匝，那么与线圈交链的总磁通称为磁通链，用 Ψ 表示，则有 $\Psi = N\Phi$。因为这个磁通或磁通链是由线圈本身的电流所产生，所以称为自感磁通或自感磁通链。若线圈是绕在非铁磁性材料作的骨架上，称为空心线圈，其磁通链 Ψ 就与电流 i 成正比，即 $\frac{\Psi}{i} = L$。其中 L 是一个常量，称为线圈的自感系数，简称自感或电感。符合上述关系的电感称为线性电感。若在线圈中放置了铁磁性材料，那么电流与磁通链之间就不成正比关系，$\frac{\Psi}{i}$ 仍可以定义为电感，但其比值不等于常数，而是随电流的大小而变化，称为非线性电感。

本章我们只讨论线性电感。

电感的单位为亨利【H】，简称亨；较小的单位还有毫亨【mH】和微亨【μH】，其换算关系为

$$1\text{H} = 10^3\,\text{mH} = 10^6\,\mu\text{H}$$

实际的电感线圈是用绝缘导线绕制而成的，因此除了具有电感外，还存在电阻。如果电阻较小甚至可以忽略不计时，就可看作是理想电感元件。

对一个理想的电感线圈而言，若通过线圈的电流变动时，电流产生的磁通随之变动，而变动的磁通穿过线圈时必将引起电磁感应现象，在线圈中就会产生感应电动势，由于这种电磁感应现象是流经本线圈中的电流变化而在本线圈中引起的，因此称为自感应。由自感现象引起的自感电动势和电流的方向选择一致时，有

$$e_L = -\frac{\mathrm{d}\Psi}{\mathrm{d}t} = -L\frac{\mathrm{d}i}{\mathrm{d}t}$$

式中的负号表示自感电动势的实际方向总是使它的感应电流阻碍原电流的变化。

若用电压 u 表示电感两端的电压，并且选择通过电感元件的电流 i 与电压 u 为关联参考方向，可得到如图 3.7(a) 所示的波形图。根据电磁感应定律有

$$u = -e_L = L\frac{\mathrm{d}i}{\mathrm{d}t}$$

可见，电感中电压 u 和电流 i 的关系不是一般的正比关系，而是微分（或积分）关系。当电流 i 增加时，$\frac{\mathrm{d}i}{\mathrm{d}t} > 0$，$u > 0$，电压 u 的实际方向与电流 i 的实际方向关联，此时电感吸收功率建立磁场，其作用相当于负载，也就是说磁场随电流的增加而增大；当电流 i 减小时，$\frac{\mathrm{d}i}{\mathrm{d}t} < 0$，$u < 0$，电压 u 的实际方向与电流 i 的实际方向非关联，说明电感在发出功率释放磁场能，其作用相当于电源。对于直流电路，电流值恒定，$\frac{\mathrm{d}i}{\mathrm{d}t} = 0$，则 $u = 0$，说明电感两

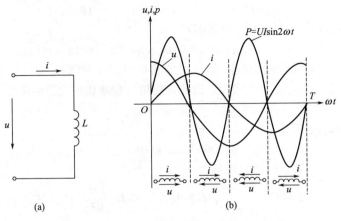

图 3.7　电感元件的正弦量

端没有电压，所以单一电感对直流电路而言相当于短路。

2. 电感上的正弦电压和电流

如果电感元件的正弦电流为

$$i=\sqrt{2}I\sin(\omega t+\psi_i)$$

则电感元件的电压为

$$u=L\frac{\mathrm{d}}{\mathrm{d}t}\sqrt{2}I\sin(\omega t+\psi_i)$$

$$=\sqrt{2}\omega LI\cos(\omega t+\psi_i)$$

$$=\sqrt{2}U\sin(\omega t+\psi_u)$$

式中　　　　　　　　$$U=\omega LI\qquad \psi_u=\psi_i+\frac{\pi}{2}$$

由此可见，正弦交流电路中，电感元件的同频率正弦电压和电流的有效值与最大值的关系为

$$\frac{U_m}{I_m}=\frac{U}{I}=\omega L=2\pi fL=X_L \tag{3.5}$$

由上述分析也可看出，关联参考方向下，电感元件两端的电压总是超前电流 $\pi/2$。$\psi_i=$ 0 时电感元件上电压、电流的波形如图 3.7（b）所示，在第一、第三个 1/4 周期内，电压 u 和电流 i 的实际方向相同，电感吸收功率储存磁场，相当于负载；在第二、第四个 1/4 周期内，电压 u 和电流 i 的实际方向相反，电感释放磁场能量，相当于向外供出能量的电源。

3. 感抗的概念

式（3.5）中的 $X_L=\omega L=2\pi fL$，是电感元件的电抗，简称感抗。感抗反映了电感元件阻碍正弦交流电流的作用。感抗只能代表电压与电流的最大值或有效值之比，不能代表瞬时值之比。显然电感元件的感抗与 ω 和 L 两个量有关。首先感抗与频率成正比，当电流一定时，电流的频率越高，电流变化越快，自感电动势越大；同时感抗又与电感量成正比，电感量越大，电感元件引起的对正弦交流电流的阻碍作用也越大，因此感抗也越大。对于直流电路，由于频率为零，即感抗为零，从这一角度可说明直流电路中电感元件相当于短路。

注意，感抗只有对正弦电路才有意义。当 ω 的单位为 1/s，L 的单位为 H 时，感抗 X_L 的单位为 Ω，与电阻的量纲相同。

例 3.2　高频扼流圈的电感为 3mH，试计算在 1kHz 和 1000kHz 时其感抗值。

解：　频率为 1000Hz 时（相当于音频范围）

$$X_L = 2\pi f L = 2\pi \times 1000 \times 3 \times 10^{-3} = 18.84(\Omega)$$

频率为 1000kHz 时（相当于高频范围）

$$X_L = 2\pi f L = 2\pi \times 1000 \times 10^3 \times 3 \times 10^{-3} = 18.84(\text{k}\Omega)$$

可见，在 1000kHz 时的感抗比在 1kHz 时的感抗要大 1000 倍，它可以让音频信号较顺利地通过，而对高频信号则"阻力"很大，因此，感抗与频率成正比的性质在实用中非常重要。

4. 功率关系

电感吸收的瞬时功率为

$$p(t) = u(t)i(t)$$

因此从 t_0 到任意时间 t 供给电感的能量为

$$
\begin{aligned}
w_L(t) &= \int_{t_0}^{t} u(\xi)i(\xi)\mathrm{d}\xi = \int_{t_0}^{t} \left[L \frac{\mathrm{d}i(\xi)}{\mathrm{d}\xi} \right] i(\xi)\mathrm{d}\xi \\
&= L \int_{i(t_0)}^{i(t)} i\,\mathrm{d}i = L \left[\frac{i^2}{2} \right]_{i(t_0)}^{i(t)} \\
&= \frac{1}{2} L \left[i^2(t) - i^2(t_0) \right]
\end{aligned}
$$

如果电感中的初始电流 $i(t_0) = 0$，则当电感中电流为 i 时，电感储存的磁场能量为

$$w_L = \frac{1}{2} L i^2 \tag{3.6}$$

上式说明电感元件中储存的磁场能量与电流的平方成正比，与电流的实际方向无关。

若电感通过正弦电流时，其瞬时功率为

$$
\begin{aligned}
p &= ui = U_m I_m \sin(\omega t + \psi_u) \sin(\omega t + \psi_i) \\
&= \sqrt{2} U \times \sqrt{2} I \cos(\omega t + \psi_i) \sin(\omega t + \psi_i) \\
&= UI \sin 2(\omega t + \psi_i)
\end{aligned}
$$

电感元件上的瞬时功率由图 3.7(b) 可看出，是一个 2 倍于电流频率的正弦函数，它在一个周期内交变两次，在第一、第三个 1/4 周期内，电感元件中的电压、电流为关联参考方向，元件吸收电能并转化为磁场能量储存在线圈周围，因此 $P > 0$；在第二、第四个 1/4 周期内，电压、电流为非关联参考方向，电感元件将储存的磁场能量逐渐释放直至全部放出，元件向外供出能量，即 $P < 0$，在整个周期内电感元件中的平均功率为

$$P = \frac{1}{T} \int_0^T p\,\mathrm{d}t = 0$$

P 等于零说明电感元件在一个周期内并不耗能，但元件与电源之间的能量交换始终进行，衡量电感元件与电路之间能量交换的规模可用无功功率 Q_L 来表示，即

$$Q_L = U_L I = I^2 X_L = \frac{U_L^2}{X_L}$$

无功功率不能从字面上理解为无用之功，它是电感元件建立磁场时向电源吸取的功率。无功功率反映了电感元件与电源之间能量交换的规模。为了区别于有功功率 P，无功功率的单位用乏【var】表示，即"无功伏安"。

从能量的观点来看，电感元件是一种储能元件，它储存的磁场能量最大值为 $\frac{1}{2} L I_m^2$。

3.2.3 电容元件

1. 电容

在工程中，电容器（电容）的应用极为广泛。其结构是由两个金属极板中间隔以绝缘介

质（如云母、绝缘纸、电解质等）组成，是一种能够存放电荷的电器。电容器的种类很多，按结构材料可分为薄膜电容器、云母电容器、纸介电容器、金属化纸介电容器、电解电容器、瓷介电容器、钽电容器等。按电容量能否改变又可分为可变电容器和固定电容器。

如果用 C 表示电容器的电容量，q 表示电容器所带的电荷量（两个极板上分别储存等量异号的正负电荷），u 表示电容器的端电压，则三者有以下关系

$$C=\frac{q}{u} \quad 或 \quad q=Cu$$

式中，q 的单位为库仑【C】，u 的单位为伏特【V】时，C 的单位是法拉【F】，简称法。实际电容器的电容量往往比 1F 小得多，因此通常采用微法【μF】和皮法【pF】作为电容器的单位，它们之间的换算关系为

$$1pF=10^{-6}\mu F=10^{-12}F$$

当电容器的电容量 C 是一个与电压大小无关的常量时，称为线性电容。

工程实际中应用的电容器，当极板上电压变动时，电容器中的介质会产生一定的损耗且不能做到完全绝缘，或多或少存在漏电流现象。因此实际电容器不仅具有电容还具有一定的电阻，不是理想电容元件。由于一般电容器的漏电现象或介质损耗并不严重，为了方便研究问题，工程应用中常常把实际电容器理想化，忽略其电阻的作用，而作为理想的电容元件。

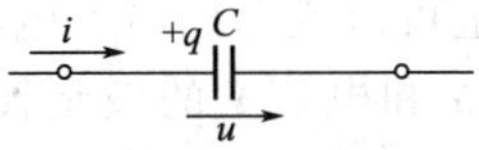

当电容上的电压 u 变化时，极板上的电荷 q 也随之变化，电荷的变化率就是连接电容的导线电流。如果选择电压 u 和电流 i 为关联参考方向，如图 3.8 所示，则这个电流为

图 3.8　电容元件

$$i=\frac{dq}{dt}=C\frac{du}{dt} \tag{3.7}$$

即电容上的电流与电压的变化率成正比，而与电压数值的大小无关。当电容端电压与电流为关联方向且从零上升时，$\frac{du}{dt}>0$，电容器极板上电荷量逐渐增多，这就是电容器的充电过程；当电压下降时且与电流为非关联方向时，$\frac{du}{dt}<0$，极板上电荷量减少，此过程称为电容器的放电过程。若电容器上的电压不变化时，电容既没有充电，也没有放电，那么电容支路中一定无电流。所以，电容元件的主要工作方式是充、放电。

从式（3.7）可以看出，电压不随时间变化时，$\frac{du}{dt}=0$，电流 i 等于零，电容相当于开路，所以电容元件具有"隔直"作用。

电容器的电容量或耐压值不满足需要时，可以将一些电容器适当连接起来满足需要。并联电容的等效电容等于各个电容之和，所以并联电容可以提高电容量。串联电容的等效电容的倒数等于各个串联电容的倒数之和，所以串联电容的等效电容小于每个电容，但是等效电容的耐压值增大了，应该注意电容小的分得的电压大。

例 3.3　有"$0.3\mu F$，250V"的三个电容器 C_1、C_2、C_3 连接如图 3.9 所示。试求等效电容，并问端口电压最大为多少？

解：C_2、C_3 并联，等效电容为

$$C_{23}=C_2+C_3=2C_2=2\times0.3=0.6(\mu F)$$

C_1 与 C_{23} 相串联，网络的等效电容为

$$C_i=\frac{C_1C_{23}}{C_1+C_{23}}=\frac{0.3\times0.6}{0.3+0.6}=0.2(\mu F)$$

因为 C_1 小于 C_{23}，所以 $u_1>u_{23}$，应保证不超过其耐压

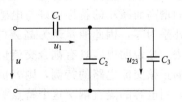

图 3.9　电容的串并联

值（250V）。当 $u_1=250$V 时

$$u_{23}=\frac{C_1}{C_{23}}u_1=\frac{0.3}{0.6}\times250=125(\text{V})$$

所以端口电压不能超过

$$u=u_1+u_{23}=250+125=375(\text{V})$$

2. 正弦电路中电容元件上的电压、电流关系

如果在电容 C 上加正弦电压 $u=U_\text{m}\sin(\omega t+\psi_u)$，电容中将产生电流 i，若把电压 u 和电流 i 的参考方向选为一致，如图 3.7 所示，则有

$$i=C\frac{\mathrm{d}u}{\mathrm{d}t}=\omega CU_\text{m}\cos(\omega t+\psi_u)$$

$$=\omega CU_\text{m}\sin\left(\omega t+\psi_u+\frac{\pi}{2}\right)$$

$$=I_\text{m}\sin(\omega t+\psi_i)$$

式中　　　　　　　　　　　$I_\text{m}=\omega CU_\text{m}\quad\psi_i=\frac{\pi}{2}+\psi_u$

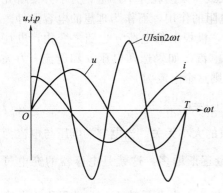

图 3.10　电容的电压、
电流、功率波形图

可见，电容中的电流 i 与电压 u 为同频率的正弦量，且电流的最大值 $I_\text{m}=\omega CU_\text{m}$，而在相位上电流超前于电压 $\pi/2$ 弧度（即 90°），也可以说电压滞后电流 $\pi/2$。图 3.10 为 $\psi_u=0$ 时电压 u 和电流 i 的波形图。从图中可以看出，第一、第三个 1/4 周期电压 u 和电流 i 的实际方向关联，是电容的充电过程；第二、第四个 1/4 周期电压 u 和电流 i 的实际方向非关联，是电容的放电过程，每个周期如此反复。电容中电流和电压的相位关系与电感中的相位关系恰好相反。电容上电流超前电压 $\pi/2$，电感上电压超前电流 $\pi/2$，这种特殊的相位关系可以用来满足生产实际的需要，例如电力系统中提高功率因数就是利用电容上电流超前电压 $\pi/2$ 的特点。

3. 容抗的概念

电容中电流与电压最大值（或有效值）之比为

$$\frac{U_\text{m}}{I_\text{m}}=\frac{U}{I}=\frac{1}{\omega C}=\frac{1}{2\pi fC}=X_C$$

式中，X_C 具有"阻碍"电流通过的性质，称为电容的电抗，简称容抗。容抗与感抗一样只能代表电压和电流的最大值或有效值之比，不能代表瞬时值之比，因此容抗也是只对正弦电流才有意义。

容抗 X_C 与角频率 ω、电容量 C 的乘积成反比关系，只有在一定频率下电容的容抗才是常数。频率越高，电容充、放电过程进行得越快，电流就越大，则容抗就越小。容抗随频率的增高而减小的特性恰好与电感随频率增高而增大的特性相反。对于高频电路，容抗很小，几乎为零，因此通常认为高频电路中电容元件相当于短路，可以顺利地把高频信号传递过去，这说明电容具有耦合交流信号的特性。对于直流电路而言，由于可以看作是频率等于零的正弦交流电路的特例，则容抗为无穷大，说明电容具有"隔直"作用。在电子技术中经常利用电容的隔直耦交这个特点满足实际工程中不同的需要。

例 3.4　图 3.11 所示为晶体管放大电路中常用的电容和电阻并联组合，在电阻 R 上并

联电容 C 的目的是为了使交流电流"容易通过"电容 C，而不在电阻 R 上产生显著的交流电压，因此电容 C 称为旁路电容。已知 $R=470\Omega$，$C=50\mu\text{F}$，试计算 $f=200\text{Hz}$ 及 2000Hz 时电容 C 的容抗值。

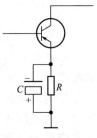

解： $f=200\text{Hz}$ 时，容抗

$$X_C=\frac{1}{2\pi\times200\times50\times10^{-6}}=15.92(\Omega)$$

$f=2000\text{Hz}$ 时，容抗

$$X_C=\frac{1}{2\pi\times2000\times50\times10^{-6}}=1.592(\Omega)$$

图 3.11　例 3.4 图

可见，频率越高，容抗值越小，它对交流起了"旁路"的作用。

4. 功率关系

在正弦电压的情况下，电容中的瞬时功率为

$$\begin{aligned}p=ui&=U_\text{m}I_\text{m}\sin(\omega t+\psi_u)\sin(\omega t+\psi_i)\\&=\sqrt{2}U\times\sqrt{2}I\sin(\omega t+\psi_u)\cos(\omega t+\psi_u)\\&=UI\sin2(\omega t+\psi_u)\end{aligned}$$

瞬时功率是一个 2 倍于电压频率的正弦量，其波形见图 3.10 所示。它在一个周期内交变两次，在第一、第三个 1/4 周期内，电压和电流为关联方向，说明电容在吸收电能并储存在电容器的极板上，因此 $P>0$；在第二、第四个 1/4 周期内，电压和电流为非关联方向，电容元件放电，把储存在极板上的电荷释放出来还给电路，对外发出功率（或供出能量）。以后周而复始重复上述循环。从波形可以看出，电容在一个周期内吸收的平均功率为零，即

$$P=\frac{1}{T}\int_0^T p\text{d}t=0$$

上式说明，电容元件与电感元件一样是储能元件，储能元件虽然不耗能，但它与电源之间的能量交换始终进行，其规模可以用瞬时功率的最大值来体现，即

$$Q_C=U_C I=I^2 X_C=\frac{U^2}{X_C}$$

式中，Q_C 称为电容元件上的无功功率，单位是乏【var】。

正弦交流电路中的主要电路元件即电阻元件、电感元件和电容元件的作用都不可忽略，同时在不同的频率下各元件的作用和效果又完全不同，这点在后面进行电路分析、计算时一定要引起注意。

●●●**【学习思考】**●●●

(1) 电阻元件在交流电路中电压与电流的相位差为多少？判断下列表达式的正误。

① $i=\frac{U}{R}$；② $I=\frac{U}{R}$；③ $i=\frac{U_\text{m}}{R}$；④ $i=\frac{u}{R}$。

(2) 纯电感元件在交流电路中电压与电流的相位差为多少，感抗与频率有何关系？判断下列表达式的正误。

① $i=\frac{u}{X_L}$；② $I=\frac{U}{\omega L}$；③ $i=\frac{u}{\omega L}$；④ $I=\frac{U_\text{m}}{\omega L}$。

(3) 纯电容元件在交流电路中电压与电流的相位差为多少，容抗与频率有何关系？判断下列表达式的正误。

① $i=\frac{u}{X_C}$；② $I=\frac{U}{\omega C}$；③ $i=\frac{u}{\omega C}$；④ $I=U\omega C$。

小 结

(1) 正弦量的三要素有最大值、频率（周期或角频率）、初相角。最大值表示正弦量变化的幅度，频率表示正弦量变化的快慢，初相表示正弦量的初始状态，有了三要素即可以写出正弦量的表达式。

(2) 两个同频率正弦量的相位差等于它们的初相之差，分别用超前、滞后、同相、反相、正交等术语来描述两个同频率正弦量之间的相位关系，即它们达到最大值（或零值）的先后顺序。不同频率的正弦量之间无相位差的概念。

(3) 正弦量的有效值等于它最大值的 0.707 倍。工程上所说的电气设备的额定电压、额定电流均指有效值，交流电表的面板也是按有效值刻度的。

(4) 正弦交流电路中电阻元件上电压和电流同相位，满足欧姆定律。电路中的瞬时功率恒为正，因此电阻在任何时刻都在向电源取用功率，起着负载的作用，它是一个耗能元件。通常用有功功率（即平均功率）来描述电阻实际消耗的功率。有功功率的大小等于电压和电流有效值之积，单位为瓦特【W】。

(5) 正弦交流电路中电感元件上电压超前电流 π/2 电角度，电压的有效值与电流的有效值之比为感抗，感抗分别与频率和电感量成正比。当电感量一定时，频率越高，感抗越大。直流电路频率为零，感抗也为零，电感相当于短路。电感在电路中不消耗有功功率，它和电源之间进行能量交换，因此电感是一个储能元件。

(6) 正弦交流电路中电容元件上电流超前电压 π/2 电角度，电压的有效值与电流的有效值之比为容抗，容抗分别与频率和电容量成反比。当电容量一定时，频率越低，容抗越大。直流电路频率为零，容抗等于无穷大，电容相当于开路。而对高频电路，容抗很小，电容相当于短路。因此电容具有隔离直流，耦合交流的作用。电容在电路中不消耗有功功率，它和电源之间进行能量交换，因此电容也是一个储能元件。

(7) 衡量储能元件与电源之间能量交换的规模是用无功功率来表征的，为了区别于有功功率，无功功率的单位是乏【var】。

家庭安全用电常识

随着家用电器的普及应用，正确掌握安全用电知识，确保用电安全至关重要。

1. 防止烧损家用电器的措施

常用的家用电器额定电压一般是 220V，正常的供电电压在 220V 左右。当供电线路中因雷击等自然灾害造成的供电电压瞬时升高，三相负荷不平衡的户线年久失修发生断零线，或因人为错接线等引起的相电压升高等现象时，都会造成家用电器的电压升高，使电流增大，导致家用电器因过热而烧损。要防止烧损家用电器，就要注意以下几个方面。

① 用电设备不使用时应尽量断开电源。

② 改造陈旧失修的接户线。

③ 安装带过电压保护的漏电开关。

2. 家庭用保险丝的正确选择

家庭用的保险丝应根据用电容量的大小来选用。如使用容量为 5A 的电表时，保险丝应大于 6A 小于 10A；如使用容量为 10A 的电表时，保险丝应大于 12A 小于 20A，也就是说，选用的保险丝应是电表容量的 1.2～2 倍。选用的保险丝应是符合规定的一根，而不能以小容量的保险丝多根并用，更不能用铜丝代替保险丝使用。现代家庭目前选用比较多的是不必更换保险丝的断路器。

3．防止电气火灾事故

在安装电气设备的时候，必须保证质量，并应满足安全防火的各项要求。要用合格的电气设备，破损的开关、灯头和破损的电线都不能使用，电线的接头要按规定连接法牢靠连接，并用绝缘胶带包好。对接线桩头、端子的接线要拧紧螺丝，防止因接线松动而造成接触不良。用户在使用过程中，如发现灯头、插座接线松动、接触不良或有过热现象，要及时找电工处理。

不要在低压线路和开关、插座、熔断器附近放置油类、棉花、木屑、木材等易燃物品。电气火灾前，都有一种先兆，就是电线因过热首先会烧焦绝缘外皮，散发出一种烧胶皮、塑料的难闻气味，要特别引起重视。所以，当闻到此气味时，应首先想到可能是电气方面原因引起的，如查不到其他原因，应立即拉闸停电，直到查明原因，妥善处理后，才能合闸送电。

万一发生了火灾，不管是否是电气方面引起的，首先要想办法迅速切断火灾范围内的电源。因为如果火灾是电气方面引起的，切断了电源，也就切断了起火的火源；如果火灾不是电气方面引起的，也会烧坏电线的绝缘，若不切断电源，烧坏的电线会造成碰线短路，引起更大范围的电线着火。发生电气火灾后，应盖土、沙或使用灭火器，但决不能使用泡沫灭火器，因为此种灭火剂是导电的。

4．照明开关必须接在火线上

如果将照明开关装设在零线上，虽然断开时电灯也不亮，但灯头的相线仍然是接通的，这种情况下人们以为灯不亮，就是处于断电状态，而实际上灯具上各点的对地电压仍是220V的危险电压。如果灯灭时人们触及这些实际上带电的部位，就会造成触电事故。所以各种照明开关或单相小容量用电设备的开关，只有串接在火线上，才能确保安全。

5．单相三孔插座的正确安装

家庭用电设备都是单相的。通常的单相用电设备，特别是移动式用电设备，都应使用三芯插头和与之配套的三孔插座。三孔插座上有专用的保护接零（地）插孔，在采用接零保护时，常常有人仅在插座底内将此孔接线桩头与引入插座内的那根零线直接相连，这是极为危险的。因为万一电源的零线断开，或者电源的火（相）线、零线接反，其外壳等金属部分也将带上与电源相同的电压，这就会导致触电。

因此，接线时专用接地插孔应与专用的保护接地线相连。采用接零保护时，接零线应从电源端专门引来，而不应就近利用引入插座的零线。

无数触电事故的教训告诉我们，思想上的麻痹大意往往是造成人身事故的重要因素，因此必须加强安全教育，使所有人都懂得安全用电的重大意义，彻底消灭人身触电事故。

参观电厂

如果学校离电厂不是太远，有条件可带领学生到电厂参观，了解电能的产生、传输和分配概况。

习　题

3.1　按照图 3.12 所示选定的参考方向，电流 i 的表达式为 $i = 20\sin\left(314t + \dfrac{2}{3}\pi\right)$A，如果把参考方向选成相反的方向，则 i 的表达式应如何改写？讨论把正弦量的参考方向改成相反方向时，对相位差有什么影响？

3.2　已知 $u_A = 220\sqrt{2}\sin 314t$ V，$u_B = 220\sqrt{2}\sin(314t - 120°)$ V。

（1）试指出各正弦量的振幅值、有效值、初相、角频率、频率、周期及两者之间的相位差各为多少？

（2）画出 u_A、u_B 的波形。

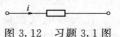

图 3.12 习题 3.1 图

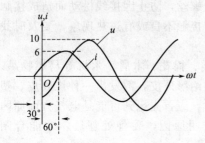

图 3.13 习题 3.3 波形图

3.3 如图 3.13 所示电压 u 和电流 i 的波形，问 u 和 i 的初相各为多少？相位差为多少？若将计时起点向右移 $\pi/3$，则 u 和 i 的初相有何改变？相位差有何改变？u 和 i 哪一个超前？

3.4 额定电压为 220V 的灯泡通常接在 220V 交流电源上，若把它接在 220V 的直流电源上行吗？

3.5 在电压为 220V、频率为 50Hz 的交流电路中，接入一组白炽灯，其等效电阻是 11Ω。要求：（1）绘出电路图；（2）求出电灯组取用的电流有效值；（3）求出电灯组取用的功率。

3.6 已知通过线圈的电流 $i=10\sqrt{2}\sin314t$ A，线圈的电感 $L=70$mH（电阻可以忽略不计）。设电流 i、外施电压 u 为关联参考方向，试计算在 $t=T/6$、$T/4$、$T/2$ 瞬间的电流、电压的数值。

3.7 把 $L=51$mH 的线圈（其电阻极小，可忽略不计）接在电压为 220V、频率为 50Hz 的交流电路中。要求：（1）绘出电路图；（2）求出电流 I 的有效值；（3）求出 X_L。

3.8 在 50μF 的电容两端加一正弦电压 $u=220\sqrt{2}\sin314t$ V。设电压 u 和电流 i 为关联参考方向，试计算 $t=\dfrac{T}{6}$、$\dfrac{T}{4}$、$\dfrac{T}{2}$ 瞬间的电流和电压的数值。

3.9 $C=140$μF 的电容器接在电压为 220V、频率为 50Hz 的交流电路中。要求：（1）绘出电路图；（2）求出电流 I 的有效值；（3）求出 X_C。

3.10 电阻为 4Ω 和电感为 25.5mH 的线圈接到频率为 50Hz、电压为 115V 的正弦电源上。求通过线圈的电流。如果这只线圈接到电压为 115V 的直流电源上，则电流又是多少？

3.11 如图 3.14 所示，各电容、交流电源的电压和频率均相等，问哪一块安培表的读数最大，哪一块为零，为什么？

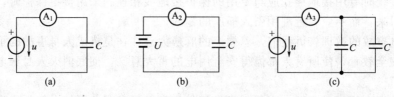

图 3.14 习题 3.11 电路

3.12 $C=140$μF 的电容器接在电压为 220V、频率为 50Hz 的交流电路中。要求：（1）绘出电路图；（2）求出电流 I 的有效值；（3）求出 X_C。

第4章

相量分析法

前面我们介绍了正弦交流电的基本概念及单个元件在交流电路中的性能。但是正弦交流电路的分析计算涉及三角函数的运算，运算过程较为复杂。本章将介绍一种新的分析计算正弦交流电路的方法——相量法。相量法是把正弦量的运算转化成复数的运算，能使运算过程简单化，这种方法是线性电路正弦稳态分析的一种简便而又有效的方法。

本章主要讲述复数的运算和相量分析法，主要包括：复数的概念及其运算、相量法、复阻抗、相量分析、复功率等。

【本章教学要求】

理论教学要求：熟悉复数的几种表达方式及其加减乘除运算规则；掌握正弦量的相量表示法、相量的性能及其运算方法；掌握复阻抗和复导纳的概念；学会用相量图进行正弦量的辅助分析；正确理解正弦交流电路中的几种功率的分析。

实验教学要求：进一步熟悉和掌握单相交流电路的电压、电流和功率测量方法，了解日光灯的组成及各部分的作用，能够正确连接日光灯实验电路，掌握提高感性电路功率因数的方法。

4.1 复数及其运算

●【学习目标】●

复数的运算是相量分析的基础。了解复数的代数式、三角式和指数式及其相互转换，理解复数进行加减乘除运算的规则。

如果直接按正弦量的数学表达式或波形图分析计算正弦交流电路，一般是很麻烦的，而用相量法分析线性正弦稳态电路将会方便得多。在正弦交流电路中，所有响应都是与激励同频率的正弦量，分析时可以不考虑频率，问题就集中在有效值和初相这两个要素上。而一个复数可以同时表达一个正弦量的有效值和初相，这样就可以把正弦量的分析计算转换成复数的运算，使问题简单化。因此，首先对复数的有关知识做简单介绍。

4.1.1 复数及其表示方法

复数在复平面上是一个点，如图 4.1 中的复数 A，它在复平面上实轴的投影是 a_1，在虚轴的投影是 a_2，有向线段 a 是复数 A 的模，模与正向实轴之间的夹角 ψ 是复数 A 的辐角。

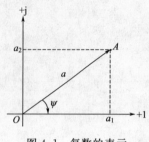

图 4.1 复数的表示

一个复数有多种表示方法，这里我们主要介绍电学中常用的几种。

1. 复数 A 的代数形式为

$$A=a_1+ja_2 \tag{4.1}$$

式 (4.1) 中的 a_1 是复数 A 在复平面中实轴上的投影，是代数形式表示的复数 A 的实部，以 $+1$ 为单位；a_2 是复数 A 在复平面中虚轴上的投影，是代数形式表示的复数 A 的虚部，以 $+j$ 为单位。

代数形式的复数表示法显然是以它的实部与虚部的代数和的形式来表现的。

2. 复数的指数形式

由图 4.1 可见，复数的模与它的实部与虚部数值之间的关系为

$$a=\sqrt{a_1{}^2+a_2{}^2}$$

复数的辐角与它的实部及虚部数值之间也具有一定的关系，即

$$\psi=\arctan\frac{a_2}{a_1}$$

这样，我们又可把复数 A 用指数形式表示为

$$A=ae^{j\psi} \tag{4.2}$$

因为

$$a_1=a\cos\psi \quad 和 \quad a_2=a\sin\psi$$

所以指数形式表示的复数 A 和代数形式表示的复数 A 之间的换算关系式为

$$A=ae^{j\psi}=a\cos\psi+ja\sin\psi=a_1+ja_2$$

3. 复数的极坐标形式

复数的极坐标形式实际上是指数形式的简化形式，写为

$$A=a\underline{/\psi} \tag{4.3}$$

显然极坐标形式也是由复数的模值及辐角来表示的一种方法。

复数的这三种方法之间是可以相互转换的。

4.1.2　复数运算法则

两个复数相加减以代数形式表示时，计算起来比较简便；两个复数相乘除时，用极坐标形式来表示复数，计算时方便。

例 4.1　有复数 $A=-3+j4$ 和复数 $B=6-j8$，求 $A+B$、$A-B$、$A\times B$ 和 $A\div B$。

解： $A+B=-3+j4+(6-j8)=-3+6+j(4-8)=3-j4$

$A-B=-3+j4-(6-j8)=-3-6+j(4+8)=-9+j12$

$A\times B=(-3+j4)\times(6-j8)=5\underline{/126.9°}\cdot 10\underline{/-53.1°}=50\underline{/73.8°}$

$A\div B=(-3+j4)\div(6-j8)=5\underline{/126.9°}\div 10\underline{/-53.1°}=0.5\underline{/180°}=-0.5$

可见，两个复数相加减时应遵循的运算法则是

$$A\pm B=(a_1\pm b_1)+j(a_2\pm b_2) \tag{4.4}$$

两个复数相乘除时应遵循的运算法则是

$$A\times B=a\times b\underline{/\psi_a+\psi_b}$$

$$A\div B=a\div b\underline{/\psi_a-\psi_b} \tag{4.5}$$

(1) 已知：复数 $A=4+j5$，$B=6-j2$，试求 $A+B$、$A-B$、$A\times B$ 和 $A\div B$。

(2) 已知：复数 $A=17\underline{/24°}$ 和 $B=6\underline{/-65°}$，试求 $A+B$、$A-B$、$A\times B$ 和 $A\div B$。

4.2 相量和复阻抗

●【学习目标】●

了解相量的概念；熟练掌握正弦量的相量表示法；初步了解相量图的画法；掌握复阻抗的概念。

4.2.1 相量

如前所述，一个正弦量是由它的振幅（或有效值）、频率和初相三要素决定的。在线性电路中，若激励是正弦量，则电路中各支路的电压和电流的稳态响应将是同频率的正弦量。如果电路有多个激励且都是同频率的正弦量，则根据线性电路的叠加性质，电路全部稳态响应都将是同频率正弦量，组成的电路称为正弦稳态电路。此时若要确定这些电压和电流，只要确定它们的振幅（或有效值）和初相两个量就行了。因此，正弦量可以用复数进行表示，即复数的模对应正弦量的有效值（或最大值），复数的辐角对应正弦量的初相。

为了与一般复数相区别，我们把表示正弦量的复数称为相量。当相量的模等于正弦量的最大值时，我们称其为最大值相量，以符号 $\dot{E}_m$、$\dot{I}_m$、$\dot{U}_m$ 表示；当相量的模等于正弦量的有效值时，我们称其为有效值相量，以符号 $\dot{E}$、$\dot{I}$、$\dot{U}$ 表示。

按照各个正弦量的大小和相位关系用初始位置的有向线段画出的若干个相量的图形，称为相量图。在相量图上能直观地看出各个正弦量的大小和相互间的相位关系。

例 4.2 已知两支路并联的正弦交流电路中，支路电流分别为 $i_1=8\sin(314t+60°)\text{A}$，$i_2=6\sin(314t-30°)\text{A}$，试求总电流 i，画出电流相量图。

解： 首先将各支路电流用最大值相量表示为

$$\dot{I}_{1m}=8\underline{/60°}=8\cos60°+j8\sin60°=4+j6.93(\text{A})$$

$$\dot{I}_{2m}=6\underline{/-30°}=6\cos(-30°)+j6\sin(-30°)=5.2-j3(\text{A})$$

则利用复数的加法运算法则可得

$$\dot{I}_m=\dot{I}_{1m}+\dot{I}_{2m}=4+5.2+j(6.93-3)=9.2+j3.93=10\underline{/23.1°}(\text{A})$$

根据相量与正弦量之间的对应关系，即可写出

$$i=10\sin(314t+23.1°)\text{A}$$

电流相量图如图 4.2 所示。

4.2.2 复阻抗

在第 3 章的学习中，我们讲到电阻元件的电阻用 R 表示，电感元件的感抗用 X_L 表示，电容元件的容抗用 X_C 表示。当我们运用相量法分析和计算正弦交流电路时，电压、电流均用复数形式的相量表示，此时电路元件上的电阻、电抗也应表示为复数形式，用复数形式表

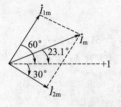

图 4.2　例 4.2 相量图

示的电阻和电抗简称为复阻抗。

对单一电阻元件的正弦交流电路而言，对应的复阻抗可表示为 $Z=R$，由于 R 是一个实数，所以在只有耗能元件的正弦交流电路中，复阻抗仅有实部而没有虚部；单一电感元件的正弦交流电路，对应的复阻抗 $Z=\mathrm{j}X_L$，单一电容元件的正弦交流电路，对应的复阻抗 $Z=-\mathrm{j}X_C$，这说明在仅有储能元件作用的正弦交流电路中，电路的复阻抗只有虚部而没有实部。将上述结论推广，显然在既有耗能元件又有储能元件的正弦交流电路中，复阻抗必定是既有实部又有虚部的。

例如：RL 串联电路的复阻抗表示为 $Z=R+\mathrm{j}X_L$；

RC 串联电路的复阻抗表示为 $Z=R+\mathrm{j}X_C$；

RLC 串联电路的复阻抗表示为 $Z=R+\mathrm{j}(X_L-X_C)$。

●【学习思考】●

（1）指出下列各式的错误并改正：

① $u=220\sqrt{2}\sin\left(\omega t+\dfrac{\pi}{4}\right)=220\sqrt{2}\mathrm{e}^{\mathrm{j}45°}\mathrm{A}$

② $\dot{I}=10\ \underline{/-36.9°}=10\sqrt{2}\sin(\omega t-36.9°)\mathrm{A}$

③ $U=380\ \underline{/60°}\mathrm{V}$

（2）把下列正弦量表示为有效值相量：

① $i=10\sin(\omega t-45°)\mathrm{A}$

② $u=-220\sqrt{2}\sin(\omega t+90°)\mathrm{V}$

③ $u=220\sqrt{2}\cos(\omega t-30°)\mathrm{V}$

4.3　相量分析法

●【学习目标】●

了解复杂正弦交流电路的一般分析方法——相量分析法；掌握 RLC 串联电路的复阻抗及并联电路的复导纳表示法；正确理解 R、L、C 参数发生变化时对电路性能的影响；掌握一般正弦交流电路的相量分析法。

所谓相量分析法，就是对一个需要分析计算的正弦交流电路，用它的相量模型来代替，即正弦交流电路中的所有电压、电流均用相量来表示，电路中的电阻、电抗均用对应的复阻抗形式表示，然后应用直流电路中介绍的各种电路分析方法对这个相量模型进行分析和计算。所不同的是，直流电路中的计算公式和电路定律都相应转换为对应的复数形式。

4.3.1　RLC 串联电路的相量模型分析

RLC 串联的正弦交流电路如图 4.3(a) 所示，对应的相量模型如图 4.3(b) 所示。对相量模型进行分析的步骤如下。

首先根据串联电路中各元件通过的电流相同这一特点，以电流为参考相量。由单一元件上电压、电流的关系式，转换成复数形式后可得

$$\dot{U}_R = \dot{I}\,R$$

$$\dot{U}_L = j\,\dot{I}\,X_L$$

$$\dot{U}_C = -j\,\dot{I}\,X_C$$

电路的总电压相量

$$\dot{U} = \dot{U}_R + \dot{U}_L + \dot{U}_C$$

$$= \dot{I}\,R + j\,\dot{I}\,X_L + (-j\,\dot{I}\,X_C)$$

$$= \dot{I}\,[R + j(X_L - X_C)]$$

$$= \dot{I}\,Z$$

式中的复阻抗

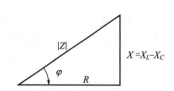

(a) 电路图　　　　(b) 相量模型

图 4.3　RLC 串联电路的电路图与相量模型

$$Z = R + j(X_L - X_C)$$

$$= \sqrt{R^2 + (X_L - X_C)^2}\,\big/\arctan[(X_L - X_C)/R]$$

$$= |Z|\angle\varphi$$

复阻抗的模 $|Z| = \sqrt{R^2 + (X_L - X_C)^2}$ 等于 RLC 串联电路对正弦交流电流呈现的电阻与电抗的总作用，称为正弦交流电路的阻抗；复阻抗的辐角在数值上等于 RLC 串联电路的端电压与电流的相位差角。

RLC 串联电路的相量图如图 4.4 所示。由图可看出，$\dot{U}$、$\dot{U}_R$ 和 $\dot{U}_X$（$\dot{U}_X = \dot{U}_L + \dot{U}_C$）构成了一个电压三角形，这个三角形不但反映了各电压相量之间的相位关系，同时由各电压模值的大小又反映出了各电压相量之间的数量关系，因此，电压三角形是一个相量三角形。

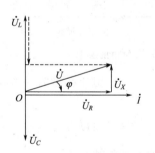

图 4.4　RLC 串联电路的相量　　　　　　图 4.5　阻抗三角形

让电压三角形的各条边同除以电流相量 $\dot{I}$，就可得到一个阻抗三角形，如图 4.5 所示，阻抗三角形符合上面讲到的复阻抗的代数形式：阻抗三角形的斜边是复阻抗的模 $|Z|$，数值上等于 RLC 串联电路的阻抗，阻抗三角形的邻边等于复阻抗的实部，即电路中的电阻 R，阻抗三角形的对边是复阻抗的虚部，数值上等于 RLC 串联电路的电抗，三者之间的数量关系为

$$|Z| = \sqrt{R^2 + (X_L - X_C)^2} = \sqrt{R^2 + \left(\omega L - \frac{1}{\omega C}\right)^2} \tag{4.6}$$

图 4.5 所示阻抗三角形是以感性电路为前提画出的，但实际上随着 ω、L、C 取值的不同，RLC 串联电路分别有以下三种情况。

① 当 $\omega L > \dfrac{1}{\omega C}$ 时，电路电抗 $X > 0$，电路总电压超前电流一个 φ 角，电路呈感性，阻抗三角形为正的三角形，如图 4.5 所示。

② 当 $\omega L < \dfrac{1}{\omega C}$ 时，电路电抗 $X < 0$，电路总电压滞后电流一个 φ 角，电路呈容性，阻抗三角形为倒的三角形。

③ 当 $\omega L = \dfrac{1}{\omega C}$ 时，电路电抗 $X = 0$，电路总电压与电流同相，电路呈纯阻性，阻抗三角形的斜边等于邻边。

在含有 L 和 C 的电路中出现电压、电流同相位的现象是 RLC 串联电路的一种特殊情况，称为串联谐振，有关详细内容将在第 5 章进一步介绍。

由上述讨论可知，电抗 X 的正、负是由 ω、L、C 来决定的，其中感抗和容抗的作用是相互抵消的。虽然 L 和 C 都是储能元件，但在一个电路中并不是同时吸收或释放能量，而是它们相互之间进行能量交换。当电感吸收能量时，电容释放能量；而当电感释放能量时，电容吸收能量。它们在能量方面相互补偿，补偿后多余的能量再与外部电路进行能量交换，而多余能量部分的性质也就是阻抗 Z 的性质。

4.3.2 RLC 并联电路的相量模型分析

RLC 并联的正弦交流电路如图 4.6(a) 所示，对应的相量模型如图 4.6(b) 所示。对相量模型进行分析的步骤如下。

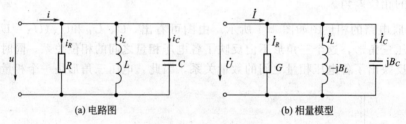

(a) 电路图　　　　　　　　　　　(b) 相量模型

图 4.6　RLC 并联电路的电路图与相量模型

首先根据并联电路中各元件上端电压相同这一特点，以电压相量为参考相量，再由单一元件上电压、电流的关系式转换成复数形式后可得

$$\dot{I}_R = \dot{U}G \qquad \dot{I}_L = -\mathrm{j}\dot{U}B_L \qquad \dot{I}_C = \mathrm{j}\dot{U}B_C$$

式中的 $G = \dfrac{1}{R}$ 称为电导；$-\mathrm{j}B_L = \dfrac{1}{\mathrm{j}X_L} = -\mathrm{j}\dfrac{1}{\omega L}$ 称为复感纳；$\mathrm{j}B_C = \dfrac{1}{-\mathrm{j}X_C} = \mathrm{j}\omega C$ 称为复容纳。电路中的总电流相量

$$\begin{aligned}
\dot{I} &= \dot{I}_R + \dot{I}_L + \dot{I}_C \\
&= \dot{U}G + (-\mathrm{j}\dot{U}B_L) + \mathrm{j}\dot{U}B_C \\
&= \dot{U}[G + \mathrm{j}(B_C - B_L)] \\
&= \dot{U}Y
\end{aligned}$$

式中的复导纳

$$\begin{aligned}
Y &= G + \mathrm{j}(B_C - B_L) \\
&= \sqrt{G^2 + (B_C - B_L)^2}\,\underline{/\arctan[(B_C - B_L)/G]} \\
&= |Y|\,\underline{/\varphi'}
\end{aligned}$$

复导纳的模 $|Y| = \sqrt{G^2 + (B_C - B_L)^2}$ 等于 RLC 并联电路中对正弦交流电流所呈现的总电导与电纳的作用，称为导纳；复导纳的辐角 φ' 在数值上等于 RLC 并联电路中总电流超前

端电压的相位差。

RLC 并联电路的相量图如图 4.7 所示。由图可看出，$\dot{I}$、$\dot{I}_R$ 和 $\dot{I}_X$（$\dot{I}_X = \dot{I}_C + \dot{I}_L$）构成了一个电流三角形，这个三角形不但反映了各电流相量之间的相位关系，同时由各电流模值的大小反映出了各电流相量之间的数量关系，因此，电流三角形也是一个相量三角形。

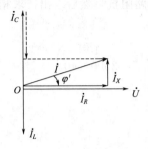
图 4.7　RLC 并联电路的相量图

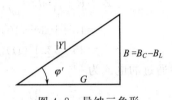
图 4.8　导纳三角形

让电流三角形的各条边同除以电压相量 $\dot{U}$，就可得到一个导纳三角形，如图 4.8 所示，导纳三角形符合上面讲到的复导纳的代数形式：导纳三角形的斜边是复导纳的模 $|Y|$，数值上等于 RLC 并联电路的导纳，导纳三角形的邻边等于复导纳的实部，即电路中的电导 G，导纳三角形的对边是复导纳的虚部，数值上等于 RLC 并联电路的电纳，三者之间的数量关系为

$$|Y| = \sqrt{G^2 + (B_C - B_L)^2} = \sqrt{G^2 + \left(\omega C - \frac{1}{\omega L}\right)^2} \tag{4.7}$$

图 4.8 所示的导纳三角形是以容性电路为前提画出的，但实际上随着 ω、L、C 取值的不同，RLC 并联电路也分别有以下三种情况。

① 当 $\omega C > \dfrac{1}{\omega L}$ 时，电路电纳 $B > 0$，电路总电流超前电压一个 φ' 角，电路呈容性，导纳三角形为正的三角形，如图 4.8 所示。

② 当 $\omega C < \dfrac{1}{\omega L}$ 时，电路电纳 $B < 0$，电路总电流滞后电压一个 φ' 角，电路呈感性，导纳三角形为倒的三角形。

③ 当 $\omega C = \dfrac{1}{\omega L}$ 时，电路电纳 $B = 0$，总电流与端电压同相，电路呈纯电阻性，导纳三角形的斜边等于邻边。在含有 L 和 C 的电路中出现电压、电流同相位的现象是 RLC 并联电路的一种特殊情况，称为并联谐振，有关详细内容也将在第 5 章进一步介绍。

由上述讨论可知，电纳 B 的正、负也是由 ω、L、C 来决定的，其中感纳为负，容纳为正，二者之间的作用是相互抵消的。

4.3.3　应用实例

用相量法对正弦交流电路进行分析计算时，线性电阻电路的各种分析方法和电路定理仍然适用，同时引入正弦量的相量、阻抗、导纳及 KCL、KVL 的相量形式，就可以根据电路列出相量形式的代数方程，用复数进行运算。在分析计算时，还可以借助于相量图进行辅助电路分析，确定各正弦量相量的大小和相对位置，然后进行相量运算。通常的做法为以电路串联部分的电压相量为参考相量，列出回路的 KVL 方程，用相量平移求和法则进行回路电压相量的求和；以电路并联部分的电流相量为参考相量，列出结点的 KCL 方程，用相量平移求和法则进行结点电流相量的求和。

例 4.3 RLC 串联电路如图 4.9（a）所示，已知电路参数 $R=15\Omega$，$L=12\text{mH}$，$C=40\mu\text{F}$，端电压 $u=20\sqrt{2}\sin2500t\text{V}$，试求电路中的电流 i 和各元件的电压相量，并画出相量图。

解：用相量法求解时，可先写出已知相量，再计算电路阻抗，然后求出待求相量。本例已知相量 $\dot{U}=20\underline{/0°}\text{V}$，电路阻抗为

$$Z=R+\text{j}\left(\omega L-\frac{1}{\omega C}\right)=15+\text{j}\left(2500\times0.012-\frac{10^6}{2500\times40}\right)$$
$$=15+\text{j}(30-10)=15+\text{j}20$$
$$=25\underline{/53.1°}(\Omega)$$

则电路中通过的电流为

$$\dot{I}=\frac{\dot{U}}{Z}=\frac{20\underline{/0°}}{25\underline{/53.1°}}=0.8\underline{/-53.1°}(\text{A})$$

根据正弦量与相量的对应关系可写出电流 i 为

$$i=0.8\sqrt{2}\sin(2500t-53.1°)\text{A}$$

各元件电压相量为

$$\dot{U}_R=R\dot{I}=15\times0.8\underline{/-53.1°}=12\underline{/-53.1°}(\text{V})$$
$$\dot{U}_L=\text{j}\omega L\dot{I}=\text{j}30\times0.8\underline{/-53.1°}=24\underline{/36.9°}(\text{V})$$
$$\dot{U}_C=-\text{j}\frac{1}{\omega C}\dot{I}=-\text{j}10\times0.8\underline{/-53.1°}=8\underline{/-143.1°}(\text{V})$$

相量图如图 4.9（b）所示。该电路为串联电路，因此以电流相量 $\dot{I}$ 为参考相量，根据电压方程 $\dot{U}=\dot{U}_R+\dot{U}_L+\dot{U}_C$ 画出各电压相量，画法如下。

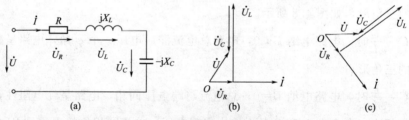

图 4.9　例 4.3 电路的相量图

先在复平面上画出电流相量 $\dot{I}$，然后从原点 O 起，按平移求和法则逐一画出各电压相量。如先画出与电流相量 $\dot{I}$ 同相的电压相量 $\dot{U}_R$，再从 $\dot{U}_R$ 的末端画出超前电流相量 $\dot{I}$ 90°的电压相量 $\dot{U}_L$，然后从 $\dot{U}_L$ 末端画出滞后电流相量 $\dot{I}$ 90°的电压相量 $\dot{U}_C$，最后从原点 O 至最后一个电压相量 $\dot{U}_C$ 的末端为端口电压相量 $\dot{U}$，得相量图 4.9（b），然后将整个相量图顺时针旋转 53.1°，就可以得到与运算结果一致的相量图，如图 4.9（c）所示。

例 4.4 如图 4.10（a）所示电路，已知电压表 V、V_1、V_2 的读数分别为 220V、300V 和 400V，复阻抗 $Z_2=-\text{j}100\Omega$，试求 Z_1，并画出电路的相量图。

解：该电路为两阻抗的串联形式，因此可直接根据 Z_2 和 U_2 求得电路中的电流为

$$\dot{I}=\frac{U_2}{|Z_2|}\underline{/0°}=\frac{400}{100}\underline{/0°}=4\underline{/0°}(\text{A})$$

以电流为参考相量，因此有

$$\dot{U}_2 = \dot{I}\,Z_2 = 400\,\underline{/-90°}\,\text{V}$$

设电源电压 $\dot{U}_\text{S} = 220\,\underline{/\varphi}\,\text{V}$，$\dot{U}_1 = 300\,\underline{/\varphi_1}\,\text{V}$，根据 KVL 可得

$$220\,\underline{/\varphi} = 300\,\underline{/\varphi_1} + 400\,\underline{/-90°}$$

显然

$$\left.\begin{aligned}220\cos\varphi &= 300\cos\varphi_1\\ 220\sin\varphi &= 300\sin\varphi_1 - 400\end{aligned}\right\}$$

联立求解上述两式，有

$$\cos\varphi = \frac{300\cos\varphi_1}{220} = \frac{邻边}{斜边}$$

$$\sin\varphi = \frac{300\sin\varphi_1 - 400}{220} = \frac{对边}{斜边}$$

因此

$$(300\cos\varphi_1)^2 + (300\sin\varphi_1 - 400)^2 = 220^2$$

解得

$$\varphi_1 \approx 57.1°, \qquad \varphi = -42.2°$$

所以

$$\dot{U}_\text{S} = 220\,\underline{/-42.2°}, \qquad \dot{U}_1 = 300\,\underline{/57.1°}$$

$$Z_1 = \frac{\dot{U}}{\dot{I}} = \frac{300\,\underline{/57.1°}}{4\,\underline{/0°}} = 75\,\underline{/57.1°} \approx 40.74 + \text{j}62.97(\Omega)$$

根据计算结果可画出如图 4.10(b) 所示的相量图。

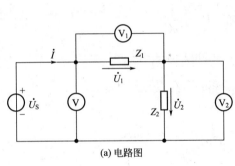

(a) 电路图

(b) 相量图

图 4.10　例 4.4 电路图和相量图

例 4.5　电路如图 4.11 所示，已知 $Z_1 = 10 + \text{j}25\Omega$，$Z_2 = -\text{j}25\Omega$，$i_\text{S} = 2\sqrt{2}\sin314t\,\text{A}$，求支路电流 i_1 和 i_2、电流表的读数及恒流源两端的电压 u_{ab}。

解：两阻抗为并联连接，根据分流公式可得

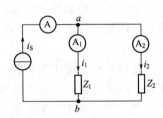

图 4.11　例 4.5 电路

$$\dot{I}_1 = \dot{I}_\text{S}\frac{Z_2}{Z_1 + Z_2} = 2\,\underline{/0°} \times \frac{-\text{j}25}{10 + \text{j}25 - \text{j}25}$$

$$= \frac{50\,\underline{/-90°}}{10} = -\text{j}5(\text{A})$$

$$\dot{I}_2 = \dot{I}_\text{S}\frac{Z_1}{Z_1 + Z_2} = 2\,\underline{/0°} \times \frac{10 + \text{j}25}{10 + \text{j}25 - \text{j}25}$$

$$= 2\,\underline{/0°} \times \frac{26.9\,\underline{/68.2°}}{10} = 5.38\,\underline{/68.2°}\,\text{A}$$

根据相量与正弦量之间的对应关系可写出

$$i_1 = 5\sqrt{2}\sin(314t - 90°)\,\text{A}$$

$$i_2 = 5.38\sqrt{2}\sin(314t + 68.2°)\text{A}$$

恒流源两端的电压为

$$\dot{U}_{ab} = \dot{I}_S Z_{ab} = 2\,\underline{/0°} \times \frac{(-j25)(10+j25)}{10+25-j25}$$

$$= 2\,\underline{/0°} \times \frac{673\,\underline{/-21.8°}}{10} = 134.6\,\underline{/-21.8°}(\text{V})$$

则

$$u_{ab} = 134.6\sqrt{2}\sin(314t - 21.8°)\text{V}$$

例 4.6 电路如图 4.12（a）所示，已知 $R = 2\text{k}\Omega$，$C = 0.01\mu\text{F}$，输入信号电压的有效值为 1V，频率为 5kHz。试求输出电压 U_2 及它与输入电压的相位差，并绘出相量图。

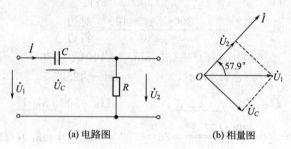

(a) 电路图   (b) 相量图

图 4.12 例 4.6 电路图与相量图

解： 电路阻抗为

$$Z = R - j\frac{1}{\omega C}$$

$$= 2000 - j\frac{10^8}{31400 \times 1}$$

$$\approx 3761\,\underline{/-57.9°}\ (\Omega)$$

电路中电流为

$$I = \frac{U_1}{|Z|} = \frac{1}{3761} \approx 0.266(\text{mA})$$

输出电压为

$$U_2 = IR = 0.266 \times 10^{-3} \times 2 \times 10^3 = 0.532(\text{V})$$

由复阻抗的解可知，电路中电压 u_1 滞后电流 i 的角度等于阻抗角 57.9°，而 u_2 与电流同相，因此，输出电压 u_2 在相位上超前输入电压 u_1 57.9°。画出电路相量图如图 4.12（b）所示。

此例中由于输出电压相对于输入电压发生了相位的偏移，因此也称之为 RC 移相电路。在 RC 移相电路中，若要输入电压超前输出电压，则输出电压应从电容两端引出；若要输出电压超前输入电压，输出电压就需从电阻两端引出。这种单级移相电路的相移范围不会超过 90°，如果要实现 180°的相移，就必须采用三级以上的电路构成。

例 4.7 图 4.13（a）中正弦电压有效值 $U_S = 380\text{V}$，$f = 50\text{Hz}$，电容可调，当 $C = 80.59\mu\text{F}$ 时，交流电流表 A 的读数最小，其值为 2.59A，试求图中交流电流表 A_1 的读数。

解：方法一。

当电容值 C 变化时，$\dot{I}_1$ 始终不变，可先定性画出电路的相量图。令 $\dot{U}_S = 380\,\underline{/0°}\text{V}$，

$\dot{I}_1 = \dfrac{\dot{U}_S}{R+j\omega L}$ 且为感性，因此滞后电压 $\dot{U}_S$，电容支路的电流 $\dot{I}_C = j\omega C\dot{U}_S$ 超前 $\dot{U}_S$ 90°。表示各

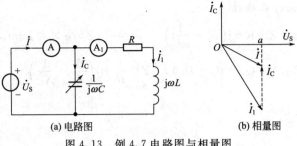

(a) 电路图　　　　　　　(b) 相量图

图 4.13　例 4.7 电路图与相量图

电流相量构成的相量图如图 4.13(b) 所示。当 C 值变化时，$\dot{I}_C$ 始终与 $\dot{U}_S$ 正交，故 $\dot{I}_C$ 的末端将沿图中所示虚线变化，而到达 a 点时 I 为最小。此时 $I_C = \omega C U_S = 9.62\text{A}$，$I = 2.59\text{A}$，用相量图可解得电流表 A_1 的读数为

$$\sqrt{(9.62)^2 + (2.59)^2} \approx 10(\text{A})$$

方法二。

当 I 最小时，电路的输入导纳 Y 最小，即输入阻抗 Z 最大，有

$$Y = j\omega C + \frac{R}{|Z_1|^2} - j\frac{\omega L}{|Z_1|^2}$$

式中，$|Z_1| = \sqrt{R^2 + (\omega L)^2}$。当电容 C 值变化时，只改变 Y 的虚部，而导纳最小意味着虚部为零，$\dot{U}_S$ 与 $\dot{I}$ 同相。

若 $\dot{U}_S = 380\underline{/0°}\text{V}$，则 $\dot{I} = 2.59\underline{/0°}\text{A}$，而 $\dot{I}_C = j\omega C\dot{U}_S = j9.62\text{A}$，设 $\dot{I}_1 = I_1\underline{/\psi_1}$，根据结点电流方程 $\dot{I} = \dot{I}_C + \dot{I}_1$ 有

$$2.59\underline{/0°} = j9.62\underline{/0°} + I_1\underline{/\psi_1}$$

得

$$I_1\sin\psi_1 = -9.62\text{A}, \quad I_1\cos\psi_1 = 2.59\text{A}$$

解得

$$\psi_1 = \arctan\left(\frac{-9.62}{2.59}\right) \approx -75°$$

$$I_1 = 2.59/\cos\psi_1 \approx 10(\text{A})$$

故电流表 A_1 的读数为 10A。

根据以上数据，还可以求出参数 R、L，即

$$Z_1 = \frac{\dot{U}_S}{\dot{I}_1} = 38\underline{/75°}(\Omega)$$

故而得

$$R = Z_1\cos\psi_1 = 9.84(\Omega)$$

$$L = \frac{Z_1\sin\psi_1}{\omega} = \frac{36.71}{314} = 116.9(\text{mH})$$

●●●【学习思考】●●●

(1) 一个 110V、60W 的白炽灯接到 50Hz、220V 正弦电源上，可以用一个电阻，或一个电感，或一个电容和它串联。试分别求所需的 R、L、C 的值。如果换接到 220V 直流电源上，这三种情况的后果分别如何？

（2）判断下列结论的正确性。

① RLC 串联电路：$Z = R + \mathrm{j}\left(\omega L - \dfrac{1}{\omega C}\right)$， $u(t) = |Z| \angle \varphi \times \sqrt{2} I \sin(\omega t + \psi_i)$

② RLC 并联电路：$Y = G + (B_C - B_L)$， $Y = \dfrac{1}{R} + \mathrm{j}\left(\dfrac{1}{X_L} - \dfrac{1}{X_C}\right)$

4.4 复功率

●【学习目标】●

正确区分正弦交流电路中的瞬时功率、有功功率、无功功率、视在功率、复功率和功率因数，并能熟练进行分析计算。

4.4.1 正弦交流电路中的功率

对于一个无源二端网络，设端口电压和电流为

$$u = \sqrt{2} U \sin(\omega t + \psi_u)$$

$$i = \sqrt{2} I \sin(\omega t + \psi_i)$$

电路吸收的瞬时功率为

$$
\begin{aligned}
p = ui &= \sqrt{2} U \sin(\omega t + \psi_u) \times \sqrt{2} I \sin(\omega t + \psi_i) \\
&= UI\cos(\psi_u - \psi_i) - UI\cos(2\omega t + \psi_u + \psi_i) \\
&= UI\cos\varphi - UI\cos(2\omega t + 2\psi_u - \varphi) \\
&= UI\cos\varphi - UI\cos\varphi\cos(2\omega t + 2\psi_u) - UI\sin\varphi\sin(2\omega t + 2\psi_u) \\
&= UI\cos\varphi\{1 - \cos[2(\omega t + \psi_u)]\} - UI\sin\varphi\sin[2(\omega t + \psi_u)]
\end{aligned}
$$

式中，$\varphi = \psi_u - \psi_i$ 为电压和电流之间的相位差，且 $\varphi \leqslant \pi/2$。上式说明瞬时功率有两个分量：第一项与电阻元件的瞬时功率相似，始终大于或等于零，是网络吸收能量的瞬时功率，其平均值为 $UI\cos\varphi$；第二项与电感元件或电容元件的瞬时功率相似，其值正负交替，是网络与外部电源交换能量的瞬时功率，它的最大值为 $UI\sin\varphi$。

如前所述，瞬时功率在一个周期内的平均值为平均功率，又称有功功率，则

$$P = \frac{1}{T} \int_0^T p\,\mathrm{d}t = UI\cos\varphi$$

有功功率代表电路实际消耗的功率，它不仅与电压和电流有效值的乘积有关，并且与它们之间的相位差有关。

为了衡量电路交换能量的规模，工程中还引用无功功率的概念，用大写字母 Q 表示，即

$$Q = UI\sin\varphi$$

无功功率反映了网络与外部电源进行能量交换的最大速率，"无功"意味着"交换而不消耗"，不能理解为"无用"。Q 值是一个代数量，对于感性网络电压超前电流，φ 值为正，网络接收或发出的无功功率为正值，称为感性无功功率；对于容性网络电压滞后电流，φ 值为负，网络无功功率为负值，称为容性无功功率。

许多电力设备的容量是由它们的额定电压和额定电流的乘积决定的，为此引用了视在功率的概念，用大写字母 S 表示，在数值上，视在功率等于电压有效值与电流有效值的乘

积，即
$$S=UI$$

上述分析表明，单相正弦交流电路中的有功功率 P、无功功率 Q 和视在功率 S 之间存在如下关系。

$$S=\dot{U}I=\sqrt{P^2+Q^2}, \varphi=\arctan\left(\frac{Q}{P}\right)$$
$$P=UI\cos\varphi=S\cos\varphi, \quad Q=UI\sin\varphi=S\sin\varphi \tag{4.8}$$

由此可把这三种功率组成一个与阻抗三角形相似的直角三角形，称为功率三角形，如图 4.14 所示。

有功功率、无功功率和视在功率都具有功率的量纲，为了加以区别，有功功率的单位用瓦特【W】，无功功率的单位用乏【var】，视在功率的单位用伏安【V·A】。

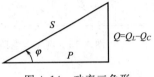

图 4.14　功率三角形

由功率三角形的讨论可看出，只有耗能元件电阻 R 上才消耗有功功率，显然同相的电压和电流构成有功功率 P；储能元件 L 和 C 上的电压和电流均为正交关系，而正交关系的电压和电流是不消耗有功功率的，它们只产生无功功率 Q，且 $Q=Q_L-Q_C$，电感元件上的无功功率取正，电容上的无功功率取负，显然二者之间的无功功率是可以相互补偿的。

4.4.2　复功率

虽然正弦电流电路的瞬时功率不能用相量法讨论，但是有功功率、无功功率和视在功率三者之间的关系可以通过"复功率"来表述。

若二端网络的端口电压相量为 $\dot{U}$，电流相量 $\dot{I}$ 的共轭复数为 $\dot{I}^*$，定义复功率 $\overline{S}$ 为

$$\begin{aligned}\overline{S}&=\dot{U}\dot{I}^*=UI\;\underline{/\psi_u-\psi_i}=UI\;\underline{/\varphi}\\&=UI\cos\varphi+jUI\sin\varphi\\&=P+jQ\end{aligned} \tag{4.9}$$

复功率是一个辅助计算功率的复数，它的模是正弦交流电路中的视在功率，它的辐角的余弦等于正弦交流电路中总电压与电流之间的相位差，复功率的实部是有功功率，虚部是无功功率，它将正弦稳态电路的三个功率和功率因数统一为一个公式。只要计算出电路中的电压相量和电流相量，各种功率就可以很方便地计算出来。复功率的单位仍用【V·A】。

对于电阻元件，$\varphi=0$，接受的复功率为
$$\overline{S}=UI\;\underline{/0°}=UI=I_R^2R$$
即电阻元件只接受有功功率 P，无功功率 Q 为零。

对于电感元件，$\varphi=\pi/2$，接受的复功率为
$$\overline{S}=UI\;\underline{/90°}=jUI=jI^2X_L$$

对于电容元件，$\varphi=-\pi/2$，接受的复功率为
$$\overline{S}=UI\;\underline{/-90°}=-jUI=-jI^2X_C$$

显然，电压、电流具有正交相位关系的储能元件上不消耗有功功率，只接受无功功率 Q。

复功率还可以写成另一种形式，即
$$\overline{S}=\dot{U}\dot{I}^*=\dot{I}Z\dot{I}^*=I^2Z$$

可以证明，整个电路中的复功率守恒，而有功功率和无功功率也分别守恒，即总的有功

功率等于各部分有功功率之和，总的无功功率等于各部分无功功率之和，但是正弦交流电路中的视在功率不守恒。

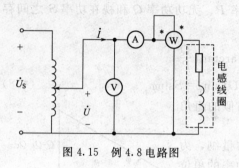

图 4.15　例 4.8 电路图

例 4.8　如图 4.15 所示，把一个线圈接到 $f=50\text{Hz}$ 的正弦电源上，分别用电压表、电流表、功率表测得电压 $U=50\text{V}$、电流 $I=1\text{A}$、功率 $P=30\text{W}$，试求 R、L 的值，并求线圈吸收的复功率。

解： 根据三块电表的读数，可先求线圈阻抗

$$Z=|Z|\underline{/\varphi}=R+\text{j}X$$

$$|Z|=\frac{U}{I}=50\ (\Omega)$$

功率表的读数为线圈吸收的有功功率，则

$$P=UI\cos\varphi=30(\text{W})$$

$$\varphi=\arccos(\frac{30}{UI})=53.13°$$

解得

$$Z=50\underline{/53.13°}=(30+\text{j}40)(\Omega)$$

$$R=30\Omega,\quad L=\frac{40}{\omega}=127(\text{mH})$$

还可以用另外一种方法，即

$$P=I^2R=30(\text{W}),\quad R=\frac{P}{I^2}=\frac{30}{1^2}=30(\Omega)$$

由于 $|Z|=\sqrt{R^2+(\omega L)^2}$，故可得

$$X_L=\omega L=\sqrt{50^2-30^2}=40(\Omega)$$

复功率可根据电压相量和电流相量来计算。令 $\dot{U}=50\underline{/0°}\text{V}$，则 $\dot{I}=1\underline{/-53.13°}\text{A}$，有

$$\overline{S}=\dot{U}\dot{I}^*=50\underline{/0°}\times1\underline{/53.13°}=50\underline{/53.13°}=30+\text{j}40(\text{V}\cdot\text{A})$$

或者

$$\overline{S}=I^2Z=30+\text{j}40(\text{V}\cdot\text{A})$$

4.4.3　功率因数的提高

由功率三角形、阻抗三角形和电压三角形中可得到

$$\cos\varphi=\frac{P}{S}=\frac{R}{|Z|}=\frac{U_R}{U} \tag{4.10}$$

式中的 $\cos\varphi$ 称为功率因数。显然，功率因数反映了有功功率和视在功率的比值，前者是电路所消耗的功率，后者代表电源所能输出的最大有功功率，因此功率因数表示电源功率被利用的程度。由式(4.11)还可看出，功率因数的大小决定于电路中电阻与阻抗的比值。当 $\varphi=0°$ 时，电路负载为纯电阻，电抗分量等于 0，即 $\cos0°=1$，$P=UI$，电源供出的电能全部被负载消耗；当 $\varphi=\pm90°$ 时，电路负载为纯电抗，电阻分量等于 0，即 $\cos(\pm90°)=0$，$P=0$，此时电源与负载之间只存在能量交换，没有功率损耗。通常交流负载总有一定的电抗分量，所以

$$0\leqslant\cos\varphi\leqslant1$$

一般交流电器都是按额定电压和额定电流来设计的，用电压和电流的乘积（即视在功率 S）表示各种用电器的功率容量，能否送出额定功率，决定于负载的功率因数。

电力工程中，像白炽灯、电炉一类的电阻负载，其 $\cos\varphi=1$，但这类纯电阻性负载只占用电器中的极小一部分，大部分是作动力用的异步电动机等感性负载，这些感性负载在满载时功率因数一般可达到 0.7～0.85，空载或轻载时功率因数则很低；其他的感性负载如日光灯，功率因数通常为 0.3～0.5。只要负载的功率因数不等于 1，它的无功功率就不等于零，这意味着它从电源接受的能量中有一部分是交换而不是消耗，功率因数越小，交换部分所占比例越大。

功率因数是电力技术经济中的一个重要指标。负载功率因数过低，电源设备的容量就不能充分利用。另外，在功率、电压一定的情况下，负载功率因数越低，则通过输电线路上的电流 $I=P/(U\cos\varphi)$ 越大，因此造成供电线路上的功率损耗越大。显然，提高功率因数对国民经济的发展具有很重要的意义。

为了提高功率因数，应尽量避免感性设备的空载或轻载现象。再者，可在感性负载两端并联适当容量的电容器，用容性无功功率补偿电路中的感性无功功率，使电源的无功"输出"减小，从而使电流的输出减小。

例 4.9 一个感性负载接到 220V、50Hz 的电源上，吸收功率为 10kW，功率因数为 0.6。若要使电路的功率因数提高到 0.9，求在负载两端并联的电容值。

解：方法一。

如图 4.16(a) 所示，因为 $\dot{U}$ 和 $\dot{I}_1$ 都没有变，所以并联电容 C 不会影响原负载支路 1 的复功率，但是电容的无功功率补偿了电感 L 的无功功率，使电源的无功功率减小，电路的功率因数得以提高。设原负载吸收的复功率为 $\overline{S}_1$，电容吸收的复功率为 $\overline{S}_C$，并联电容后电路吸收的复功率为 $\overline{S}$，则有

$$\overline{S}=\overline{S}_1+\overline{S}_C$$

并联电容前有

$$\cos\varphi_1=0.6，\qquad \varphi_1=53.1°$$
$$P_1=10\text{kW}，\qquad Q_1=P_1\tan\varphi_1\approx10\times1.33=13.3(\text{kvar})$$
$$\overline{S}_1=P_1+\text{j}Q_1=10+\text{j}13.3\approx16.6\,\underline{/53.1°}(\text{kV}\cdot\text{A})$$

并联电容后要求功率因数等于 0.9，则有 $\varphi=\pm25.84°$。这里正号表示欠补偿，电路仍为感性，而负号则表示过补偿，电路已从感性变为容性。工程上通常使电路处在欠补偿状态，因此负号舍去，即 $\varphi=25.84°$，而有功功率没有改变，即

$$Q=P_1\tan\varphi=4.84(\text{kvar})$$
$$\overline{S}=P_1+\text{j}Q=10+\text{j}4.84\approx11.1\,\underline{/25.8°}(\text{kV}\cdot\text{A})$$

故电容的复功率为

$$\overline{S}_C=\overline{S}-\overline{S}_1=10+\text{j}4.84-(10+\text{j}13.3)\approx-\text{j}8.46(\text{kvar})$$

故有

$$C=\frac{S_C}{\omega U^2}=\frac{8.46\times10^3}{314\times220^2}\approx5.57\times10^{-4}=557(\mu\text{F})$$

方法二。

做相量图如图 4.16(b) 所示。并联电容前的感性负载电流 $\dot{I}_1$ 即是电路电流，比电压 $\dot{U}$ 滞后 φ_1 角度，把此电流分解成有功分量 $I_1\cos\varphi_1$，与电压 $\dot{U}$ 同相，无功分量 $I_1\sin\varphi_1$，比电压 $\dot{U}$ 滞后 $\pi/2$。并联电容后，电容电流 $\dot{I}_C$ 比 $\dot{U}$ 超前 $\pi/2$。由于电容电流 $\dot{I}_C$ 与电流的无功分量反相，因此二者之间可以相互补偿，使电路中电流的无功分量减小，电路电流 $\dot{I}$ 与电压 $\dot{U}$ 的相

位差 φ 减小，从而使功率因数得到提高。

从图中可以看出，要达到 φ 角所需的电流为

$$I_C = I_1 \sin\varphi_1 - I\sin\varphi$$

电流的有功分量没有改变，即

$$I_1 \cos\varphi_1 = I\cos\varphi$$

有功功率 P 也没有改变，即

$$P = U_1 I_1 \cos\varphi_1 = UI\cos\varphi$$

所以

$$I_C = U\omega C = \frac{P}{U\cos\varphi_1}\sin\varphi_1 - \frac{P}{U\cos\varphi}\sin\varphi$$

$$= \frac{P}{U}(\tan\varphi_1 - \tan\varphi)$$

则得

$$C = \frac{P}{\omega U^2}(\tan\varphi_1 - \tan\varphi)$$

把 $\varphi_1 = 53.1°$ 和 $\varphi = 25.8°$ 代入上式，则有

$$C = \frac{10000}{314 \times 220^2}(\tan53.1° - \tan25.8°) \approx 557(\mu F)$$

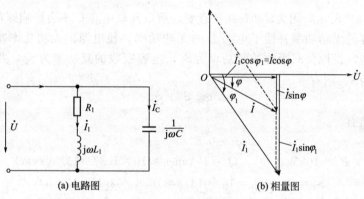

(a) 电路图　　　　　(b) 相量图

图 4.16　例 4.9 电路图与相量图

●【学习思考】●

（1）RL 串联电路接到 220V 的直流电源时功率为 1.2kW，接到 220V 的工频电源时功率为 0.6kW，试求它的 R、L。

（2）下列结论是否正确？① $\overline{S} = I^2 Z^*$；② $\overline{S} = U^2 Y^*$。

（3）已知一无源端口，

① $\dot{U} = 48\ \underline{/70°}\,\text{V}$，$\dot{I} = 8\ \underline{/100°}\,\text{A}$。

② $\dot{U} = 220\ \underline{/120°}\,\text{V}$，$\dot{I} = 6\ \underline{/30°}\,\text{A}$。

试求：复阻抗、阻抗角、复功率、视在功率、有功功率、无功功率和功率因数。

小　结

（1）复数有三种表示方法，即代数形式、指数形式和极坐标形式。复数的加减运算一般用代数形式较为方便，复数的乘除运算一般用极坐标形式（或指数形式）较为方便。

（2）用相量表示同频率正弦量的大小（即有效值）和初相后，正弦量的运算可以转化为相量的运算，即复数的运算，使正弦稳态电路的分析计算简单化。

（3）电路定理的相量形式为

$$\sum \dot{I} = 0, \qquad \sum \dot{U} = 0$$

$$\dot{U} = R\dot{I}, \qquad \dot{I} = G\dot{U}$$

（4）电路的复阻抗和复导纳分别为

$$Z = \frac{\dot{U}}{\dot{I}} = \frac{U}{I}\underline{/\psi_u - \psi_i} = |Z|\underline{/\varphi_Z} = R + jX$$

$$Y = \frac{\dot{I}}{\dot{U}} = \frac{I}{U}\underline{/\psi_i - \psi_u} = |Y|\underline{/\varphi_Y} = G + jB$$

（5）相量图可以用来辅助电路的分析计算。在相量图上，除了按比例反映各相量的模（有效值）以外，最重要的是根据各相量的相位相对地确定各相量在图上的位置（方位）。

（6）有功功率 P 是电路实际消耗的功率，无功功率 Q 是电路与电源进行能量交换的规模，视在功率 S 是电源实际向电路付出的功率，三者的关系可用复功率来表示，即

$$\overline{S} = P + jQ = S\underline{/\varphi}$$

（7）功率因数 $\cos\varphi$ 是电力工程中的一个重要指标，其大小是由电路参数和电源频率所决定的，若要提高感性负载电路的功率因数，可以在负载两端并联适当电容来实现。

实验三　三表法测量电路参数

一、实验目的
（1）进一步熟悉交流电压表、电流表、自耦变压器和功率表的连接和使用。
（2）学会用电压表、电流表、功率表测定交流电路中未知阻抗元件（线圈参数）的方法。
（3）掌握用直流法测定线圈的直流电阻值，并进行直流电阻与交流电阻差别的比较。
（4）通过实验更进一步理解电压三角形和阻抗三角形各量之间的关系。

二、实验仪器与设备
（1）单向调压器：一台。
（2）直流稳压电源：一台。
（3）交流电压表：一块。
（4）交流电流表：一只。
（5）单相功率表：一只。
（6）线圈：一只。
（7）滑线变阻器：一只。

三、实验电路原理图
实验原理图如图 4.17 所示。

四、实验原理
1. 实验电路中的电压三角形和阻抗三角形
工频情况下的交流电阻值与直流电阻应稍有差异，一般用"$R\sim$"表示；直流法情况下测得的电阻值称为直流电阻，一般用"$R-$"表示。各电压之间关系可用如图 4.18（a）所示

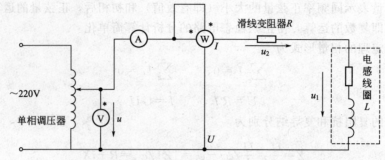

图 4.17　用电压表、电流表、功率表测电路参数

的相量三角形表示，各阻抗之间的关系可用图 4.18(b) 的阻抗三角形表示。

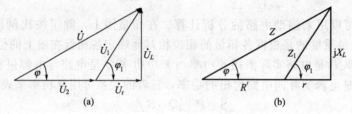

图 4.18　电压三角形与阻抗三角形

2. 实验电路所接触到的公式

$$P=UI\cos\varphi=I^2R=I^2(R'+r)$$

$$R=\frac{P}{I^2}, \qquad R=R'+r, \quad L=\frac{X_L}{2\pi f}$$

$$|Z|=\frac{U}{I}, \quad |Z_1|=\frac{U_1}{I}, \qquad R'=\frac{U_2}{I}$$

$$|Z|^2=R^2+X_L^2$$

$$U=\sqrt{(U_2+Ir)^2+(IX_L)^2}$$

五、实验步骤

（1）观察图 4.19 所示的功率表面板，看懂各端钮表面符号所代表的意义。

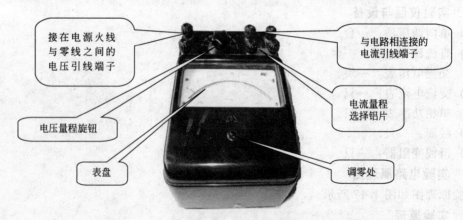

图 4.19　功率表面板说明

（2）按实验原理图接好实验电路，请指导教师检查后，再接通电源。

（3）注意正确使用调压器：接通电源前调压器手轮应放在"零"位，电压接通后，慢慢调节

手轮，注意观察电压表，将输出电压调节至 160V（第二次调节至 180V，第三次调节至 200V）。

（4）同时观察功率表和电流表在三个电压下的不同数值。

（5）将每次实验数据 U、I、P 记录在自制表格中。

（6）按实验数据计算出每次实验的 $|Z|$、r、X_L、L、$\cos\varphi$ 的值。

（7）将三次电源电压下所测得的数值的平均值算出，确定空心线圈参数 r、L。

（8）直流法测线圈发热电阻值。

（9）在线圈中插入铁芯，重新测量其交流、直流电阻值。

用直流电源测线圈发热电阻时，选择直流稳压电源的电压值为 15V（或 30V），将电感线圈连接在电源两端上，由于直流下电感线圈的感抗等于零，所以直流电压与直流电流的比值即为线圈的发热电阻值。将此值与交流测试时算出来的发热电阻值相比较。

【思考题】

1. 实验线路中，为什么电压表和功率电压线圈都要采用前接法（即带 ＊ 号或 · 点的接在火线端）的连接方式？

2. 为何空心线圈的直流电阻值和交流电阻值很接近，而铁芯时它们却相差较大？

实验四　日光灯电路的连接及功率因数的提高

一、实验目的

（1）了解日光灯电路的工作原理及其连接情况。

（2）掌握单相交流电路提高功率因数的常用方法及电容量的选择。

（3）进一步熟悉单相功率表的接线及单相调压器的使用方法。

二、实验主要设备

（1）单相调压器：一台。

（2）日光灯电路组件：一套。

（3）万用表：一块。

（4）交直流电流表：一块。

（5）电容箱：一个。

（6）单相功率表：一块。

（7）电流插箱：一个。

三、实验原理图

实验原理电路如图 4.20 所示。

实用中的用电设备大多是感性负载，其等效电路可用 R、L 串联电路来表示。电路消耗的有功功率 $P=UI\cos\varphi$，当电源电压 U 一定时，输送的有功功率 P 就一定。若功率因数小，则电源供给负载的电流就大，从而使输电线路上的线损增大，影响供电质量，同时还要多占电源容量，因此，提高功率因数有着非常重要的意义。

提高感性负载功率因数常用的方法是在电路的输入端并联电容器。这是利用电容中超前电压的无功电流去补偿 RL 支路中滞后电压的无功电流，从而减小总电流的无功分量，提高功率因数，实现减小电路总的无功功率。而对于 RL 支路，电流、功率因数、有功功率并不发生变化。

四、日光灯电路工作原理

1. 日光灯电路的组成

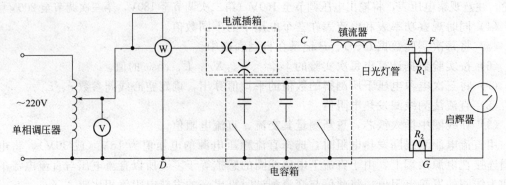

图 4.20　日光灯电路及功率因数的提高实验电路

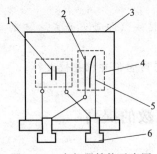

图 4.21　启辉器结构示意图

日光灯电路由日光灯管、镇流器、启辉器三部分组成。灯管是一根细长的玻璃管，内壁均匀涂有荧光粉。管内充有水银蒸气和稀薄的惰性气体。在管子的两端装有灯丝，在灯丝上涂有受热后易发射电子的氧化物。镇流器是一只带有铁芯的电感线圈。启辉器的内部结构如图 4.21 所示。其中，1 为小容量的电容器，2 是固定触头，3 是圆柱形外壳，4 是辉光管，5 是辉光管内部的倒 U 形双金属片，6 是插头。

2. 日光灯工作原理

当日光灯电路与电源接通后，220V 的电压不能使日光灯点燃，全部加在了启辉器两端。220V 的电压致使启辉器内两个电极辉光放电，放电产生的热量使倒 U 形双金属片受热变形后与固定触头接通，这时日光灯的灯丝与辉光管内的电极、镇流器构成一个回路。灯丝因通过电流而发热，从而使氧化物发射电子。同时，辉光管内两个电极接通，电极之间的电压立刻为零，辉光放电终止。辉光放电终止后，双金属片因温度下降而恢复原状，两电极脱离。在两电极脱离的瞬间，回路中的电流突然切断而为零，因此在铁芯镇流器两端产生一个很高的感应电压，此感应电压和 220V 电压同时加在日光灯两端，立即使管内惰性气体分子电离而产生弧光放电，管内温度逐渐升高，水银蒸气游离，并猛烈地撞击惰性气体分子而放电，同时辐射出不可见的紫外线，而紫外线激发灯管壁的荧光物质发出可见光，即人们常说的日光。

日光灯一旦点亮后，灯管两端电压在正常工作时通常只需 120V 左右，这个较低的电压不足以使启辉器辉光放电。因此，启辉器只在日光灯点燃时起作用。日光灯一旦点亮，启辉器就会处在断开状态。日光灯正常工作时，镇流器和灯管构成了电流的通路，由于镇流器与灯管串联并且感抗很大，因此电源电压大部分降落在镇流器上，可以限制和稳定电路的工作电流，即镇流器在日光灯正常工作时起限流作用。

五、实验步骤

（1）按照实验原理图连接实验线路。注意调压器手柄打在零位及电容箱和电流插箱的连接方法（图 4.22）。

（2）电容箱的电容全部断开，即只有日光灯管与镇流器相串联的感性负载支路与电源接通。此时调节调压器，使日光灯支路端电压从 0 增大至 220V。日光灯点燃后，用毫安表测量日光灯支路的电流 I 和用功率表测有功功率 P，记录在自制的表格中。

（3）电源电压保持 220V 不变，依次并联电容量 $2\mu F$、$3\mu F$、$4\mu F$ 和 $5\mu F$，观察和记录

电流插箱中央插孔的动、静弹簧片平时是短接的，即红、黑两接线柱直接相通。若将接在电流表上的电流插头插入插孔，电流插头上的导体即刻将插孔内簧片分断，毫安表串入该插孔所连接支路。此时，毫安表的指示值为该之路电流的有效值。

利用带电流插头的一只电流表和一个多插孔的电流插箱相配合，可以很方便地测量出多个支路电流，而无需很多电流表或改换接线。

红接线柱与火线相连，黑接线柱与零线相接，作为电容箱的两个对外引线端子。

这些电键为电容量选择开关。每一个电键连接一定数值的电容。

图 4.22　电流插箱与电容箱相关说明

每一个电容值下的日光灯支路的电流、电容支路的电流以及总电流，观察功率表是否发生变化，数值全部记录在自制表格中。（注意日光灯支路的电流和电路总电流的变化情况。）

4. 对所测数据进行技术分析。分别计算出各电容值下的功率因数 $\cos\varphi$，并进行对比，判断电路在各 $\cos\varphi$ 下的性质（感性或容性）。

【思考题】

1. 通过实验，你能说出提高感性负载功率因数的原理和方法吗？

2. 日光灯电路并联电容后，总电流减小，根据测量数据说明为什么当电容增大到某一数值时，总电流却又上升了？

3. 日光灯电路中启辉器和镇流器的作用如何？

日光灯电路的故障处理

实验中常常会遇到接错线、断线等原因造成的故障，使电路不能正常工作，严重时还会损坏仪表、器材以及危及人身安全。如果实验电路出现严重短路或其他有可能损坏仪表、器材的故障时，应立即切断电源，排查故障。一般应先复查接线是否正确，在确定接线无误后，若故障不严重，可采用电压表法进行故障查找。

所谓电压表法，即用电压表测量可能产生故障的各部分电压，依据电压的大小和有无，一般可查找到故障处。在实验室中，实验器材较少，相距并不太远，故可用测量各点的电位来确定故障点。即选用电源的一端为参考点，从电源的另一端钮依回路电位降低的方向逐点进行测量判断。其中各连接导线的阻值、电流表的内阻近似为零，可认为无电位降落，否则即为开路故障点。在查找过程中应一边判断一边处理，直至电路恢复正常。

例如，在图 4.23 所示的日光灯实验原理电路中，可以 D 为参考点，在正常工作和故障情况时，各点电位分别如附表所示。表中数据在使用不同型号的电压表或万用表时，数据存在一定差异，但仍可按同理进行分析。

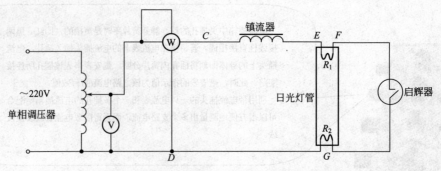

图 4.23 日光灯实验电路图

附表

电路状态		测量数据				现象
		V_C/V	V_E/V	V_F/V	V_G/V	
正常情况		220	120 左右	120 左右	0	亮
故障情况	镇流器断路	220	0	0	0	不亮
	启辉器开路	220	220	220	0	不亮
	启辉器短路	约为 220	约为 0	约为 0	0	灯丝微亮
	灯丝 R_1 断路	220	220	220	0	不亮
	灯丝 R_2 断路	220	220	220	0	不亮

习 题

4.1 已知 RL 串联电路的端电压 $u=220\sqrt{2}\sin(314t+30°)$ V，通过它的电流 $I=5$A 且滞后电压 45°，求电路的参数 R 和 L 各为多少？

4.2 已知一线圈在工频 50V 情况下测得通过它的电流为 1A，在 100Hz、50V 下测得电流为 0.8A，求线圈的参数 R 和 L 各为多少？

4.3 电阻 $R=40\Omega$，和一只 25μF 的电容器相串联后接到 $u=100\sqrt{2}\sin500t$V 的电源上。试求电路中的电流 $\dot I$ 并画出相量图。

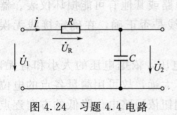

图 4.24 习题 4.4 电路

4.4 电路如图 4.24 所示。已知电容 $C=0.1\mu$F，输入电压 $U_1=5$V，$f=50$Hz，若使输出电压 $\dot U_2$ 滞后输入电压 60°，问电路中电阻应为多大？

4.5 已知 RLC 串联电路的参数为 $R=20\Omega$，$L=0.1$H，$C=30\mu$F，当信号频率分别为 50Hz、1000Hz 时，电路的复阻抗各为多少？两个频率下电路的性质如何？

4.6 已知 RLC 串联电路中，电阻 $R=16\Omega$，感抗 $X_L=30\Omega$，容抗 $X_C=18\Omega$，电路端电压为 220V，试求电路中的有功功率 P、无功功率 Q、视在功率 S 及功率因数 $\cos\varphi$。

4.7 已知正弦交流电路中 $Z_1=30+\text{j}40\Omega$，$Z_2=8-\text{j}6\Omega$，并联后接入 $u=220\sqrt{2}\sin\omega t$V 的电源上。求各支路电流 $\dot I_1$、$\dot I_2$ 和总电流 $\dot I$，做电路相量图。

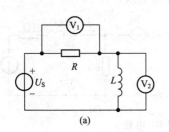
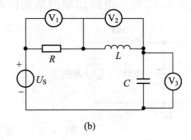

图 4.25 习题 4.8 电路

4.8 已知图 4.25(a) 中电压表读数 V_1 为 30V，V_2 为 60V。图 4.25(b) 中电压表读数 V_1 为 15V，V_2 为 80V，V_3 为 100V。求图中电压 U_S。

4.9 已知图 4.26 所示正弦电流电路中电流表的读数 A_1 为 5A，A_2 为 20A，A_3 为 25A。求（1）电流表 A 的读数；（2）如果维持电流表 A_1 的读数不变，而把电源的频率提高一倍，再求电流表 A 的读数。

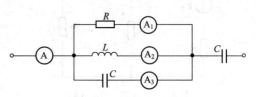

图 4.26 习题 4.9 电路

4.10 已知图 4.27 所示电路中 $\dot{I} = 2\underline{/0°}$A，求电压 $\dot{U}_S$ 并做相量图。

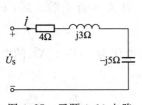

图 4.27 习题 4.10 电路

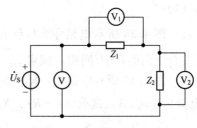

图 4.28 习题 4.11 电路

4.11 已知图 4.28 所示电路中 $Z_1 = \mathrm{j}60\Omega$，各交流电压表的读数 V 为 100V；V_1 为 171V；V_2 为 240V。求阻抗 Z_2。

4.12 已知图 4.29 所示电路中 $U = 8$V，$Z = 1 - \mathrm{j}0.5\Omega$，$Z_1 = 1 + \mathrm{j}1\Omega$，$Z_2 = 3 - \mathrm{j}1\Omega$。求各支路的电流和电路的输入导纳，画出电路的相量图。

4.13 如图 4.30 所示电路中，$I_S = 10$A，$\omega = 5000$rad/s，$R_1 = R_2 = 10\Omega$，$C = 10\mu$F，$\mu = 0.5$。求各支路电流，并做相量图。

4.14 如图 4.31 所示电路中，$R_1 = 100\Omega$，$L_1 = 1$H，$R_2 = 200\Omega$，$L_2 = 1$H，电流 $I_2 = 0$，电压 $U_S = 100\sqrt{2}$V，$\omega = 100$rad/s，求其他各支路电流。

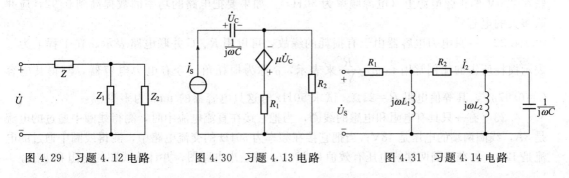

图 4.29 习题 4.12 电路   图 4.30 习题 4.13 电路   图 4.31 习题 4.14 电路

4.15 试求图 4.32 所示电路二端网络的戴维南等效电路。

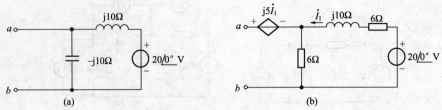

图 4.32 习题 4.15 电路

4.16 求图 4.33 所示电路中电压 $\dot{U}_0$。

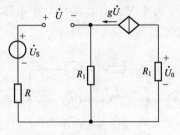

图 4.33 习题 4.16 电路

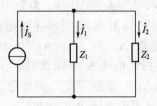

图 4.34 习题 4.17 电路

4.17 图 4.34 所示电路中，$i_S = \sqrt{2}\sin 10^4 t \text{A}$，$Z_1 = 10 + \text{j}50\Omega$，$Z_2 = -\text{j}50\Omega$。求 Z_1、Z_2 吸收的复功率。

4.18 图 4.35 所示电路中，$U = 20\text{V}$，$Z_1 = 3 + \text{j}4\Omega$，开关 S 合上前、后 $\dot{I}$ 的有效值相等，开关合上后的 $\dot{I}$ 与 $\dot{U}$ 同相。试求 Z_2，并做相量图。

4.19 图 4.36 所示电路中，$R_1 = 5\Omega$，$R_2 = X_L$，端口电压为 100V，X_C 的电流为 10A，R_2 的电流为 $10\sqrt{2}\text{A}$。试求 X_C、R_2、X_L。

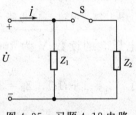

图 4.35 习题 4.18 电路

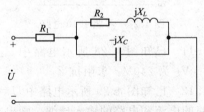

图 4.36 习题 4.19 电路

4.20 有一只 $U = 220\text{V}$、$P = 40\text{W}$、$\cos\varphi = 0.443$ 的日光灯，为了提高功率因数，并联一只 $C = 4.75\mu\text{F}$ 的电容器，试求并联电容后电路的电流和功率因数（电源频率为 50Hz）。

4.21 功率为 60W、功率因数为 0.5 的日光灯负载与功率为 100W 的白炽灯各 50 只并联在 220V 的正弦电源上（电源频率为 50Hz）。如果要把电路的功率因数提高到 0.92，应并联多大的电容？

4.22 一只电力电容器由于有损耗的缘故，可以用 R、C 并联电路表示。在工程上为了表示损耗所占的比例常用 $\tan\delta = \dfrac{R}{X_C}$ 来表示，δ 称为损耗角。今有电力电容器，测得其电容 $C = 0.67\mu\text{F}$，其等值电阻 $R = 21\Omega$。试求 50Hz 时这只电容器的 $\tan\delta$ 为多少？

4.23 有一只具有电阻和电感的线圈，当把它接在直流电流中时，测得线圈中通过的电流是 8A，线圈两端的电压是 48V；当把它接在频率为 50Hz 的交流电路中，测得线圈中通过的电流是 12A，加在线圈两端的电压有效值是 120V，试绘出电路图，并计算线圈的电阻和电感。

第 5 章

谐 振 电 路

在第 4 章对正弦交流稳态电路的分析中，利用相量可以实现对正弦交流稳态电路的定量分析，由于电感和电容在电路中呈现的电抗值与频率有关，所以在不同频率下电路呈现的特性是不同的。当信号频率为使正弦稳态电路呈现纯电阻性质的某一特定频率时，称电路发生了谐振。利用电路的谐振特性，可以选择所需的信号频率或抑制某些干扰信号，还可以利用电路的谐振特性来测量电抗型元件的参数。

【本章教学要求】

理论教学要求：本章主要从频率的角度分析 RLC 串联电路和并联电路，通过分析，掌握 RLC 电路产生谐振的条件，熟悉谐振发生时谐振电路的基本特性和频率特性，掌握谐振电路的谐振频率和阻抗等电路参数的计算，熟悉交流电路中负载获得最大功率的条件。

实验教学要求：通过实验进一步了解谐振现象，加深对谐振电路特性的认识；理解电路参数对串联谐振电路特性的影响；掌握测试通用谐振曲线的方法；理解谐振电路选频特性及应用。

5.1 串联谐振

● **【学习目标】** ●

熟悉串联谐振电路产生谐振的条件，理解串联谐振发生时串联谐振电路的基本特性和频率特性，掌握串联谐振电路谐振频率和阻抗等电路参数的计算。

5.1.1 RLC 串联电路的基本关系

在图 5.1 所示的 RLC 串联电路中，当信号源为角频率 ω 的正弦电压 $\dot{U}_S = U \underline{/0°}$ 时，电路的复阻抗为

$$Z = R + j\left(\omega L - \frac{1}{\omega C}\right) = R + jX = |Z| \underline{/\varphi} \tag{5.1}$$

式中，$X = \omega L - \dfrac{1}{\omega C}$，$|Z| = \sqrt{R^2 + X^2}$，$\varphi = \arctan \dfrac{X}{R}$

回路中的电流为

$$\dot{I} = \frac{\dot{U}_S}{Z} = \frac{U_S \underline{/0°}}{|Z| \underline{/\varphi}} = \frac{U_S}{|Z|} \underline{/-\varphi} = I \underline{/-\varphi} \tag{5.2}$$

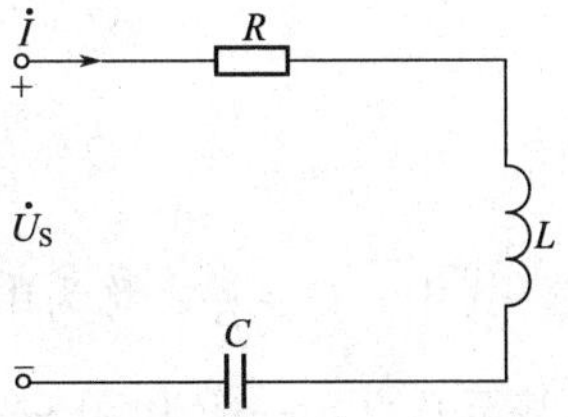

图 5.1 RLC 串联谐振电路

5.1.2 串联谐振的条件

当回路中的电流与信号源电压的相位相同时，有 $\varphi = 0$，这时复阻抗中的电抗 $X = 0$，称此时电路发生了串联谐振。

一个 RLC 串联电路发生谐振的条件是 $X = X_L - X_C = 0$，即 $\omega_0 L = \dfrac{1}{\omega_0 C}$。

由串联谐振的条件可得

$$\omega_0 = \frac{1}{\sqrt{LC}} \qquad \text{或} \qquad f_0 = \frac{1}{2\pi\sqrt{LC}} \tag{5.3}$$

f_0 称为 RLC 电路的固有谐振频率，它只与电路的参数有关，与信号源无关。由此得到使电路发生谐振的方法如下。

① 调整信号源的频率，使之等于电路的固有频率。

② 信号源的频率不变时，可以改变电路中 L 或 C 的大小，使电路的固有频率等于信号源的频率。

5.1.3 串联谐振电路的基本特性

① 串联谐振时，电路的复阻抗最小，且呈电阻特性。

由前面分析可知，串联谐振时电抗 $X = 0$，$|Z| = \sqrt{R^2 + X^2} = R$，呈纯电阻性，且阻抗最小。

若 $f < f_0$ 时，$\omega L < \dfrac{1}{\omega C}$，电路呈电容性质。

若 $f > f_0$ 时，$\omega L > \dfrac{1}{\omega C}$，电路呈电感特性。

② 串联谐振时，回路中的电流最大，且与外加电压相位相同。

因为谐振时，复阻抗的模最小，在输入不变的情况下，电路中的电流最大；又因为谐振时的复阻抗为一纯电阻，所以电路中的电流与电压同相。

③ 串联谐振时，电感的感抗等于电容器的容抗，且等于电路的特性阻抗，即

$$\left.\begin{aligned} \omega_0 L = \frac{1}{\omega_0 C} = \rho \\ \rho = \sqrt{\frac{L}{C}} \end{aligned}\right\} \tag{5.4}$$

特性阻抗是衡量电路特性的一个重要参数。

④ 串联谐振时，电感两端的电压和电容两端的电压大小相等，相位相反，其数值为输入电压的 Q 倍。

谐振时，电感和电容两端的电压相等，即

$$\left.\begin{aligned} U_{C0} = U_{L0} = I_0 X_L = \frac{U_S}{R} X_L = \frac{\omega_0 L}{R} U_S = \frac{\rho}{R} U_S = Q U_S \\ Q = \frac{\rho}{R} \end{aligned}\right\} \tag{5.5}$$

式中，$Q = \dfrac{\rho}{R}$，称为串联谐振回路的品质因数，是谐振电路的一个重要参数。Q 值可达几十甚至几百，一般为 $50 \sim 200$。电路在谐振状态下，感抗或容抗比电阻要大得多，因此，电抗元件上的电压通常是外加电压的几十倍甚至几百倍，因此，串联谐振也称为电压谐振。

例 5.1 已知 RLC 串联电路中的 $L=0.1\text{mH}$，$C=1000\text{pF}$，$R=10\Omega$，电源电压 $U_\text{S}=0.1\text{mV}$，若电路发生谐振，求：电路的谐振频率、特性阻抗、品质因数、电容器两端的电压和回路中的电流各是多少？

解：

$$f_0=\frac{1}{2\pi\sqrt{LC}}=\frac{1}{2\pi\sqrt{0.1\times10^{-3}\times1000\times10^{-12}}}=\frac{1}{2\pi\sqrt{10^{-13}}}\approx500(\text{kHz})$$

$$\rho=\sqrt{\frac{L}{C}}=\sqrt{\frac{0.1\times10^{-3}}{1000\times10^{-12}}}\approx316(\Omega)$$

$$Q=\frac{\rho}{R}=\frac{316}{10}=31.6$$

$$U_{C0}=QU_\text{S}=31.6\times0.1\times10^{-3}=3.16(\text{mV})$$

$$I=\frac{U_\text{S}}{R}=\frac{0.1\times10^{-3}}{10}=10(\mu\text{A})$$

*5.1.4 串联谐振回路的能量特性

设 RLC 串联电路的电源电压为 $u_\text{S}=U_{\text{mS}}\sin\omega_0 t$，$\omega_0$ 为电路的固有谐振频率，因电路处于谐振状态，回路中的电流为

$$i=\frac{u_\text{S}}{R}=\frac{U_{\text{mS}}}{R}\sin\omega_0 t=I_\text{m}\sin\omega_0 t \tag{5.6}$$

这时电阻上的瞬时功率为

$$p_R=i^2R=I_\text{m}^2R\sin^2\omega_0 t \tag{5.7}$$

电源向电路供给的瞬时功率为

$$p=u_\text{S}i=U_{\text{mS}}\sin\omega_0 t\,I_\text{m}\sin\omega_0 t=U_{\text{mS}}^2R\sin^2(\omega_0 t)=p_R \tag{5.8}$$

上述分析说明谐振状态下电源供给电路的功率全部消耗在电阻上。

由于电感元件两端的电压与流过它的电流相位相差 90°，电感元件两端的电压为

$$u_L=\omega_0 LI_\text{m}\sin(\omega_0 t+90°)=\sqrt{\frac{L}{C}}I_\text{m}\cos\omega_0 t \tag{5.9}$$

电感中的磁场能量为

$$w_L=\frac{1}{2}Li^2=\frac{1}{2}LI_\text{m}^2\sin^2\omega_0 t \tag{5.10}$$

同理，电容元件两端的电压为

$$u_C=\frac{1}{\omega_0 C}I_\text{m}\sin(\omega_0 t-90°)=-\sqrt{\frac{L}{C}}I_\text{m}\cos\omega_0 t \tag{5.11}$$

电容中的电场能量为

$$w_C=\frac{1}{2}Cu_C^2=\frac{1}{2}C\left(-\sqrt{\frac{L}{C}}I_\text{m}\cos\omega_0 t\right)^2=\frac{1}{2}LI_\text{m}^2\cos^2\omega_0 t \tag{5.12}$$

电场能量与磁场能量的总和为

$$W=w_L+w_C=\frac{1}{2}LI_\text{m}^2\sin^2\omega_0 t+\frac{1}{2}LI_\text{m}^2\cos^2\omega_0 t$$

$$=\frac{1}{2}LI_\text{m}^2=\frac{1}{2}CU_{\text{mS}}^2 \tag{5.13}$$

式(5.13)说明，在串联谐振时，电感元件两端的电压与电容元件两端的电压大小相等，相位相反。电场能量和磁场能量相互转换，且总存储能量保持不变。

5.1.5 串联谐振电路的频率特性

一个 RLC 串联电路外加信号源的电压幅度不变而频率发生变化时，串联电路的电抗值将随信号源的频率发生变化，从而导致电路中的电流、各元件的电压均发生变化，这种电路参数随信号源频率变化的关系，称为频率特性。

1. 回路阻抗与频率之间的特性曲线

图 5.2 中给出了阻抗和电抗随频率变化的关系曲线。根据感抗和容抗与频率的关系可知，感抗与频率成正比，可用一条直线来表示；容抗与频率成反比且为负值，因此用一条负的反比曲线来表示；电阻不随频率变化，所以用一条虚直线表示。

在描述回路阻抗与频率的关系时，通常是采用阻抗的模表示。阻抗的模随频率变化的关系为

$$|Z| = \sqrt{R^2 + \left(\omega L - \frac{1}{\omega C}\right)^2}$$

由图 5.2 可看出，当 $\omega = \omega_0$ 时，$|Z| = R$，此时阻抗最小且为纯电阻，随着 ω 偏离 ω_0 越远，根号内第二项越来越大，形成图中的黑粗实线所示的阻抗频率特性曲线。

2. 回路电流与频率的关系曲线

由式(5.2) 可知，串联谐振回路中电流的大小为

$$I = \frac{U_S}{|Z|} = \frac{U_S}{\sqrt{R^2 + \left(\omega L - \frac{1}{\omega C}\right)^2}} = \frac{U_S}{R\sqrt{1 + \left[\frac{\omega_0 L}{R}\left(\frac{\omega}{\omega_0} - \frac{\omega_0}{\omega}\right)\right]^2}}$$

当 $\omega = \omega_0$ 时，电路发生谐振，电路中的电流最大，$I = I_0 = \dfrac{U_S}{R}$。为了便于比较不同参数的 RLC 串联电路的特性，通常用 $\dfrac{I}{I_0}$ 表示电流的频率特性。

$$\frac{I}{I_0} = \frac{1}{\sqrt{1 + Q^2\left(\frac{\omega}{\omega_0} - \frac{\omega_0}{\omega}\right)^2}} = \frac{1}{\sqrt{1 + Q^2\left(\frac{f}{f_0} - \frac{f_0}{f}\right)^2}} \tag{5.14}$$

式(5.14) 表示的谐振特性曲线见图 5.3。从谐振特性曲线可以看出，I-ω 曲线是将 $|Z|$-ω 曲线倒过来，最大值出现在 ω_0 处。ω 偏离 ω_0 越远，$|Z|$ 越大，I 也就越小。当电路中的 Q 值不同时，在偏离谐振频率相同数值时，电流的大小也不同。Q 值越高，曲线越尖锐，$\dfrac{I}{I_0}$ 衰减的越快。所以 Q 值高时电路对非谐振频率下的电流具有较强的抑制能力。

3. 回路电流相位与频率的关系曲线

若输入电压的初相位为 0 时，回路电流的初相位等于阻抗相位的负值，即

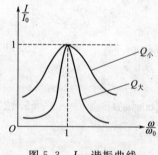

图 5.3 I-ω 谐振曲线

$$\varphi_i = -\arctan\frac{\omega L - \frac{1}{\omega C}}{R} = -\arctan\left[\frac{1}{R}\omega_0 L\left(\frac{\omega}{\omega_0} - \frac{\omega_0}{\omega}\right)\right] = \arctan\left[Q\left(\frac{\omega}{\omega_0} - \frac{\omega_0}{\omega}\right)\right] \tag{5.15}$$

相频特性曲线如图 5.4 所示。

图 5.2 串谐电路的频率特性

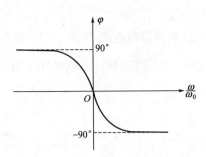

图 5.4　回路电流的相频特性曲线

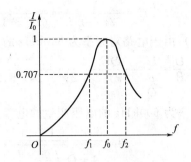

图 5.5　串联谐振电路的通频带

4. 通频带

在无线电技术中，要求电路具有较好的选择性，通常采用较高 Q 值的谐振电路。

但是实际的信号都具有一定的频率范围。如电话线路中传输的声音信号，频率范围一般为 3.4kHz，音乐的频率大约是 $30\text{Hz} \sim 15\text{kHz}$。这说明实际的信号都占有一定的频带宽度。为了不失真地传输信号，保证信号中的各个频率分量都能顺利通过电路，通常规定当电流衰减到最大值的 $\dfrac{1}{\sqrt{2}}$ 时，$\dfrac{I}{I_0} \geqslant \dfrac{1}{\sqrt{2}}$ 所对应的频率范围称为谐振电路的通频带 B，如图 5.5 所示，$B = f_2 - f_1$。f_2、f_1 称为通频带的上、下边界频率。

通频带与品质因数 Q 的关系可以通过式(5.14)求得。

令

$$\frac{I}{I_0} = \frac{1}{\sqrt{1 + Q^2\left(\dfrac{f}{f_0} - \dfrac{f_0}{f}\right)^2}} = \frac{1}{\sqrt{2}}$$

由上式解得(去掉无意义的负频率)

$$f_1 = -\frac{f_0}{2Q} + \sqrt{\left(\frac{f_0}{2Q}\right)^2 + f_0^2}$$

$$f_2 = \frac{f_0}{2Q} + \sqrt{\left(\frac{f_0}{2Q}\right)^2 + f_0^2}$$

通频带的宽度为

$$B = f_2 - f_1 = \frac{f_0}{Q} \tag{5.16}$$

由以上分析可知，Q 值愈高，谐振曲线愈尖锐，电路的选择性愈好，但电路的通频带也就愈窄；反之，Q 值愈低，谐振曲线愈平滑，选择性愈差，但电路的通频带愈宽。因此，电路的选择性和通频带之间存在着矛盾，要减小信号的失真，要求在通频带范围内的谐振曲线平滑，电路的 Q 值就要低一些；从抑制干扰信号的观点出发，又要求电路的谐振曲线尖锐一些，而希望电路的 Q 值尽量高。在实际应用中，要根据具体情况选择适当的 Q 值。

例 5.2　RLC 串联调谐回路的电感量为 $310\mu\text{H}$，欲接收载波频率为 540kHz 的电台信号，问这时的调谐电容为多大？若回路的 $Q=50$，频率为 540kHz 的电台信号在线圈中的感应电压为 1mV，同时进入输入调谐回路的另一电台信号频率为 600kHz，在线圈中的感应电压也为 1mV，求两信号在回路中产生的电流各为多大？

解：（1）欲收载波频率为 540kHz 的电台信号，就应使输入调谐回路的谐振频率也为 540kHz，由式 $f_0 = \dfrac{1}{2\pi\sqrt{LC}}$ 可推出

$$C = \frac{1}{(2\pi f_0)^2 L} = \frac{1}{(2 \times 3.14 \times 540 \times 10^3)^2 \times 310 \times 10^{-6}} = 280(\text{pF})$$

（2）由于电路对频率为 540kHz 的信号产生谐振，所以回路的电流 I_0 为

$$I_0 = \frac{U}{R} = \frac{U}{\frac{\rho}{Q}} = \frac{QU}{2\pi f_0 L} = \frac{50 \times 1 \times 10^{-3}}{2 \times 3.14 \times 540 \times 10^3 \times 310 \times 10^{-6}} \approx 47.6 \times 10^{-6}(\text{A}) = 47.6(\mu\text{A})$$

频率为 600kHz 的电压产生的电流为

$$I = I_0 \frac{1}{\sqrt{1 + Q^2 \left(\frac{f}{f_0} - \frac{f_0}{f}\right)^2}} = \frac{47.6}{\sqrt{1 + 50^2 \left(\frac{600}{540} - \frac{540}{600}\right)^2}} \approx 4.51(\mu\text{A})$$

此例说明，当电压值相同、频率不同的两个信号通过串联谐振电路时，电路的选择性使两信号在回路中产生的电流相差 10 倍以上。

●【学习思考】●

（1）RLC 串联电路发生谐振的条件是什么？如何使 RLC 串联电路发生谐振？

（2）串联谐振电路谐振时的基本特性有哪些？

（3）串联谐振电路的品质因数 Q 与电路的频率特性曲线有什么关系，是否影响通频带？

（4）已知 RLC 串联电路的品质因数 $Q = 200$，当电路发生谐振时，L 和 C 上的电压值均大于回路的电源电压，这是否与基尔霍夫定律有矛盾？

5.2 并联谐振

●【学习目标】●

掌握并联谐振电路产生谐振的条件，熟悉并联谐振发生时并联谐振电路的基本特性和频率特性，掌握并联谐振电路谐振频率和阻抗等电路参数的计算。

一只电感和一只电容首尾相连形成一个闭环，就可构成一个最简单的并联谐振电路。由于电感内的电阻通常不能忽略，所以电感支路由纯电感和电阻串联组成，而电容器的损耗（漏电流）极小，其电阻可以忽略不计，近似认为是纯电容，如图 5.6(a) 所示。

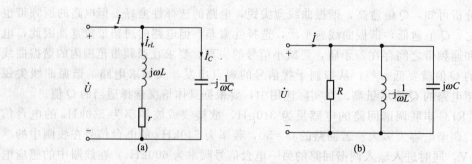

图 5.6 并联谐振电路

电路两端的等效导纳为

$$Y = \frac{1}{r + \text{j}\omega L} + \text{j}\omega C = \frac{r}{r^2 + (\omega L)^2} + \text{j}\left(\omega C - \frac{\omega L}{r^2 + (\omega L)^2}\right) = G + \text{j}B \qquad (5.17)$$

5.2.1 并联谐振电路的谐振条件

当并联电路输入电流的频率恰好使电纳 $B = 0$ 时，导纳 $Y = G$，电路中的电压响应与输入电流同相，称此时电路的状态为并联谐振状态。

在实际的电路中，线圈中的电阻都是很小的，一般都满足 $r \ll \omega_0 L$ 的条件。因此，根据并联谐振电路产生谐振的条件，令电路中的电纳 $B = 0$ 可得

$$\omega_0 C - \frac{\omega_0 L}{r^2 + (\omega_0 L)^2} \approx \omega_0 C - \frac{1}{\omega_0 L} = 0$$

$$\omega_0 = \frac{1}{\sqrt{LC}} \qquad 或 \qquad f_0 = \frac{1}{2\pi\sqrt{LC}} \tag{5.18}$$

此结果表明，同样大小的 L、C 组成的串联、并联谐振电路，它们的谐振频率是近似相等的。一般可以利用式(5.18)计算并联谐振频率。

图 5.6(b) 所示电路为理想元件组成的并联谐振电路，图 5.6(a) 和 (b) 中两电阻之间的关系为

$$R = \frac{r^2 + (\omega_0 L)^2}{r} \approx \frac{(\omega_0 L)^2}{r} = \frac{\frac{1}{LC} \cdot L^2}{r} = \frac{L}{rC} \tag{5.19}$$

或

$$r = \frac{L}{RC} \tag{5.20}$$

电路的空载品质因数 Q 为

$$Q = \frac{\omega_0 L}{r} = \frac{1}{r\omega_0 C} = \omega_0 CR = \frac{R}{\omega_0 L} = R\sqrt{\frac{C}{L}} \tag{5.21}$$

5.2.2 并联谐振电路的基本特性

① 电路发生并联谐振时，导纳最小（阻抗最大），且呈电阻性。

在并联谐振时，由于 $B = 0$，所以 $Y = G$ 最小，电路呈电阻性。电路的阻抗 $Z = \frac{1}{Y} = \frac{1}{G}$ 最大，由式(5.17)可得电路的谐振阻抗为

$$Z = \frac{r^2 + (\omega_0 L)^2}{r} \approx \frac{(\omega_0 L)^2}{r} = Q\omega_0 L = \frac{L}{rC} = Q^2 r = R \tag{5.22}$$

当 $f < f_0$ 时，$\omega L < \frac{1}{\omega C}$，电路呈电感性质。

当 $f > f_0$ 时，$\omega L > \frac{1}{\omega C}$，电路呈电容性质。

② 电流源输入的电路发生并联谐振时，电路两端的电压最大，端电压与外加电流同相。

由于电路处于谐振状态时，电路的 $Y = G$，导纳的模最小，所以 $\dot{U} = \frac{\dot{I}}{Y} = \frac{\dot{I}}{G}$ 最大；又因谐振状态时 $B = 0$，Y 为纯电阻性质，所以端电压与外加电流同相。

③ 并联谐振时，电感支路的电流与电容支路的电流大小相等，相位相反，且为输入电流的 Q 倍。

由图 5.6(b) 可得并联谐振时各电抗支路上电流为

$$\dot{I}_C = jB_C\dot{U} = j\omega_0 C\dot{U} = j\omega_0 C\dot{I}R = jQ\dot{I}$$

同理

$$\dot{I}_L = -jB_L\dot{U} = \frac{\dot{U}}{j\omega_0 L} = -j\frac{R}{\omega_0 L}\dot{I} = -jQ\dot{I}$$

由此可得，当电路参数和输入电流不变时，$\dot I_C$ 和 $\dot I_L$ 大小相等，相位相反，外加电流全部流过电阻 R。

若将电感和电容两条支路看作一个回路时，两条支路的电流按实际方向就是环绕回路流动的电流。

如果利用电压源向并联谐振回路供电，则在谐振状态下电压源流入电路的电流最小。电力网利用并联电容的方法增加功率因数，提高发电设备的利用率，就是依据此原理。

5.2.3 并联电路的频率特性

并联电路的等效阻抗为

$$Z=\frac{1}{Y}=\frac{1}{G+j\left(\omega C-\dfrac{1}{\omega L}\right)}=\frac{1}{G+j\left(\dfrac{\omega}{\omega_0}\omega_0 C-\dfrac{\omega_0}{\omega}\dfrac{1}{\omega_0 L}\right)}$$

由于 $\omega_0 C=\dfrac{1}{\omega_0 L}$，谐振时的阻抗 $Z_0=\dfrac{1}{G}$，所以

$$\frac{Z}{Z_0}=\frac{1}{1+j\dfrac{\omega_0 C}{G}\left(\dfrac{\omega}{\omega_0}-\dfrac{\omega_0}{\omega}\right)}=\frac{1}{1+jQ\left(\dfrac{\omega}{\omega_0}-\dfrac{\omega_0}{\omega}\right)}$$

当复阻抗用模值表示时，有

$$\frac{|Z|}{Z_0}=\frac{1}{\sqrt{1+Q^2\left(\dfrac{\omega}{\omega_0}-\dfrac{\omega_0}{\omega}\right)^2}}=\frac{1}{\sqrt{1+Q^2\left(\dfrac{f}{f_0}-\dfrac{f_0}{f}\right)^2}} \tag{5.23}$$

与串联谐振电路相比，RLC 并联谐振电路的阻抗频率特性与串联谐振电路的电流频率特性是相似的，所以可以参照图 5.3 的特性曲线。但要注意，当 $\omega<\omega_0$ 时，并联谐振电路呈感性；当 $\omega>\omega_0$ 时，并联谐振电路呈容性。

并联谐振电路两端的电压为

$$\dot U=\frac{\dot I}{Y}=\frac{\dot I}{G+j\left(\omega C-\dfrac{1}{\omega L}\right)}=\frac{\dot I}{G\left[1+jQ\left(\dfrac{\omega}{\omega_0}-\dfrac{\omega_0}{\omega}\right)\right]}=\frac{U_0}{1+jQ\left(\dfrac{\omega}{\omega_0}-\dfrac{\omega_0}{\omega}\right)}$$

所以并联谐振电路两端的电压有效值与谐振时的电压有效值之比为

$$\frac{U}{U_0}=\frac{1}{\sqrt{1+Q^2\left(\dfrac{\omega}{\omega_0}-\dfrac{\omega_0}{\omega}\right)^2}}=\frac{1}{\sqrt{1+Q^2\left(\dfrac{f}{f_0}-\dfrac{f_0}{f}\right)^2}} \tag{5.24}$$

它的幅角为

$$\varphi_u=-\arctan Q\left(\frac{\omega}{\omega_0}-\frac{\omega_0}{\omega}\right)=-\arctan Q\left(\frac{f}{f_0}-\frac{f_0}{f}\right) \tag{5.25}$$

式(5.24)和式(5.25)就是并联谐振电路的电压幅频特性曲线和相频特性曲线的表示式，特性曲线的形状与图 5.3 和图 5.4 相同，这里不再画出。

当激励的电流源有一定内阻时，将降低并联谐振回路的并联等效电阻，降低 Q 值，使电路的选择性变坏。所以并联谐振电路适宜配合高内阻信号源工作。

5.2.4 并联谐振电路的一般分析方法

当两条支路并联时，设各支路的阻抗分别为 $Z_1=R_1+jX_1$、$Z_2=R_2+jX_2$ 如图 5.7 所示，则各支路的导纳为

$$Y_1 = \frac{1}{Z_1} = \frac{R_1}{R_1^2 + X_1^2} - j\frac{X_1}{R_1^2 + X_1^2}$$

$$Y_2 = \frac{1}{Z_2} = \frac{R_2}{R_2^2 + X_2^2} - j\frac{X_2}{R_2^2 + X_2^2}$$

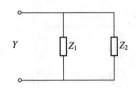

图 5.7　一般并联谐振电路

两支路并联后的总导纳为

$$Y = Y_1 + Y_2 = \frac{R_1}{R_1^2 + X_1^2} + \frac{R_2}{R_2^2 + X_2^2} + j\left(\frac{-X_1}{R_1^2 + X_1^2} + \frac{-X_2}{R_2^2 + X_2^2}\right) = G + jB$$

电路发生并联谐振的条件为 $B = 0$。当各支路的 Q 值较高时，有 $|X_1| \gg R_1$、$|X_2| \gg R_2$，因此并联谐振条件可以简化为

$$X_1 + X_2 = 0 \quad \text{或} \quad X_1 = -X_2 \tag{5.26}$$

即并联谐振电路发生谐振时，回路中所有元件电抗值的代数和为零，或者说一条支路的总电抗与另一条支路的总电抗大小相等，符号相反。

在谐振条件下，$B = 0$，各支路的谐振电抗 $|X_{10}| \gg R_1$、$|X_{20}| \gg R_2$，这时并联谐振电路的总阻抗为

$$Z_0 = \frac{1}{Y_0} = \frac{X_{10}^2}{R_1 + R_2} = \frac{X_{20}^2}{R_1 + R_2} \tag{5.27}$$

利用式(5.26) 和式(5.27) 可以解决一般并联谐振电路的计算问题。

5.2.5　电源内阻对并联谐振电路的影响

在实际的应用电路中，并联谐振电路的激励信号源都有一定内阻，如图 5.8 所示，信号源中的内阻对谐振电路会产生什么影响呢？

在未接信号源时，电路谐振时的阻抗为 R；当接入信号源后，电路谐振时的阻抗变为 $R//R_S$，即谐振阻抗减小。由于品质因数由 $Q_0 = \frac{R}{\omega_0 L}$ 变为 $Q = \frac{R//R_S}{\omega_0 L}$，使并联谐振电路的选择性变差，通频带变宽。

为了尽量减小信号源内阻对并联谐振电路的影响，一般采用部分接入的方式，如图 5.9 所示。图 5.9 中的 R_S 等效至 R 两端时，其等效电阻为

$$R_S' = \left(\frac{L_1 + L_2}{L_1}\right)^2 R_S = \frac{1}{p_L^2} R_S$$

阻值变大，使信号源内阻对并联谐振电路的影响大大减小。式中的 p_L 称为接入系数。

当只改变电感中心的抽头位置而不改变总电感量时，电路的谐振频率不变。

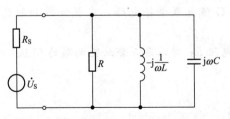

图 5.8　信号源的内阻对谐振电路影响

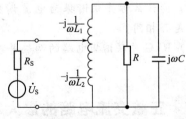

图 5.9　部分接入方式

例 5.3　图 5.10 所示电路中的电感之间无互感，$R_1 = 10\Omega$ 为电感线圈的内阻，$L_1 = 5\text{mH}$，$L_2 = 1\text{mH}$，$C = 1000\text{pF}$。

求：(1) 并联电路的固有谐振角频率。

(2) 电路未接信号源时的品质因数 Q_0。

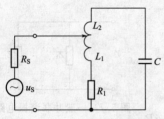

图 5.10 例 5.3 电路

（3）将一内阻为 $R_S = 100\text{k}\Omega$ 的信号源接入后，电路的品质因数变为多大？

（4）信号源接入前后，并联谐振电路的通频带各为多少？

解：（1）由式（5.18）得

$$\omega_0 L_1 + \omega_0 L_2 - \frac{1}{\omega_0 C} = 0$$

$$\omega_0 = \frac{1}{\sqrt{(L_1 + L_2)C}} = \frac{1}{\sqrt{(1+5) \times 10^{-3} \times 10^3 \times 10^{-12}}} \approx 4.08 \times 10^5 (\text{rad/}$$

（2）由式（5.21）得

$$Q_0 = \frac{1}{R_1 \omega_0 C} = \frac{1}{10 \times 4.08 \times 10^5 \times 10^3 \times 10^{-12}} \approx 245$$

（3）将 R_1 等效到电容两端时的电阻为

$$R_1' = \frac{L_1 + L_2}{R_1 C} = \frac{(5+1) \times 10^{-3}}{10 \times 10^3 \times 10^{-12}} = 6 \times 10^5 (\Omega)$$

将 R_S 等效到电容两端时的电阻为

$$R_S' = \left(\frac{L_1 + L_2}{L_1}\right)^2 R_S = \left(\frac{5+1}{5}\right)^2 \times 100 = 144 (\text{k}\Omega)$$

$$R_1' // R_S' = 600 // 144 = 116.13\text{k}\Omega$$

$$Q_S = (R_1' // R_S')\omega C = 116.13 \times 10^3 \times 4.08 \times 10^5 \times 10^3 \times 10^{-12} = 47.4$$

（4）谐振频率为 $f_0 = \dfrac{\omega_0}{2\pi} = \dfrac{4.08 \times 10^5}{2 \times 3.14} = 65$ （kHz）

信号源接入前通频带为

$$BW = \frac{f_0}{Q} = \frac{65000}{245} = 265.3 (\text{Hz})$$

信号源接入后通频带为

$$BW_S = \frac{f_0}{Q_S} = \frac{65000}{47.4} = 1371.3 (\text{Hz})$$

●【学习思考】●

（1）如果信号源的频率大于、小于及等于并联谐振回路的谐振频率，问回路将呈现何种性质？

（2）为什么称并联谐振为电流谐振？相同的 Q 值并联谐振电路，在长波段和短波段，通频带是否相同？

（3）RLC 并联谐振电路的两端并联一个负载电阻 R_L 时，是否会改变电路的 Q 值？

5.3 正弦交流电路的最大功率传输

●【学习目标】●

理解正弦交流电路处于什么状态时负载具备获得最大功率的条件。

在正弦稳态电路中的某些场合，需要负载从信号源获取最大的功率，这时电路的参数和负载之间有什么关系呢？在图 5.11 所示电路中，$\dot{U}_S$ 和 $Z_S = R_S + jX_S$ 为等效电源的电压相量和内阻抗，负载阻抗为 $Z_L = R_L + jX_L$，这时流过负载的电流为

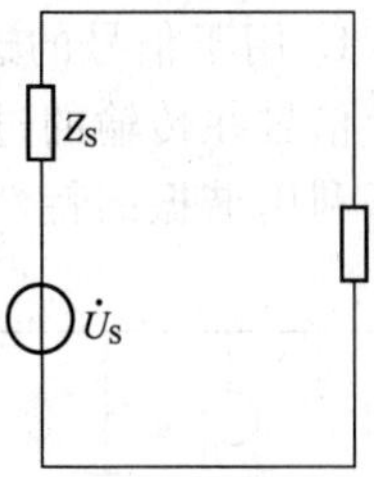

$$\dot{I} = \frac{\dot{U}_S}{Z_S + Z_L} = \frac{\dot{U}_S}{(R_S + R_L) + j(X_S + X_L)}$$

电流的有效值为

$$I = \frac{U_S}{\sqrt{(R_S + R_L)^2 + (X_S + X_L)^2}}$$

图 5.11　最大功率传输原理电路

负载从电源获取的有功功率为

$$P_L = I^2 R_L = \frac{U_S^2 R_L}{(R_S + R_L)^2 + (X_S + X_L)^2}$$

当 R_L 不变时，若 $X_S + X_L = 0$，则 P_L 有极大值，这时

$$P_{Lm} = \frac{U_S^2 R_L}{(R_S + R_L)^2}$$

如果要得到负载获取的最大功率，可令 $\dfrac{dP_L}{dR_L} = 0$

$$\frac{dP_L}{dR_L} = \frac{U_S^2 [(R_S + R_L)^2 - R_L \cdot 2(R_S + R_L)]}{(R_S + R_L)^4} = 0$$

解之得

$$R_S - R_L = 0$$

所以负载获取最大功率的条件是

$$\begin{cases} X_L = -X_S \\ R_L = R_S \end{cases} \qquad \text{或} \quad Z_L = Z_S^* \tag{5.28}$$

负载获取的最大功率为

$$P_L = \frac{U_S^2}{4R_S} \tag{5.29}$$

当负载为纯电阻时，同样的方法可以得到负载获取最大功率的条件为

$$R_L = \sqrt{R_S^2 + X_S^2} = |Z_S|$$

负载获取的最大功率为

$$P_{max} = \frac{U_S^2 |Z_S|}{(R_S + |Z_S|)^2 + X_S^2}$$

●【学习思考】●

（1）在电源内阻抗不同的条件下，负载获得最大功率的条件各是什么？

（2）当电源内阻抗为感性阻抗而负载为纯电阻时，怎样才能使负载电阻获得最大的功率？

5.4　谐振电路的应用

●【学习目标】●

熟悉谐振电路应用的场合及一般使用方法。

谐振电路的应用主要体现在以下几个方面。

1. 用于信号的选择

信号在传输的过程中，不可避免要受到一定的干扰，使信号中混入一些不需要的干扰信号。利用谐振的特性，就可以将大部分干扰信号滤除。

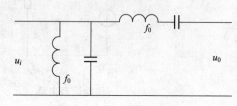

图 5.12　干扰信号的滤除

在图 5.12 中，设信号频率为 f_0，远离信号频率的干扰频率为 f_1，将串联谐振电路和并联谐振电路的谐振频率都调整为 f_0。当信号传送过来时，由于并联谐振电路对频率 f_0 的信号阻抗大，而串联谐振电路对频率 f_0 的信号阻抗小，所以频率为 f_0 的信号可以顺利地传送到输出端；对于干扰频率 f_1，并联谐振电路对其阻抗小，而串联谐振电

路对其阻抗大，所以只有很小的干扰信号被送到输出端，干扰信号被大大削弱了，达到了滤除干扰信号的目的。如电视机中的全电视信号，在同步分离后送往鉴频器或预视放前，要经过滤波，取出需要的信号部分，而将其他部分滤除。

2. 用于元器件的测量

利用谐振的特性，是测量电抗型元件集总参数的一种有效方法，Q 表就是一个典型的例子，其原理电路如图 5.13 所示。

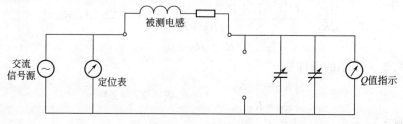

图 5.13　Q 表原理图

首先调整信号源的频率和大小，使定位表指示在规定的数值上。接入被测电感，调整电容器的容量大小，使电路发生谐振。由于信号源的频率不再改变，所以电容器的变化量和被测电感之间有一一对应的关系。通过谐振状态时电容器两端的电压和信号源电压的关系，可以测量出电感上 Q 值的大小及电感量的大小。如果被测电感上接一个标准电感时，也可以用来测量电容器的电容量。

3. 提高功率的传输效率

利用在谐振状态下，电感的磁场能量与电容器的电场能量实现完全交换这一特点，电源输出的功率全部消耗在负载电阻上，从而实现最大功率的传送。

小　结

（1）谐振现象是同时含有电感 L 和电容 C 的正弦交流电路中的一种特殊现象。当电路满足一定条件时，电路的端电压和总电流同相，电路呈现纯电阻性。通过调节电源频率或改变电抗元件的参数可使电路达到谐振。

（2）串联谐振的特点是电路的阻抗最小，电流最大，在电感和电容元件两端出现过电压现象。串联谐振发生的条件是 $\omega_0 L = \dfrac{1}{\omega_0 C}$；谐振频率为 $f_0 = \dfrac{1}{2\pi \sqrt{LC}}$。

（3）串联谐振电路的品质因数等于谐振时线圈的感抗和电阻的比值，即 $\dfrac{\omega_0 L}{R}$。品质因数越高，电路的选择性越好，但不能无限制地加大品质因数，否则通频带会变窄，致使接收的信号产生失真。

（4）并联谐振的特点是电路呈现高阻抗特性，即 $Z=\dfrac{L}{RC}$，因此电流最小，在电感和电容支路上出现过电流现象。并联谐振频率与串联谐振的频率相似，即 $f_0\approx\dfrac{1}{2\pi\sqrt{LC}}$。

（5）并联谐振电路的品质因数等于谐振时线圈的电阻与感抗的比值，即 $\dfrac{R}{\omega_0 L}$。同样，品质因数越高，电路的选择性就越好。如在电路两端再并上一只电阻，那么品质因数就会降低，这可以用等效转换的三个理想元件的并联电路来分析计算。

（6）正弦交流电路中负载获得最大功率的条件是 $X_L=-X_S$，$R_L=R_S$；或 $Z_L=Z_S^*$。

实验五　串联谐振的研究

一、实验目的

（1）学习用实验方法绘制 RLC 串联电路的幅频特性曲线。

（2）加深理解电路发生谐振的条件、特点，掌握电路品质因数 Q 的物理意义及其测定方法。

二、原理说明

（1）在图 5.14 所示的 RLC 串联电路中，当正弦交流信号源的频率 f 改变时，电路中的感抗、容抗随之而变，电路中的电流也随 f 而变。取电阻 R 上的电压 u_0 作为响应，当输入电压 u_i 的幅值维持不变时，在不同频率的信号激励下，测出 U_0 的值，然后以 f 为横坐标，以 U_0/U_i 为纵坐标（因 U_i 不变，故也可直接以 U_0 为纵坐标）绘出光滑的曲线，此即为幅频特性曲线，亦称谐振曲线，如图 5.15 所示。

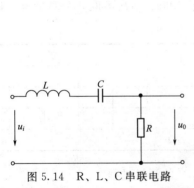

图 5.14　R、L、C 串联电路

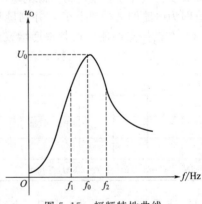

图 5.15　幅频特性曲线

（2）在 $f=f_0=2\pi\sqrt{LC}$ 处，即幅频特性曲线尖峰所在的频率点称为谐振频率。此时 $X_L=X_C$，电路呈纯阻性，电路阻抗的模为最小。在输入电压 U_i 为定值时，电路中的电流达到最大值，且与输入电压 u_i 同相位。从理论上讲，此时 $U_i=U_R=U_0$，$U_L=U_C=QU_i$，式中的 Q 称为电路的品质因数。

（3）电路品质因数 Q 值的两种测量方法：一是根据公式 $Q=\dfrac{U_C}{U_0}=\dfrac{U_L}{U_0}$ 测定，U_C 与 U_L 分别为谐振时电容器 C 和电感线圈 L 上的电压；另一方法是通过测量谐振曲线的通频带宽度 $\Delta f=f_2-f_1$，再根据 $Q=\dfrac{f_0}{f_2-f_1}$ 求出 Q 值，式中，f_0 为谐振频率，f_2 和 f_1 是失谐时，亦即输出电压的幅度下降到最大值的 $1/\sqrt{2} = 0.707$ 倍时的上、下频率点。Q 值越大，曲线越尖锐，通频带越窄，电路的选择性越好。在恒压源供电时，电路的品质因数、选择性与通频带只决定于电路本身的参数，而与信号源无关。

三、实验设备

（1）函数信号发生器。

（2）交流毫伏表（0～600V）。

（3）谐振实验电路板 $R = 510\Omega$，$C = 0.01\mu F$，$L = 30mH$。

四、实验内容

（1）按图 5.16 组成测量电路。先选用 $C = 0.01\mu F$、$R = 200\Omega$。用交流毫伏表测电压，用示波器监视信号源输出。令信号源输出电压 $U_i = 3$，保持不变。

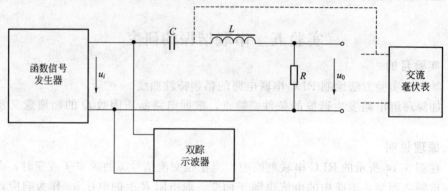

图 5.16　实验电路

（2）找出电路的谐振频率 f_0，其方法是将毫伏表接在 R（200Ω）两端，令信号源的频率由小逐渐变大（注意要维持信号源的输出幅度不变），当 U_0 的读数为最大时，读得频率计上的频率值即为电路的谐振频率 f_0，并测量 U_C 与 U_L 之值（注意及时更换毫伏表的量限）。

（3）在谐振点两侧，按频率递增或递减 500Hz 或 1kHz，依次各取 8 个测量点，逐点测出 U_0、U_L、U_C 之值，记入数据表格。

f/kHz										
U_0/V										
U_L/V										
U_C/V										

$U_i = 3V$，　$C = 0.01\mu F$，　$R = 200\Omega$，　$f_0 = $　　　，$f_2 - f_1 = $　　　，$Q = $

（4）选 $C = 0.01\mu F$、$R = 1k\Omega$，重复步骤（2）、（3）的测量过程。

f/kHz										
U_0/V										
U_L/V										
U_C/V										

$U_i = 3V$，　$C = 0.01\mu F$，　$R = 1k\Omega$，　$f_0 = $　　　，$f_2 - f_1 = $　　　，$Q = $

五、实验注意事项

（1）测试频率点的选择。应在靠近谐振频率附近多取几点。在变换频率测试前，应调整信号输出幅度（用示波器监视输出幅度），使其维持在 3V。

（2）测量 U_C 和 U_L 数值前，应将毫伏表的量限改大，而且在测量 U_L 与 U_C 时毫伏表的"+"端接 C 与 L 的公共点，其接地端分别触及 L 和 C 的近地端 N_2 和 N_1。

（3）实验中，信号源的外壳应与毫伏表的外壳绝缘（不共地）。如能用浮地式交流毫伏表测量，则效果更佳。

六、实验报告

（1）根据测量数据，绘出不同 Q 值时三条幅频特性曲线，即
$$U_0 = f(f), U_L = f(f), U_C = f(f)$$
（2）计算出通频带与 Q 值，说明不同 R 值时对电路通频带与品质因数的影响。

（3）对两种不同的测 Q 值的方法进行比较，分析误差原因。

【思考题】

1. 根据实验线路板给出的元件参数值，估算电路的谐振频率。

2. 改变电路的哪些参数可以使电路发生谐振，电路中 R 的数值是否影响谐振频率值？

3. 如何判别电路是否发生谐振？测试谐振点的方案有哪些？

4. 电路发生串联谐振时，为什么输入电压不能太大？如果信号源给出 3V 的电压，电路谐振时，用交流毫伏表测 U_L 和 U_C，应该选择用多大的量限？

5. 要提高 RLC 串联电路的品质因数，电路参数应如何改变？

6. 本实验在谐振时，对应的 U_L 与 U_C 是否相等？如有差异，原因何在？

习　题

5.1　在 RLC 串联回路中，电源电压为 5mV，试求回路谐振时的频率、谐振时元件 L 和 C 上的电压以及回路的品质因数。

5.2　在 RLC 串联电路中，已知 $L=100$mH、$R=3.4\Omega$，电路在输入信号频率为 400Hz 时发生谐振，求电容 C 的电容量和回路的品质因数。

5.3　一个串联谐振电路的特性阻抗为 100Ω，品质因数为 100，谐振时的角频率为 1000rad/s，试求 R、L 和 C 的值。

5.4　一只线圈与电容串联后加 1V 的正弦交流电压，当电容为 100pF 时，电容两端的电压为 100V 且最大，此时信号源的频率为 100kHz，求线圈的品质因数和电感量。

5.5　有 $L=100\mu$H、$R=20\Omega$ 的线圈和一电容 C 并联，调节电容的大小使电路在 720kHz 发生谐振，问这时电容为多大，回路的品质因数为多少？

5.6　一条 R_1 与 L 相串联的支路，和一条 R_2 和 C 相串联的支路相并联，其中 $R_1=10\Omega$，$R_2=20\Omega$，$L=10$mH，$C=10\mu$F，求并联电路的谐振频率和品质因数 Q 值。

5.7　在题 5.6 的并联电路中，若电容所在的支路中又串入一只 10mH 的电感，这时电路的谐振频率为多少？

5.8　正弦交流电源的频率为 1000Hz，$U=10$V，$R_s=20\Omega$，$L_s=10$mH，问负载为多大时可以获得最大的功率，最大功率为多少？

5.9　一只电阻为 12Ω 的电感线圈，品质因数为 125，与电容器相连后构成并联谐振电路，当再并上一只 $100k\Omega$ 的电阻时，电路的品质因数降低为多少？

5.10　一只 $R=13.7\Omega$、$L=0.25$mH 的电感线圈，与 $C=100$pF 的电容器分别接成串联和并联谐振电路，求谐振频率和两种谐振情况下电路呈现的阻抗。

第6章

互感耦合电路与变压器

在交流电路中，一般都存在互感现象。但是，当支路交流电流在回路中产生的磁通变化较小可以忽略时，可认为该交流电路无互感。

在工程实际应用中，常常根据互感在电路中的影响来利用互感传送信号。含有互感的交流电路的分析方法，与前面所讲的无互感正弦交流电路的分析方法大相径庭，本章将主要讨论互感线圈中电压和电流的关系、具有互感的正弦交流电路的分析计算以及理想变压器的初步概念。

【本章教学要求】

理论教学要求：了解互感的含义，掌握具有互感的两个线圈中电压与电流之间的关系；理解同名端的意义，掌握互感线圈串、并联的计算及互感的等效；理解理想变压器的概念，掌握含有理想变压器电路的计算方法，理解全耦合变压器的特点，熟悉全耦合变压器在电路中的分析处理方法。

实验教学要求：通过实验进一步掌握互感与自感的区别与联系，学会用实验的方法判断同名端和掌握互感电路的简单计算。

6.1 互感的概念

●**【学习目标】**●

了解互感现象，掌握具有互感的线圈两端的电压表示方法，了解耦合系数的含义，熟悉同名端与互感电压极性之间的关系。

6.1.1 互感现象

在研究电磁感应现象时，我们发现当穿过线圈的磁通量发生变化时，在线圈两端会产生感应电压。如果磁通量发生变化是由流过这个线圈的电流引起时，线圈两端的电压称为自感电压，通常我们选定电流的参考方向和磁通的参考方向符合右手螺旋法则，当电压、电流按关联参考方向确定时，自感电压为

$$u_L = L\frac{\mathrm{d}i}{\mathrm{d}t} \quad \text{和} \quad \dot{U} = \mathrm{j}\dot{I}X_L$$

当线圈中磁通量变化是由于其他线圈中的电流变化所引起时，这时的感应电压称为互感电压，这种由于邻近线圈中电流的变化在本线圈中产生感应电压的现象称为互感。

6.1.2 互感电压

图 6.1 中，当两个线圈的电感量分别为 L_1 和 L_2，线圈中流过的电流分别为 i_1 和 i_2 时，我们来分析一下两个线圈的端电压 u_1 和 u_2 的情况。

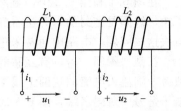

图 6.1　具有互感的两个线圈

两电流通过线圈时，将在线圈中产生交变的磁链，交变的磁链必将在两线圈中引起感应电压：i_1 产生的交变磁链穿过线圈 L_1 时引起的自感电压为 $u_{L1} = L_1 \dfrac{\mathrm{d}i_1}{\mathrm{d}t}$，穿过 L_2 时引起的互感电压为 $u_{M2} = M \dfrac{\mathrm{d}i_1}{\mathrm{d}t}$；$i_2$ 产生的交变磁链穿过线圈 L_2 时引起的自感电压为 $u_{L2} = L_2 \dfrac{\mathrm{d}i_2}{\mathrm{d}t}$，穿过 L_1 时引起的互感电压为 $u_{M1} = M \dfrac{\mathrm{d}i_2}{\mathrm{d}t}$。在图 6.1 所示参考方向下，线圈 1 的端电压为 $u_1 = L_1 \dfrac{\mathrm{d}i_1}{\mathrm{d}t} + M \dfrac{\mathrm{d}i_2}{\mathrm{d}t}$，相应的相量形式为

$$\dot{U}_1 = j\dot{I}_1 X_{L1} + j\dot{I}_2 X_M$$

互感电压前面之所以取"＋"号，是因为 i_1、i_2 产生的磁链方向一致，它们的磁场相互加强。若改变线圈 L_2 中电流 i_2 的方向，则线圈 L_2 两端的电压与其关联参考方向也改变，如图 6.2 所示，这时两线圈中电流的磁场相互削弱，因此有 $u_1 = L_1 \dfrac{\mathrm{d}i_1}{\mathrm{d}t} - M \dfrac{\mathrm{d}i_2}{\mathrm{d}t}$。

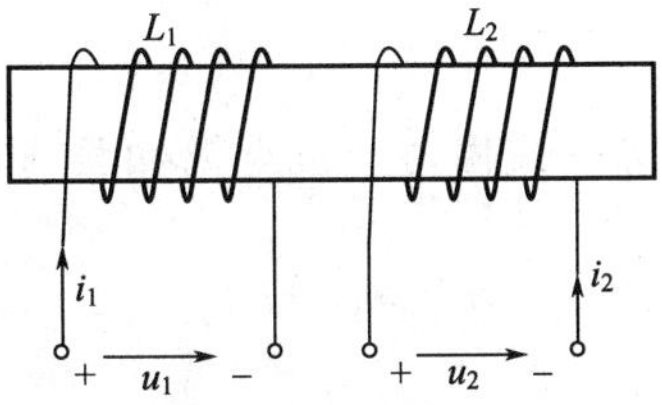

图 6.2　两线圈的磁场相互削弱

式中的 M 称为互感系数，单位与自感系数 L 相同，也是亨利【H】。对两个相互之间具有互感的线圈来讲，它们互感系数的大小是相同的，即

$$M = M_{12} = \frac{\Psi_{12}}{i_1} = M_{21} = \frac{\Psi_{21}}{i_2} \tag{6.1}$$

M 的大小只与两个线圈的几何尺寸、匝数、相互位置及线圈所处位置媒质的磁导率有关。

6.1.3 耦合系数和同名端

1. 耦合系数

通过前面的讨论可知，当两个线圈中的电流一定时，它们相互之间互感电压的大小是由互感系数决定的，若两线圈平行且距离较近时，漏磁通较小，互感电压较大；若两个线圈距离较远或线圈轴线相互垂直时，漏磁通较大，互感电压较小或为零。漏磁通的多少表明了两个线圈之间耦合的紧密程度。两线圈耦合的这种松紧程度通常用耦合系数 K 表示，其定义为

$$K = \frac{M}{\sqrt{L_1 L_2}} \tag{6.2}$$

通常一个线圈产生的磁通不能全部穿过另一个线圈，所以一般情况下耦合系数 $K < 1$，若漏磁通很小且可忽略不计时，$K = 1$；若两线圈之间无互感，则 $M = 0$，$K = 0$。因此，耦合系数 K 的变化范围是 $0 \leqslant K \leqslant 1$。

2. 同名端

在图 6.1 和图 6.2 中，显然线圈的绕向对互感电压的符号确定有直接关系。但在实际应用中，线圈是密封的，无法看到其绕向，在电路图中也不采用将线圈绕向绘出的方法，为了解决这一问题，电路中通常采用"同名端"标记来表示绕向一致的线圈端子。

在某一瞬间，若具有互感的两个线圈各有一电流流入线圈，当两电流产生的磁通方向一致时，则流入电流的这两个线圈端子就为同名端，用小圆点"·"或"*"标记，另外两个端子是另一对同名端。图 6.3 表示了绕向和同名端的关系。

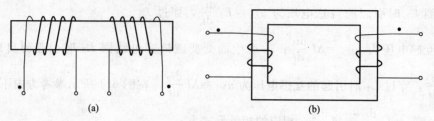

图 6.3　两线圈绕向与同名端的关系

●【学习思考】●

（1）写出图 6.1 和图 6.2 中线圈 2 两端的互感电压 u_2。

（2）$K=1$ 和 $K=0$ 各表示两个线圈之间怎样的关系？

（3）两个有互感的线圈，一个线圈两端接直流电压表，当另一线圈与直流电源相接通的瞬间，电压表指针正偏，试判断同名端。

6.2　互感电路的分析方法

●【学习目标】●

掌握互感线圈串、并联时的处理方法，熟练写出互感元件两端的电压表达式，了解互感线圈 T 形等效的方法。

6.2.1　互感线圈的串联

具有互感的两个线圈在串联连接时有两种情况：一种是连接的两个端子为异名端，这种连接方法称为顺接串联；另一种是连接的两个端子为同名端，这种接法为反接串联，如图 6.4 所示。

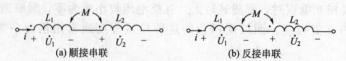

图 6.4　互感线圈的串联

1. 顺接串联

设图 6.4(a) 中顺串的两个线圈电感量分别为 L_1 和 L_2，它们之间的互感为 M。由于顺串时两个线圈上的磁场是相互增强的，因此两线圈上的自感电压和互感电压极性相同，其总电压为

$$\dot{U} = \dot{U}_1 + \dot{U}_2 = (j\omega L_1 \dot{I} + j\omega M \dot{I}) + (j\omega L_2 \dot{I} + j\omega M \dot{I})$$

$$= j\omega(L_1 + L_2 + 2M)\dot{I}$$

$$= j\omega L_{顺} \dot{I}$$

即顺接串联时两个具有互感的线圈其等效电感量为

$$L_{顺} = L_1 + L_2 + 2M \qquad (6.3)$$

2. 反接串联

在反接串联时，由于电流从两个线圈的异名端流入，所以自感电压的极性与互感电压的极性相反，这时的总电压为

$$\dot{U} = \dot{U}_1 + \dot{U}_2 = (j\omega L_1 \dot{I} - j\omega M \dot{I}) + (j\omega L_2 \dot{I} - j\omega M \dot{I})$$

$$= j\omega(L_1 + L_2 - 2M)\dot{I}$$

$$= j\omega L_{反} \dot{I}$$

即反接串联时两个具有互感的线圈，其等效电感量为

$$L_{反} = L_1 + L_2 - 2M \qquad (6.4)$$

由以上分析可知，具有互感的两个线圈在顺接串联时的等效电感 $L_{顺}$ 大于无互感情况下两线圈的等效电感 $L = L_1 + L_2$；反接串联时的等效电感 $L_{反}$ 小于无互感情况下两线圈的等效电感 $L = L_1 + L_2$。利用这一结论可用来判断两个线圈的同名端。

6.2.2 互感线圈的并联

具有互感的两个线圈直接并联时也有两种情况，一种是同名端在同一侧，另一种是同名端在异侧，如图 6.5 所示。

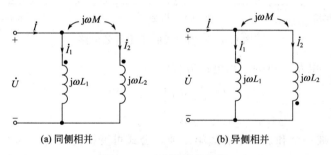

(a) 同侧相并   (b) 异侧相并

图 6.5　互感线圈的并联

根据图 6.5(a) 图所示电路中各量的参考方向，可列出电压方程组

$$\begin{cases} j\omega L_1 \dot{I}_1 + j\omega M \dot{I}_2 = \dot{U} \\ j\omega L_2 \dot{I}_2 + j\omega M \dot{I}_1 = \dot{U} \end{cases}$$

图 6.5 中各电流可由上述方程组解得为

$$\dot{I}_1 = \frac{\dot{U}(L_2 - M)}{j\omega L_1 L_2 - j\omega M^2}$$

$$\dot{I}_2 = \frac{\dot{U}(L_1 - M)}{j\omega L_1 L_2 - j\omega M^2}$$

$$\dot{I} = \dot{I}_1 + \dot{I}_2 = \frac{\dot{U}(L_2 - M)}{j\omega L_1 L_2 - j\omega M^2} + \frac{\dot{U}(L_1 - M)}{j\omega L_1 L_2 - j\omega M^2}$$

$$=\frac{\dot{U}(L_1+L_2-2M)}{j\omega(L_1L_2-M^2)}$$

电路的等效电抗为

$$Z=\frac{\dot{U}}{\dot{I}}=j\omega\frac{L_1L_2-M^2}{L_1+L_2-2M}$$

因此，同侧相并时两个线圈的等效电感为

$$L_{同}=\frac{L_1L_2-M^2}{L_1+L_2-2M} \tag{6.5}$$

同理可推出图 6.5(b) 电路的等效电感为

$$L_{异}=\frac{L_1L_2-M^2}{L_1+L_2+2M} \tag{6.6}$$

6.2.3 互感线圈的 T 形等效

当互感线圈只有一端连接，另一端接其他元件形成一个多端电路时，可以根据耦合关系写出各线圈两端的电压。但为了分析方便，通常将其转换为无感电路。下面以图 6.6(a) 电路为例，说明其等效方法。

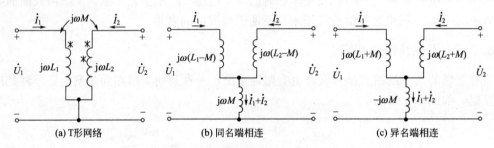

(a) T形网络　　　　(b) 同名端相连　　　　(c) 异名端相连

图 6.6　互感线圈的 T 形等效电路

根据图 6.6(a) 电路，可列写出电压方程组为

$$\begin{cases}\dot{U}_1=j\omega L_1\dot{I}_1+j\omega M\dot{I}_2\\ \dot{U}_2=j\omega L_2\dot{I}_2+j\omega M\dot{I}_1\end{cases}$$

公式右边同时减一个和加一个右边第二项，公式可变换为

$$\begin{cases}\dot{U}_1=j\omega(L_1-M)\dot{I}_1+j\omega M(\dot{I}_1+\dot{I}_2)\\ \dot{U}_2=j\omega(L_2-M)\dot{I}_2+j\omega M(\dot{I}_1+\dot{I}_2)\end{cases}$$

根据变换后的公式可推出如图 6.6(b) 所示的 T 形等效电路。在这个等效电路中，将 M 作为一个电感对待，在总电流所在支路上有电感 M，输入、输出端口 L_1、L_2 所在支路上的电感分别用 L_1-M 和 L_2-M 代替，这时的电路线圈之间不再具有互感出现，由此消除了原电路的互感。这种等效方法称为去耦法。

当互感线圈异名端相连时，其等效电路如图 6.6(c) 所示。

这种去耦等效法可以用在所有互感线圈至少有一端相连的情况，等效电路的参数只与同名端有关。

例 6.1　求图 6.7 所示电路的输入阻抗。

解：依照前面所讲的去耦等效法，可直接画出例 6.1 电路的去耦等效电路，如图6.7(b) 所示，再根据此等效电路图写出输入阻抗为

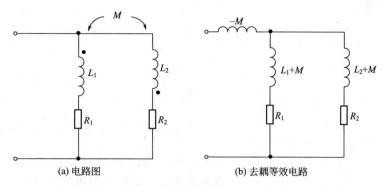

| (a) 电路图 | (b) 去耦等效电路 |

图 6.7　例 6.1 电路与去耦等效电路

$$Z = -\mathrm{j}\omega M + \frac{[R_1 + \mathrm{j}\omega(L_1 + M)][R_2 + \mathrm{j}\omega(L_2 + M)]}{[R_1 + \mathrm{j}\omega(L_1 + M)] + [R_2 + \mathrm{j}\omega(L_2 + M)]}$$

●【学习思考】●

（1）互感线圈的串联和并联有哪几种形式？其等效电感分别为多少？

（2）画出互感线圈顺接串联的去耦等效电路，并根据去耦等效电路求出等效电感。

（3）画出互感线圈同名端并联的 T 形等效电路，并根据等效电路求出等效电感。

6.3　空心变压器

●【学习目标】●

熟悉空心变压器的一般分析方法，初步掌握反射阻抗的概念及计算。

具有互感的两个线圈分别与其他元器件构成各自单独的电流通路，通过互感使两个电路之间建立磁耦合联系，这样的两个线圈称为空心变压器，其中接信号源的电路叫初级回路，另一个电路叫次级回路，如图 6.8 所示。

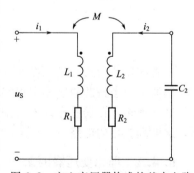

图 6.8　空心变压器构成的基本电路

空心变压器构成的电路在进行分析时，通常采用直接列写方程的方法。在图 6.8 中，当信号接入电路后，初级线圈上产生电流 i_1，由于两个线圈之间存在互感，将在次级线圈上产生互感电压，若次级回路是闭合的，产生次级回路电流 i_2，i_2 通过互感又会对初级回路产生作用。在具体分析次级回路的工作情况时，将初级回路的影响在次级回路中用一只与 L_2 串联的受控电压源表示，而次级回路对初级回路的影响，用一只与 L_1 串联的阻抗表示，称为反射阻抗。

在图 6.8 中，令 $Z_{11} = R_1 + \mathrm{j}\omega L_1$，$Z_{22} = R_2 + \mathrm{j}\left(\omega L_1 - \dfrac{1}{\omega C_2}\right)$，根据图中电压、电流的参考方向，两个回路的回路电压方程为

$$Z_{11}\dot{I}_1 + \mathrm{j}\omega M \dot{I}_2 = \dot{U}_S$$

$$\mathrm{j}\omega M \dot{I}_1 + Z_{22}\dot{I}_2 = 0$$

联立方程式解得

$$\dot{I}_1 = \frac{\dot{U}_S}{Z_{11} + \dfrac{\omega^2 M^2}{Z_{22}}}$$

$$\dot{I}_2 = \frac{-\mathrm{j}\omega M \dot{I}_1}{Z_{22}}$$

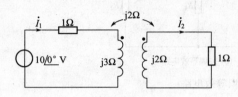

图 6.9 例 6.2 电路图

令式中的 $\dfrac{\omega^2 M^2}{Z_{22}} = Z_{1r}$，称为次级对初级的反射阻抗，$Z_{1r}$ 反映了次级回路通过互感对初级回路产生的影响。反射阻抗的电抗特性与 Z_{22} 相反。

例 6.2 电路如图 6.9 所示，求 $\dot{I}_2$。

解： $\dot{I}_1 = \dfrac{\dot{U}_S}{Z_{11} + \dfrac{\omega^2 M^2}{Z_{22}}} = \dfrac{10 \underline{/0^\circ}}{1 + \mathrm{j}3 + \dfrac{2^2}{1 + \mathrm{j}2}} = 4.38 \underline{/-38^\circ}\ (\mathrm{A})$

$\dot{I}_2 = \dfrac{\mathrm{j}\omega M \dot{I}_1}{Z_{22}} = \dfrac{\mathrm{j}2 \times 4.38 \underline{/38^\circ}}{1 + \mathrm{j}2} = 3.92 \underline{/-11.3^\circ}\ (\mathrm{A})$

【学习思考】

在图 6.8 中，若 i_2 的参考方向为流出带标记"·"的端子，这时反射阻抗的表达式是否与图示电流 i_2 流入带标记"·"的端子时相同？

6.4 理想变压器

【学习目标】

熟悉理想变压器的条件，掌握理想变压器的性能及由理想变压器构成的电路的计算方法。

空心变压器的线圈是绕在非铁磁材料上的，如果将线圈绕制在铁磁材料上，就构成了铁芯变压器。由于铁芯的磁导率很高，可以使互感比空心变压器更大。在实际的工程概算中，为了简化计算，在误差允许的范围内，通常将铁芯变压器作为一个无损耗的电压、电流转换器，这样理想化的电路器件称为理想变压器。

6.4.1 理想变压器的条件

一个理想变压器应满足三个条件：无损耗；耦合系数 $K = 1$；线圈的电感量和互感量为无穷大，且 $\sqrt{\dfrac{L_1}{L_2}} = n$ 为常数（n 为两线圈的匝数比）。n 是理想变压器的唯一参数。

6.4.2 理想变压器的主要性能

1. 变压关系

当一个理想变压器的电压电流参考方向如图 6.10 所示时，u_1 和 u_2 有效值之间的关系为

$$\frac{U_1}{U_2}=\frac{N_1}{N_2}=n \qquad (6.7)$$

若图 6.10 中两个电压的参考方向对同名端不一致时，则 u_1 和 u_2 两电压相位差为 $180°$。因此，变压器次级输出电压与初级输入电压可以同相，也可以反相，取决于输出端的接法。

图 6.10 理想变压器电路模型

2. 变流关系

由于理想变压器无损耗，所以电源送入变压器的功率与变压器输出的功率相等。根据图 6.10 的参考方向有 $u_1 i_1 = -u_2 i_2$，则其变流关系为

$$\frac{I_2}{I_1}=-\frac{U_1}{U_2}=-n \qquad (6.8)$$

若 i_1 和 i_2 的参考方向一个由同名端流入，另一个由同名端流出时，则

$$\frac{I_2}{I_1}=\frac{U_1}{U_2}=n \qquad (6.9)$$

由此得出结论：理想变压器初级与次级的电流有效值与其匝数成反比。

3. 变阻关系

当理想变压器的次级接负载电阻 Z_L 时，则

$$Z_L=\frac{-\dot{U}_2}{\dot{I}_2}=-\frac{\dfrac{\dot{U}_1}{n}}{-n\dot{I}_1}=\frac{1}{n^2}\frac{\dot{U}_1}{\dot{I}_1}=\frac{1}{n^2}Z_{1n}$$

或

$$Z_{1n}=n^2 Z_L \qquad (6.10)$$

式中的 Z_{1n} 是负载电阻折合到初级线圈两端的等效阻抗。当理想变压器次级输出端短路时，$Z_L \to 0$，所以 $Z_{1n} \to 0$，即初级线圈也相当于短路；当理想变压器次级输出端开路时，$Z_L \to \infty$，所以 $Z_{1n} \to \infty$，初级线圈也相当于开路。

应当指出，理想变压器的 Z_{1n} 虽然也是次级阻抗在初级的反映，但与前面讲的空心变压器的反射阻抗却有所不同：首先，空心变压器的反射阻抗与初级回路的自阻抗串联，共同构成互感电路的输入阻抗，而理想变压器的反映阻抗是直接跨接于初级两端，与初级并联；其次，空心变压器次级对初级反射阻抗的性质与次级回路总阻抗的性质相反，而理想变压器反映阻抗的性质与负载阻抗的性质相同。

例 6.3 电路如图 6.11 所示，当 n 为多大时，10Ω 电阻可获得最大功率？

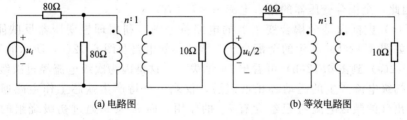

(a) 电路图   (b) 等效电路图

图 6.11 例 6.3 电路图与等效电路图

解: 先将初级回路中的电信号源 u_i 和电阻部分利用戴维南定理求出其加在初级绕组两端的等效信号源，即

$$u_i'=\frac{80u_i}{80+80}=\frac{u_i}{2} \quad \text{和} \quad R_S'=80//80=40(\Omega)$$

可画出如图 6.11（b）所示的等效电路图。显然当 $R_{in}=R_S'$ 时，负载可获得最大功

率，即

$$n^2 R_L = R'_S \qquad n^2 = 40/10 = 2^2$$

则 $\qquad\qquad\qquad\qquad n = 2$

当理想变压器的变比等于 2 时，10Ω 电阻上可获得最大功率。

●【学习思考】●

（1）理想变压器必须满足什么条件？

（2）理想变压器具有什么性能？

（3）在图 6.11 电路图中，若 $n = 4$，则接多大的负载电阻可获得最大功率？

6.5　全耦合变压器

●【学习目标】●

了解全耦合变压器的定义，熟悉全耦合变压器的等效电路，掌握全耦合变压器与理想变压器的差别及全耦合变压器构成的电路的计算方法。

6.5.1　全耦合变压器的定义

理想变压器与实际变压器存在一定的差别。为了寻求一种比理想变压器更接近实际变压器的简化分析方法，在理想变压器的基础上提出了全耦合变压器的概念。

当实际变压器的损耗很小可以忽略，并且其初、次级线圈耦合不存在漏磁通（漏磁通极小可忽略），耦合系数 $K = 1$ 时，称为全耦合变压器。全耦合变压器的电感量和互感量都是有限值，不像理想变压器那样为无穷大。因此，全耦合变压器是一个满足理想变压器三个条件中前两个条件的变压器。在实际电路的分析中，全耦合变压器要比理想变压器更接近实际情况。

6.5.2　全耦合变压器的等效电路

全耦合变压器的电压变换关系与理想变压器电压变换的关系是相同的。不同的是，全耦合变压器的输入电流包括两个分量：激磁电流 i_0；当次级电流 i_2 存在时而相应出现的初级电流 i_1'。因此，全耦合变压器的输入电流 $i_1 = i_0 + i_1'$。

图 6.12(a) 虚框内是全耦合变压器的电路符号图。利用理想变压器反映阻抗的概念，可得到一个如图 6.12(b) 所示的全耦合变压器的等效电路及图 6.12(c) 所示的等效电路。

由图 6.12(a) 到图 6.12(b) 可看出 L_2 消失了，这是因为次级电流经过次级绕组时产生的磁动势与初级电流产生的磁动势相抵消后，仅剩下维持产生铁芯工作主磁通的磁势。图 6.12(b) 中出现的激磁电流 i_0 已经含有 L_2 的作用，而 i_0 又是通过初级绕组的，因此不必画出 L_2。

6.5.3　全耦合变压器的变换系数

全耦合变压器的 $K = 1$，即 $M = \sqrt{L_1 L_2}$，所以

$$\frac{L_1}{L_2} = \frac{L_1 L_2}{L_2{}^2} = \frac{M^2}{L_2{}^2} \tag{6.11}$$

根据自感和互感的定义

$$L_2 = \frac{N_2 \psi_{22}}{i_2}, \qquad M = \frac{N_1 \psi_{21}}{i_2} = \frac{N_1 \psi_{22}}{i_2}$$

将上述关系代入式(6.11) 可得

$$\frac{L_1}{L_2} = \frac{M^2}{L_2{}^2} = \frac{N_1{}^2 \frac{\psi_{22}{}^2}{i_2{}^2}}{N_2{}^2 \frac{\psi_{22}{}^2}{i_2{}^2}} = \frac{N_1{}^2}{N_2{}^2} = n^2$$

即全耦合变压器的变换系数为

$$n = \sqrt{\frac{L_1}{L_2}} \tag{6.12}$$

例 6.4 在图 6.12（a）所示电路中，若负载阻抗 $Z_L = 1 - j2\,\Omega$，初级线圈感抗为 $j2\,\Omega$，次级感抗为 $j1\,\Omega$，输入电压 $\dot{U}_i = 10\underline{/0^\circ}\,\mathrm{V}$，求 $\dot{I}_1$。

解：根据全耦合变压器等效电路的分析方法，先计算图 6.12(c) 所示等效电路的参数 $n^2 Z_L$ 为

$$n^2 = \frac{\omega L_1}{\omega L_2} = \frac{2}{1} = 2，则\ n^2 Z_L = 2 \times (1 - j2) = 2 - j4 = 4.47\underline{/-63.4^\circ}\,(\Omega)$$

$$Z_i = \frac{j2 \times 4.47\underline{/-63.4^\circ}}{2 - j4 + j2} = \frac{8.94\underline{/26.6^\circ}}{2.83\underline{/-45^\circ}} \approx 3.16\underline{/71.6^\circ}\,(\Omega)$$

$$\dot{I}_1 = \frac{\dot{U}_i}{Z_i} = \frac{10\underline{/0^\circ}}{3.16\underline{/71.6^\circ}} \approx 3.16\underline{/-71.6^\circ}\,(\mathrm{A})$$

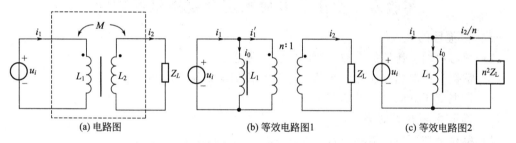

图 6.12　全耦合变压器的电路图与等效电路

●●●【学习思考】●●●

（1）具备什么条件的变压器是全耦合变压器？画出全耦合变压器的等效电路。

（2）一个全耦合变压器的初级线圈并联一电容 C，次级线圈接电阻 R_L，当初级线圈接理想电压源时电路处于谐振状态，若改变匝数比 n 的值，电路是否仍然谐振？为什么？

小　结

（1）当流过一个线圈中的电流发生变化时，在相邻线圈中产生感应电压的现象叫互感。

（2）在列写自感电压和互感电压的表达式时，自感电压的正、负与端口电压、电流的参考方向是否关联有关：关联时取正，否则取负。互感电压的正负与电流的参考方向、同名端有关：电流都是流入同名端时，互感取正，否则取负。

（3）互感线圈串联时，若为顺接串联，等效电感为 $L_1 + L_2 + 2M$；反接串联时，等效电

感为 $L_1 + L_2 - 2M$。

（4）互感线圈并联时，同侧相并情况下，其等效电感为 $\dfrac{L_1 L_2 - M^2}{L_1 + L_2 - 2M}$；异侧相并时，等效电感为 $\dfrac{L_1 L_2 - M^2}{L_1 + L_2 + 2M}$。

（5）当两个互感线圈只有一端连接时，就可以采用 T 形去耦等效的方法进行分析，同名端连接时，三条支路的自感系数分别为 M、$L_1 - M$、$L_2 - M$；异名端连接时，三条支路的自感系数分别为 $-M$、$L_1 + M$、$L_2 + M$。

（6）空心变压器由互感线圈构成，在应用时通常一端口接信号源，另一端口接负载，可以直接列写方程分析求解。在空心变压器的分析中，一般用反射阻抗 $\dfrac{\omega^2 M^2}{Z_{22}}$ 表示次级对初级回路的影响，初级对次级回路的影响用互感电压 $j\omega M \dot{I}_1$ 表示，这样初、次级两回路可以等效为无互感电路进行分析。

（7）理想变压器应具备无损耗；耦合系数 $K = 1$；线圈的电感量和互感量为无穷大这三个条件。理想变压器具有变压特性 $U_1 = nU_2$；变流特性 $I_2 = nI_1$；变阻特性 $Z_{1n} = n^2 Z_L$。在分析理想变压器构成的电路中，根据已知条件，利用其基本特性进行分析。

（8）全耦合变压器可以等效为一只由初级线圈确定的电感与一只理想变压器并联，理想变压器的匝数比 $n = \sqrt{\dfrac{L_1}{L_2}}$。全耦合变压器的条件为无损耗，耦合系数 $K = 1$，线圈的电感量为有限值。

实验六　变压器参数测定及绕组极性判别

一、实验目的
（1）学习单相变压器的空载、短路的实验方法。
（2）掌握利用单相变压器的空载、短路实验测定单相变压器的参数。
（3）掌握变压器同极性端的测试方法。

二、实验主要仪器设备
（1）单相小功率变压器：一台。
（2）交流 380/220V 电源及单相调压器：一台。
（3）交流电流表：一块。
（4）交流电压表、直流电压表各：一块。
（5）单相功率表和数字万用表各：一块。
（6）电流插箱及导线。

三、实验原理图及实验步骤
1. 单相变压器空载实验原理图

利用图 6.13 所示电路进行空载实验，可以测试出变压器的变压比：$\dfrac{U_1}{U_{20}} = K_U$。空载实验应在低压侧进行，即低压端接电源，高压端开路。

2. 空载实验步骤
（1）按上图连线，注意单相调压器打在零位上，经检查无误后才能闭合电源开关。
（2）用电压表观察 U_K 读数，调节单相调压器使 U_K 读数逐渐升高到变压器额定电压

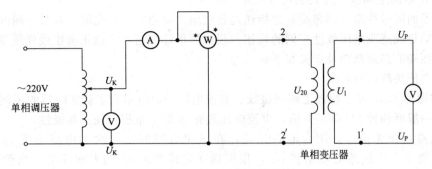

图 6.13　空载实验原理图

的 50%。

（3）读取变压器 U_{20} 和 U_1（U_P）电压值，记录在附表一，算出变压器的变比。

（4）继续升高电压至额定值的 1.2 倍，然后逐渐降低电压，把空载电压（电压表读数）、空载电流（电流表读数）及空载损耗（功率表的读数）记录下来，要求在 0.3～1.2 倍额定电压的范围内读取 6～7 组数据，记录在附表一中。注意，U_N 点最好测出。

3. 单相变压器短路实验原理图

短路实验原理图如图 6.14 所示，短路实验一般在高压侧进行，即高压端经调压器接电源，低压端直接短路。

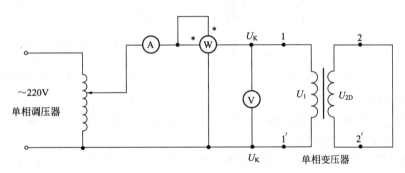

图 6.14　短路实验原理图

4. 短路实验步骤

（1）为避免出现过大的短路电流，在接通电源之前，必须先将调压器调至输出电压为零的位置，然后才能合上电源开关。

（2）电压从零值开始增加，调节过程要非常缓慢，开始时稍加一个较低的小电压，检查各仪表是否正常。

（3）各仪表正常后，逐渐缓慢地增加电压数值，并监视电流表的读数，使短路电流升高至额定值的 1.1 倍，把各表读数记录在附表二中。

（4）缓慢逐次降低电压，直至电流减小至额定值的 0.5 倍。在从 $1.1I_N$ 往 $0.5I_N$ 调节的过程中取 5～6 组数据，包括额定电流 I_N 点对应的各电表数值，记录在附表二中。

电流表（一次侧电流 I_D）、电压表（一次侧电压 U_D）及功率表的读数（$P_0 = P_{Fe} + P_{Cu}$）。

注意：在空载实验在升压过程中，要单方向调节，避免磁滞现象带来的影响；不要带电作业，有问题要首先切断电源，再进行操作；短路实验应尽快进行，否则绕组过热，绕组电阻增大，会带来测量误差。

5. 变压器绕组同极性端判别实验原理及步骤

变压器的同极性端（同名端）是指通过各绕组的磁通发生变化时，在某一瞬间，各绕组上感应电动势或感应电压极性相同的端钮。根据同极性端钮，可以正确连接变压器绕组。变压器同极性端的测定原理及步骤如下。

（1）直流法测试同名端

① 按照图 6.15 所示原理电路图接线。直流电压的数值根据实验变压器的不同而选择合适的值，一般可选择 6V 以下数值。直流电压表先选 20V 量程，注意其极性。

② 电路连接无误后，闭合电源开关，在 S 闭合瞬间，一次侧电流由无到有，必然在一次侧绕组中引起感应电动势 e_{L1}，根据楞次定律判断 e_{L1} 的方向应与一次侧电压参考方向相反，即下"－"上"＋"。S 闭合瞬间，变化的一次侧电流的交变磁通不但穿过一次侧，由于磁耦合同时穿过二次侧，因此在二次侧也会引起一个互感电动势 e_{M2}，e_{M2} 的极性可由接在二次侧的直流电压表的偏转方向确定：当电压表正偏时，极性为上"＋"下"－"，即与电压表极性一致；如指针反偏，则表示 e_{M2} 的极性为上"－"下"＋"。

③ 把测试结果填写在自制的表格中。

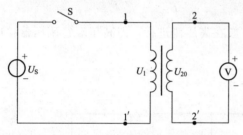

图 6.15 直流法测试同名端

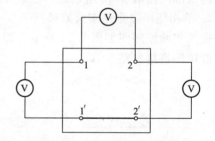

图 6.16 交流法测试同名端

（2）交流法测试同名端

① 按照图 6.16 所示原理电路图接线。可在一次侧接交流电压源，电压的数值根据实验变压器的不同而选择合适的值。

② 电路原理图中 $1'$ 和 $2'$ 之间的黑色实线表示将变压器两侧的一对端子进行串联，可串接在两侧任意一对端子上。

③ 连接无误后接通电源。用电压表分别测量两绕组的一次侧电压、二次侧电压和总电压。如果测量结果为 $U_{12}=U_{11'}+U_{2'2}$ 时，则导线相连的一对端子为异名端；若测量结果为 $U_{12}=U_{11'}-U_{2'2}$ 时，则导线相连的一对端子为同名端。

④ 把测试结果填写在自制的表格中。

四、实验报告

附表一

序　号	实 验 数 据			计 算 数 据		
	U_0/V	I_0/A	P_0/W	U_0^*	I_0^*	$\cos\varphi_0$
1						
2						
3						
4						
5						
6						

注：$U_0^*=U_0/U_N$；$I_0^*=I_0/I_N$；$\cos\varphi_0=P_0/U_0I_0$。

附表二

序 号	实 验 数 据			
	U_D/V	I_D/A	P_0/W	$\cos\varphi_0$
1				
2				
3				
4				
5				

【思考题】

1. 变压器进行空载试验时，连接原则有哪些？短路实验呢？

2. 用直流法和交流法测得变压器绕组的同名端是否一致？为什么要研究变压器的同极性端，其意义如何？

3. 你能从变压器绕组引出线的粗细区分原副绕组吗？

习　题

6.1　在图 6.17 所示电路中，$L_1=0.01H$，$L_2=0.02H$，$C=20\mu F$，$R=10\Omega$，$M=0.01H$。求两个线圈在顺接串联和反接串联时的谐振角频率 ω_0。

6.2　具有互感的两个线圈顺接串联时总电感为 0.6H，反接串联时总电感为 0.2H，若两线圈的电感量相同时，求互感和线圈的电感。

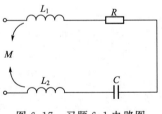

图 6.17　习题 6.1 电路图

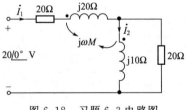

图 6.18　习题 6.3 电路图

6.3　求图 6.18 所示电路中的电流 $\dot{I}_1$ 和 $\dot{I}_2$。

6.4　在图 6.19 所示电路中，耦合系数是 0.5，求：(1) 流过两线圈的电流；(2) 电路消耗的功率；(3) 电路的等效输入阻抗。

6.5　由理想变压器组成的电路如图 6.20 所示，已知 $\dot{U}_S=16\ \underline{/0°}\ V$，求：$\dot{I}_1$、$\dot{U}_2$ 和 R_L 吸收的功率。

6.6　在图 6.21 所示电路中，变压器为理想变压器，$\dot{U}_S=10\ \underline{/0°}V$，求电压 $\dot{U}_C$。

6.7　图 6.22 所示全耦合变压器电路，求两只电阻两端的电压各为多少？

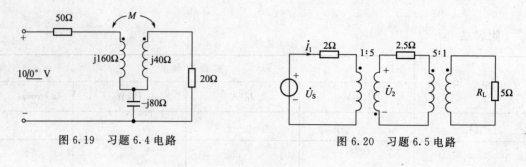

图 6.19 习题 6.4 电路

图 6.20 习题 6.5 电路

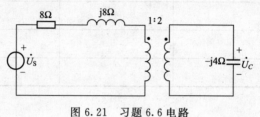

图 6.21 习题 6.6 电路

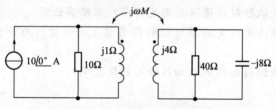

图 6.22 习题 6.7 电路

第 7 章

三 相 电 路

目前世界各国的电力系统中电能的产生、传输和供电方式绝大多数都采用三相制。所谓三相制，就是三个频率相同而相位不同的电压源（或电动势）作为电源供电的体系。前面章节讨论的是由单相电源供电的体系，称为单相制，可以说，单相制是三相制的一部分。

我国电力系统中的供电方式几乎全部采用三相制，这是因为三相输电线路比单相输电线路节省导线材料，而且生产中广泛使用的三相交流电机比单相交流电机的性能更好，经济效益更高。在学习单相交流电的基础上再来认识三相交流电的基本特征和分析方法，更容易接受和掌握。三相交流电的特点及使用，是电路分析中的一项重要内容。

本章主要介绍三相电路中电压、电流的相值和线值之间的关系，对称和不对称三相电路的分析与计算方法，三相电路功率的计算和测量方法。

【本章教学要求】

理论教学要求：熟悉三相电路的两种接线方式，掌握三相电路中电压、电流的相值与线值之间的大小和相位关系，熟悉三相电路对称与不对称情况下的分析计算方法，掌握三相电路中各种功率关系，进一步理解相量法并掌握其在三相电路中的应用。

实验教学要求：学会三相电源和三相负载的 Y 和△连接方法，通过对三相电路电压、电流的测量，进一步理解和掌握两种连接方式的线电压与相电压、线电流与相电流之间的数量关系和相位关系，进一步理解三相电路功率关系，熟练掌握两表法的功率测量方法，学会功率表的使用方法与接线规则。

7.1 三相交流电的基本概念

●【学习目标】●

了解三相交流电的产生，掌握三相对称电源的特点和性能。

能供给三相交流电的设备称为三相交流电源，三相交流电一般是由三相交流发电机产生的。图 7.1 所示是三相交流发电机的示意图。在磁极 N、S 中间放一圆柱形铁芯，圆柱形铁芯外圆安装三个结构上完全相同，空间位置上互差 120°的线圈，三个线圈的一端用 A、B、C 表示，称为首端；另一端用 X、Y、Z 表示，叫做末端，AX、BY、CZ 构成了三相发电机的对称三相绕组。铁芯和绕组共同构成发电机的电枢，发电机磁极产生的磁感应强度沿电枢表面按正弦规律分布。

当电枢由原动机拖动在磁感应强度按正弦规律分布的磁场内按逆时针方向等速旋转时，

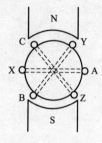

图 7.1 三相交流
发电机示意图

三个绕组将分别感应和产生三个按正弦规律变化的电动势。三相感应电动势 e_A、e_B、e_C 的正方向是从绕组末端指向首端的，则相应三相感应电压 u_A、u_B、u_C 的正方向从绕组首端指向末端。若三相绕组如图 7.1 所示位置开始旋转，那么在 AX 绕组中产生的感应电动势的初相为零，BY、CZ 依次在相位上滞后 $120°$。三相绕组中的感应电动势用三角函数式表示为

$$\left.\begin{aligned} e_A &= E_m \sin \omega t \\ e_B &= E_m \sin(\omega t - 120°) \\ e_C &= E_m \sin(\omega t - 240°) = E_m \sin(\omega t + 120°) \end{aligned}\right\} \tag{7.1}$$

由于三相绕组同速旋转，所以三个感应电动势的频率相同（$f = \dfrac{pn}{60}$）；又由于三相绕组的几何形状、尺寸和匝数完全相同，因此电动势的最大值 E_m（或有效值 E）相等；另外，三相绕组在空间的位置互差 $120°$，故三相感应电动势在相位上互差 $120°$。

在电路分析中，我们通常不用电动势表示而是用电压表示，因此，以 A 相绕组的感应电压为参考正弦量，则发电机的三相感应电压的解析式为

$$\left.\begin{aligned} u_A &= \sqrt{2}U \sin \omega t \\ u_B &= \sqrt{2}U \sin(\omega t - 120°) \\ u_C &= \sqrt{2}U \sin(\omega t - 240°) = \sqrt{2}U \sin(\omega t + 120°) \end{aligned}\right\} \tag{7.2}$$

发电机三相绕组的三相感应电压波形如图 7.2(a) 所示。我们把这样的三个角频率（或频率、周期）相同、最大值（或有效值）相等、相位上互差 $120°$ 的正弦电压、电流（或电动势）称为对称三相正弦量。三相感应电压对应的相量表达式为

$$\left.\begin{aligned} \dot{U}_A &= U \underline{/0°} \\ \dot{U}_B &= U \underline{/-120°} \\ \dot{U}_C &= U \underline{/120°} \end{aligned}\right\} \tag{7.3}$$

对称三相感应电压的相量图如图 7.2(b) 所示。

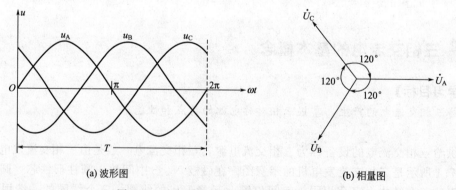

(a) 波形图   (b) 相量图

图 7.2 对称三相交流电的波形图和相量图

根据波形图和相量图可得

$$\left.\begin{aligned} u_A + u_B + u_C &= 0 \\ \dot{U}_A + \dot{U}_B + \dot{U}_C &= 0 \end{aligned}\right\} \tag{7.4}$$

对称三相交流电在相位上的先后次序称为它们的相序。如图 7.2 所示的三相感应电压的相序为 A→B→C，一般称为正序或顺序；若相序为 A→C→B 则称为负序或逆序。电力系统一般采用正序。

●【学习思考】●

对称三相电源已知 $\dot{U}_B = 220\ \underline{/-30°}\ \text{V}$。①试写出 $\dot{U}_A$、$\dot{U}_C$。②写出 $u_A(t)$、$u_B(t)$、$u_C(t)$ 的表达式。③做相量图。

7.2 三相电源的连接

●【学习目标】●

掌握三相电源星形（Y）连接和三角形（△）连接方式的特点，掌握两种连接方式的线电压和相电压的大小和相位关系，熟悉三相电路的线电流、相电流的概念。

7.2.1 三相电源的 Y 形连接

把发电机三相绕组的末端 X、Y、Z 连接成一点，把首端 A、B、C 作为与外电路相连接的端点的连接方式称为电源的 Y 形连接，如图 7.3(a) 所示。

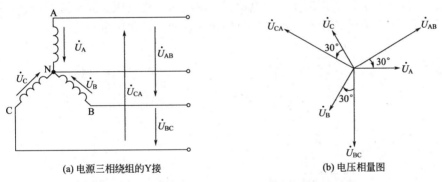

(a) 电源三相绕组的Y接　　　　　　　(b) 电压相量图

图 7.3　三相发电机绕组的 Y 接电路及电压相量

图中电源三相绕组的末端公共连接点 N 点称为电源中点（或零点），从中点引出的导线称为中线（或零线），若中线接地时，又把中线称为地线。从电源首端 A、B、C 引出的三根导线称为端线（或相线），俗称火线。通常将电源首端引出的三根端线分别用黄、绿、红三种颜色标记。这样的连接方式称为电源的三相四线制。如果电源不向外引出中线，就构成了三相三线制的 Y 连接。

电源三相绕组每一相由首端指向末端的感应电压称为相电压（U_p），如图中 $\dot{U}_A$、$\dot{U}_B$、$\dot{U}_C$，也可以表示为 $\dot{U}_{AN}$、$\dot{U}_{BN}$、$\dot{U}_{CN}$。端线 A、B、C 之间的电压称为线电压（U_l），如图中电压相量 $\dot{U}_{AB}$、$\dot{U}_{BC}$、$\dot{U}_{CA}$。端线上通过的电流称为线电流。三相电气设备铭牌数据上所指的电流，通常都是指线电流。

设电源绕组尾端连接点（中点）的电位为零，则首端电位显然等于各相电压，根据电压等于两点电位之差，可得各线电压分别为

$$u_{AB}=u_A-u_B$$
$$u_{BC}=u_B-u_C$$
$$u_{CA}=u_C-u_A$$

对应相量关系式可由图 7.3(b) 导出，即

$$\left.\begin{aligned}\dot{U}_{AB}&=\dot{U}_A-\dot{U}_B=\sqrt{3}\dot{U}_A\underline{/30°}\\\dot{U}_{BC}&=\dot{U}_B-\dot{U}_C=\sqrt{3}\dot{U}_B\underline{/30°}\\\dot{U}_{CA}&=\dot{U}_C-\dot{U}_A=\sqrt{3}\dot{U}_C\underline{/30°}\end{aligned}\right\}\tag{7.5}$$

式(7.5) 说明线电压是相电压的 $\sqrt{3}$ 倍，并依序超前相电压 $\dot{U}_A$、$\dot{U}_B$、$\dot{U}_C$ 相位 30°，因此实际计算时，只要计算出 $\dot{U}_{AB}$，就可以依序写出 $\dot{U}_{BC}$、$\dot{U}_{CA}$。因为相电压三相对称，所以线电压也依次三相对称，即 $\dot{U}_{AB}+\dot{U}_{BC}+\dot{U}_{CA}=0$。

三相电源作 Y 连接时，可以得到线电压和相电压两种电压，对用户较为方便。例如 Y 连接电源相电压为 220V 时，线电压为 $\sqrt{3}\times220V=380V$，给用户提供了 220V、380V 两种电压，将 380V 的电压供动力负载用，而 220V 的电压供照明或其他负载用。

7.2.2　三相电源的△形连接

图 7.4(a) 为三相电源作△形连接的电路图，简称△电源。即把三相电压源依次首尾相接连成一个闭合回路，如 A 与 Z 连接、B 与 X 连接、C 与 Y 连接，再从端子 A、B、C 引出三根端线。从概念上讲，三角形连接的电源，其线电压、相电压、线电流的概念与星形连接的电源相同，但三角形电源没有中线，故只能构成三相三线制供电系统。

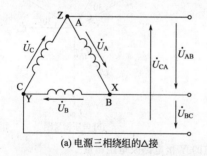 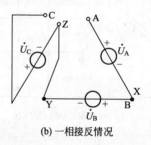

(a)电源三相绕组的△接　　　　　(b) 一相接反情况

图 7.4　三相电压源的三角形连接

从图 7.4(a) 可看出，电源做△形连接时，两两端线都是由各相绕组的两端引出的，因此，线电压等于各相电压，即

$$u_{AB}=u_A,\quad u_{BC}=u_B,\quad u_{CA}=u_C$$

由于三相电源的相电压对称，所以三个线电压也对称。

实际三相电源做△形连接时，如果接法正确，电源回路中没有电流。但是如果有一相绕组接反，例如 C 相接反，把 Z 端错误地与 Y 端连接，如图 7.4(b) 所示，则当 A、C 还未连接时，有开口电压

$$\dot{U}_{AC}=\dot{U}_A+\dot{U}_B-\dot{U}_C=-2\dot{U}_C$$

即开口处的电压有效值是每相电源电压的 2 倍，而各相电源绕组的阻抗均很小，当一相接反时，电源回路中就会产生很大的环流而烧坏电源绕组。因此，实际三相电源做三角形连接时，为确保连接无误，可以先把三个绕组接成开口三角形，再经过一个量限大于 2 倍电源相

电压的电压表闭合起来。电压表的阻抗很大，无论三相绕组的连接是否正确，电源回路中的电流都很小，不会损坏绕组。如果电压表的读数为零，就可以断定绕组接线正确。

●【学习思考】●

（1）三相电源的相电压有效值为 220V，若把 X、Y 连接起来，U_{AB} 等于多少？把 Y、C 连接起来，U_{BZ} 等于多少？

（2）三相电源线电压有效值为 380V，每相绕组的复阻抗为 $0.5+j1\Omega$，做 △ 连接。

① 如果有一相接反，试求电源回路的电流。

② 如果有两相接反，试求电源回路的电流。

7.3 三相负载的连接

●【学习目标】●

掌握对称三相负载 Y 和 △ 连接时线电流和相电流的关系；掌握对称三相电路归结为一相的计算方法；理解三相电路不对称时中线的作用，熟悉不对称三相电路的分析方法。

三相电路的负载由三部分组成，其中每一部分都可看作是一相负载，负载阻抗相等的三相负载叫对称三相负载。三相用电器一般都是对称三相负载，如三相电动机、三相变压器的初级绕组和三相电炉等，对称三相负载的条件是

$$Z_A = Z_B = Z_C = |Z| \underline{/\varphi}$$

三相负载的连接也有 Y 形和 △ 形两种。

7.3.1 三相负载的 Y 形连接

1. 三相电路的基本概念

图 7.5 所示为电源和负载均为 Y 形连接的三相电路。各相负载阻抗的电压称为三相负载的相电压，如图中 $\dot{U}_{A'}$、$\dot{U}_{B'}$ 和 $\dot{U}_{C'}$。三相负载的任两个端线之间的电压称为负载的线电压，如图中 $\dot{U}_{A'B'}$、$\dot{U}_{B'C'}$ 和 $\dot{U}_{C'A'}$。各相负载上通过的电流称为相电流，三条端线上通过的电流称为线电流。由电路的连接方式可知，Y 形连接的三相电路中，线电流等于相电流，分别用 $\dot{I}_A$、$\dot{I}_B$ 和 $\dot{I}_C$ 表示。负载中点 N' 到电源中点 N 之间的电压称为中点电压，用 $\dot{U}_{N'N}$ 表示。图中，Z_L 为端线阻抗，Z_N 为中线阻抗。

一般情况下，电源都是对称的，当三相负载 $Z_A = Z_B = Z_C = |Z| \underline{/\varphi}$，符合对称条件，且端线复阻抗相等时，此时构成的三相电路称为对称三相电路。不满足对称条件的三相负载称为不对称负载，由不对称负载组成的三相电路称为不对称三相电路。

如果三相电源为 Y 形连接，负载也连接成 Y 形，称为 Y-Y 连接方式，如图 7.5 所示电路。若把电源的中点 N 和负载的中点 N' 用具有阻抗 Z_N 的中线连接起来（如图中虚线所示），这种连接方式称为三相四线制方式。其中，中线上通过的电流称为中线电流，用 $\dot{I}_N$ 表示。若没有中线连接，称为三相三线制连接方式。如果 Y 形负载连接 △ 形电源，称为 △-Y 连接方式，也属于三相三线制连接方式。

2. 对称 Y 接三相电路的分析与计算

三相交流电路实际上是正弦交流电路的一种特殊情况，所以对三相交流电路而言，前面讨论的正弦交流电路的分析方法仍然适用。可以利用对称三相电路的特点简化对称三相电路的分析与计算。

以图 7.5 所示电路进行分析。先从对称三相四线制电路入手。电路有中线时，可以根据结点电压法先把中点电压 $\dot{U}_{N'N}$ 求出。选 N 为参考结点，根据弥尔曼定理可得

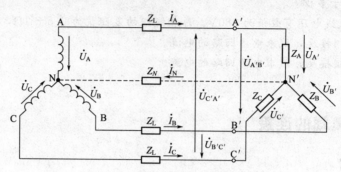

图 7.5 Y 形连接的三相电路

$$\dot{U}_{N'N}=\frac{\dfrac{\dot{U}_A}{Z_A+Z_L}+\dfrac{\dot{U}_B}{Z_B+Z_L}+\dfrac{\dot{U}_C}{Z_C+Z_L}}{\dfrac{1}{Z_N}+\dfrac{1}{Z_A}+\dfrac{1}{Z_B}+\dfrac{1}{Z_C}} \tag{7.6}$$

由于三相电路对称，所以上式中分子为零，故 $\dot{U}_{N'N}=0$，电源中点 N 和负载中点 N′等电位。此时，各相负载中通过的电流分别为

$$\left.\begin{array}{l}\dot{I}_A=\dfrac{\dot{U}_A-\dot{U}_{N'N}}{Z_A+Z_L}=\dfrac{\dot{U}_A}{Z_A+Z_L}\\[3mm]\dot{I}_B=\dfrac{\dot{U}_B-\dot{U}_{N'N}}{Z_B+Z_L}=\dfrac{\dot{U}_B}{Z_B+Z_L}\\[3mm]\dot{I}_C=\dfrac{\dot{U}_C-\dot{U}_{N'N}}{Z_C+Z_L}=\dfrac{\dot{U}_C}{Z_C+Z_L}\end{array}\right\} \tag{7.7}$$

对称三相负载电路的中线电流为

$$\dot{I}_N=\dot{I}_A+\dot{I}_B+\dot{I}_C=\dot{U}_{N'N}Y_N=0 \tag{7.8}$$

显然，对称的 Y-Y 三相电路中，由于中线电流等于零，从电流的观点来看，中线相当于开路。因此，在对称的三相电路中，把中线去掉对电路无影响。

对称三相电路中，三相负载的相电压是对称的，三相负载也是对称的，因此三相负载中的电流必然也对称，对应三个线电压当然也是对称的。

经上述讨论可得出如下结论。

① 对称 Y-Y 连接中，由于三相电源和三相负载的对称性，所以各相负载的端电压和电流也是对称的。只要求得其中一相的电压和电流，其他两相就可以根据对称性直接写出。

② 由于 $\dot{U}_{N'N}=0$，所以各相电路的计算具有独立性，各相电流也是独立的，这样，三相电路的计算就可以归结为一相的计算，其他两相按对称性可根据计算结果直接写出。一般取 A 相电路为参考，画出一相计算电路如图 7.6 所示。

③ 注意，在一相电路计算中，中线阻抗 Z_N 不起作用，N 点和 N′点等电位，用一根短

接线连接。

例 7.1 对称三相电路如图 7.5 所示，已知 $u_{AB}=380\sqrt{2}\sin(\omega t+30°)$ V，各相负载阻抗均为 $Z=5+j6\Omega$，中线阻抗为 $Z_L=1+j2\Omega$，试求三相负载上的各电流相量。

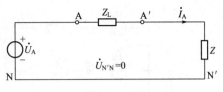

图 7.6 一相计算电路

解： 根据已知条件，得线电压和相电压相量分别为

$$\dot{U}_{AB}=380\underline{/30°}\text{V},\dot{U}_A=\frac{\dot{U}_{AB}}{\sqrt{3}}\underline{/-30°}=220\underline{/0°}\text{(V)}$$

画出一相（A 相）计算电路如图 7.6 所示，可得

$$\dot{I}_A=\frac{\dot{U}_A}{Z+Z_L}=\frac{220\underline{/0°}}{6+j8}=22\underline{/-53.1°}\text{(A)}$$

根据对称性可以写出另外两相电流相量为

$$\dot{I}_B=22\underline{/-173.1°}\text{(A)}$$

$$\dot{I}_C=22\underline{/66.9°}\text{(A)}$$

3. Y 形不对称三相电路的分析与计算

三相负载不符合对称条件时所构成的三相电路，称为不对称三相电路。如照明负载接入电源后很难做到三相对称，又如某一相负载发生短路或开路，或对称三相电路的某一相端线断开，都会造成三相电路不对称。不对称三相电路不再具有对称性的特点，所以，三相化归一相电路的计算方法也随之失效。

Y 形不对称三相电路分两种情况进行讨论。

（1）不对称三相电路 Y 形连接且无中线

若图 7.5 所示电路中输电线的阻抗 $Z_L\approx0$ 时，该电路就可简化为图 7.7(a) 所示电路。设该电路 $Z_N=\infty$、$Y_N=0$，无中线时，显然 $\dot{I}_N=0$。由于三相电路不对称，故有 $\dot{U}_{N'N}\neq0$，即电源中点 N 和负载中点 N′电位不相等。此时通常先利用式(7.6) 计算出中点电压 $\dot{U}_{N'N}$，然后再求出实际加在各相负载的端电压。由图 7.7(b) 所示相量图可以清楚地看到 N′点和 N 点不重合，这一现象称为中点偏移。在电源对称的情况下，可以根据中点偏移的程度来判断负载不对称的程度。当中点位移较大时，会引起负载端相电压的严重不对称，使有的负载相电压低于电源相电压，有的负载相电压高于电源相电压，甚至可能高过电源线电压，从而造成各相负载工作的不正常。

由图 7.7(b) 还可看出，三相电路不对称且又无中线时，各相负载的端电压相互关联，这是由于三相负载在这种情况下工作状况相互关联。因此，三相负载中只要有一相因某种原因发生变化，中点电压就要随之变化，三相负载彼此都会相互影响，即完全失去了独立性和对称性。各相负载的端电压要单独计算，即

$$\left.\begin{array}{l}\dot{U}_{A'}=\dot{U}_A-\dot{U}_{N'N}\\\dot{U}_{B'}=\dot{U}_B-\dot{U}_{N'N}\\\dot{U}_{C'}=\dot{U}_C-\dot{U}_{N'N}\end{array}\right\}\tag{7.9}$$

然后再根据电压、电流关系式进而求出各相负载上通过的电流。

例 7.2 图 7.8(a) 所示电路为测定三相电源相序的相序指示器，任意指定一相电源为

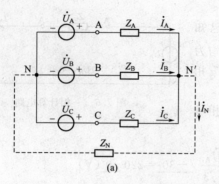 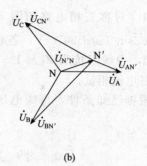

图 7.7　不对称三相电路

A 相后，指示器指示出其他两相中的 B 相和 C 相。图中指示器由两只白炽灯和一个电容器组成 Y 形。把电容器接到指定的 A 相，两只白炽灯分别接另外两相。由于这组负载不对称，两个白炽灯的电压不等，亮度不同，可以决定相序。设电容器的容纳 $\omega C = G$，试问较亮的白炽灯所接的是 B 相还是 C 相？

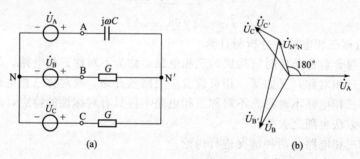

图 7.8　例 7.2 电路图和相量图

解：设 $\dot{U}_A = U \underline{/0°}$，$\dot{U}_B = U \underline{/-120°}$，$\dot{U}_C = U \underline{/120°}$，则中点电压为

$$\dot{U}_{N'N} = \frac{jG\dot{U}_A + G(\dot{U}_B + \dot{U}_C)}{jG + G + G}$$

$$= (-0.2 + j0.6)U = 0.63U \underline{/108.4°}$$

做相量图如图 7.8(b) 所示，先做 $\dot{U}_A$、$\dot{U}_B$、$\dot{U}_C$，再按所得结果做出 $\dot{U}_{N'N}$，然后就可以做出两只白炽灯的电压 $\dot{U}_{B'}$ 和 $\dot{U}_{C'}$。从相量图可以看出，$\dot{U}_{B'} > \dot{U}_{C'}$，从而知道灯泡较亮的一相为 B 相，较暗的为 C 相。

也可以通过计算得出 B 相灯泡承受的电压为

$$\dot{U}_{B'} = \dot{U}_B - \dot{U}_{N'N} = 1.5U \underline{/-101.5°}$$

$$\dot{U}_{C'} = \dot{U}_C - \dot{U}_{N'N} = 0.4U \underline{/133°}$$

则有

$$\frac{U_{B'}}{U_{C'}} = \frac{1.5}{0.4} = 3.75$$

显然 $U_{B'} > U_{C'}$，B 相的灯泡比 C 相的亮。

（2）不对称三相电路 Y 形有中线

设图 7.7(a) 不对称三相 Y 形电路有中线，且输电线阻抗 $Z_L \approx 0$，中线阻抗 $Z_N \approx 0$，即可做到强制$\dot{U}_{N'N}=\dot{I}_NZ_N\approx 0$，从而克服了中点偏移现象。这时，尽管三相电路不对称，但由于电源对称，根据式(7.9)可知，各相负载的端电压就等于电源相电压，并且不随负载的变化而变化，各相保持独立性而互不影响，可以分别独立计算。

例7.3 已知Y形对称三相电路（三相三线制）的电源线电压为380V，各相负载阻抗$Z=8+\text{j}6$（Ω），求：

① 正常情况下的负载的相电压及相电流的有效值。

② 一相短路时，另两相的相电压及相电流的有效值。

③ 一相开路时，其余两相的相电压及相电流的有效值。

④ 如果电路是三相四线制，再求②、③。

解： ①正常情况下，电路为对称三相电路，三相负载的相电压和相电流的有效值相等，可归结为一相计算。有

$$U_p=\frac{U_l}{\sqrt{3}}=\frac{380}{1.732}=220(\text{V})$$

$$I_p=\frac{U_p}{|Z|}=\frac{220}{\sqrt{8^2+6^2}}=22(\text{A})$$

② 一相短路时，线电压通过短路线直接加在另外两相负载端，因此其余两相负载的端电压就等于电源线电压380V，相电流为

$$I_p=\frac{U_p}{|Z|}=\frac{380}{\sqrt{8^2+6^2}}=38(\text{A})$$

③ 一相开路时，其余两相构成串联连接，由于两相阻抗相等，所以平分电源线电压，即

$$U_p=\frac{U_l}{2}=\frac{380}{2}=190(\text{V})$$

$$I_p=\frac{U_p}{|Z|}=\frac{190}{\sqrt{8^2+6^2}}=19(\text{A})$$

④ 如果有中线，在②、③情况下，负载的端电压仍等于电源相电压，因此除短路或断路相的负载电流增大或等于零时，其余两相的端电压和电流不发生变化。

由此可知，在负载为Y形的对称三相电路中，一相负载短路或断路时，各相负载的端电压就不再对称了。当一相负载短路时，其余两相负载的相电压就等于电源的线电压，流过的电流是正常情况下的$\sqrt{3}$倍，造成过载。当一相负载断路时，其余两相负载的端电压低于正常情况下的端电压，不能正常工作。但如果不对称三相电路有中线时，中线可使不对称Y形负载的端电压仍然保持对称。因此，在三相不对称负载情况下，中线的作用非常重要，为确保中线的可靠性，一般在中线上加装钢芯，使其具有足够的机械强度，同时中线上不允许安装保险丝和开关。

7.3.2 三相负载的△形连接

三个负载阻抗首尾相接连接成一个闭环，三个连接点分别与电源的三根相线相连接，就构成了负载的三角形连接，如图7.9所示。这种方式称为Y-△连接方式，另外还有△-△连接方式。对于△形负载，线电压就等于相电压。图中电路的相电流为$\dot{I}_{A'B'}$、$\dot{I}_{B'C'}$、$\dot{I}_{C'A'}$，而线电流为$\dot{I}_A$、$\dot{I}_B$、$\dot{I}_C$。因为三相电源对称，三相负载也对称，所以三个相电流必然对称。有

$$\dot{I}_{A'B'}=I\underline{/0^\circ},\dot{I}_{B'C'}=I\underline{/-120^\circ},\dot{I}_{C'A'}=I\underline{/120^\circ}$$

根据 KCL，线电流与相电流之间的关系为

$$\left.\begin{array}{l}\dot{I}_A=\dot{I}_{A'B'}-\dot{I}_{C'A'}=\sqrt{3}\dot{I}_{A'B'}\underline{/-30^\circ}\\[2mm]\dot{I}_B=\dot{I}_{B'C'}-\dot{I}_{A'B'}=\sqrt{3}\dot{I}_{B'C'}\underline{/-30^\circ}\\[2mm]\dot{I}_C=\dot{I}_{C'A'}-\dot{I}_{B'C'}=\sqrt{3}\dot{I}_{C'A'}\underline{/-30^\circ}\end{array}\right\}\tag{7.10}$$

式(7.10) 说明：数值上，线电流是相电流的$\sqrt{3}$倍；相位上，线电流滞后相对应的相电流 30°。由于三相对称，因此

$$\dot{I}_A+\dot{I}_B+\dot{I}_C=0$$

实际计算时，显然只需计算出一相电流 $\dot{I}_A$ 就可以依次写出另两相电流。这种分析方法对△形电源也适用。

对于对称△形负载，不能直接应用前面三相归结为一相的计算方法，应先将△形负载等效变换为 Y 形之后才能归结为一相进行计算。

因为三相负载对称，即

$$Z_Y=\frac{1}{3}Z_\triangle\tag{7.11}$$

例 7.4 对称三相电路如图 7.9 所示。已知 $Z_L=1+j2\Omega$、$Z=19.2+j14.4\Omega$，线电压 $U_{AB}=380V$，求负载端的相电压和相电流。

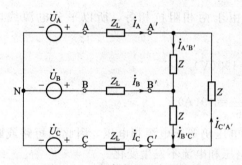

图 7.9 三相负载的三角形连接

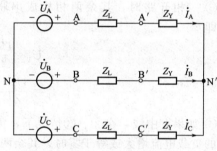

图 7.10 例 7.4 图

解：先进行星形和三角形的等效互换，得 Y—Y 连接电路如图 7.10 所示。有

$$Z_Y=\frac{Z_\triangle}{3}=\frac{19.2+j14.4}{3}=6.4+j4.8(\Omega)$$

令 $\dot{U}_A=220\underline{/0^\circ}V$，根据一相电路的计算方法，有线电流

$$\dot{I}_A=\frac{\dot{U}_A}{Z_Y+Z_L}$$

$$=\frac{220\underline{/0^\circ}}{(6.4+j4.8)+(1+j2)}$$

$$\approx22\underline{/-42.58^\circ}(A)$$

根据对称性得另外两相的线电流为

$$\dot{I}_B=22\underline{/-162.58^\circ}(A)$$

$$\dot{I}_C=22\underline{/77.42^\circ}(A)$$

先求出负载端的相电压，再利用线电压和相电压的关系求出负载端的线电压。则

$$\dot{U}_{A'N'} = \dot{I}_A Z_Y = 176 \ \underline{/-5.7°}(V)$$

$$\dot{U}_{A'B'} = \sqrt{3}\dot{U}_{A'N'} \ \underline{/30°} = 304.8 \ \underline{/24.3°}(V)$$

根据对称性可写出另外两相为

$$\dot{U}_{B'C'} = 304.8 \ \underline{/-95.7°}(V)$$

$$\dot{U}_{C'A'} = 304.8 \ \underline{/144.3°}(V)$$

依据负载端的线电压，再返回到原电路，可求得负载中的相电流为

$$\dot{I}_{A'B'} = \frac{\dot{U}_{A'B'}}{Z_\triangle} = \frac{304.8 \ \underline{/24.3°}}{19.2 + j14.4} = 12.7 \ \underline{/-12.57°}(A)$$

$$\dot{I}_{B'C'} = 12.7 \ \underline{/-132.57°}(A)$$

$$\dot{I}_{C'A'} = 12.7 \ \underline{/107.43°}(A)$$

也可以利用对称三角形连接的线电流和相电流的关系直接求得，即

$$\dot{I}_{A'B'} = \frac{1}{\sqrt{3}}\dot{I}_A \ \underline{/30°} = 12.7 \ \underline{/-12.57°}(A)$$

●【学习思考】●

(1) 一台三相异步电动机正常运行时做△连接，为了减小启动电流，启动时先把它做 Y 连接，转动后再改成△连接。试求 Y 连接启动和直接做△连接启动两种情况的线电流的比值。

(2) 为什么三相电动机的电源可用三相三线制，而三相照明电源则必须用三相四线制？

7.4 三相电路的功率

●【学习目标】●

掌握对称与不对称三相电路中有功功率、无功功率、视在功率和复功率的计算方法以及功率的测量方法。

由前面介绍的内容可知，单相正弦交流电路中有功功率 $P = UI\cos\varphi$，无功功率 $Q = UI\sin\varphi$，视在功率 $S = UI = \sqrt{P^2 + Q^2}$。

三相交流电路可以看成是三个单相交流电路的组合。因此，三相交流电路的有功功率、无功功率和视在功率均可用下式来计算

$$\left.\begin{array}{l} P = P_A + P_B + P_C \\ Q = Q_A + Q_B + Q_C \\ S = \sqrt{P^2 + Q^2} \end{array}\right\} \tag{7.12}$$

当三相负载对称时，无论负载是星形连接还是三角形连接，各相功率都是相等的，因此三相功率是每相功率的 3 倍，即

$$\left.\begin{array}{l} P = 3U_p I_p \cos\varphi_p = \sqrt{3}U_1 I_1 \cos\varphi_p \\ Q = 3U_p I_p \sin\varphi_p = \sqrt{3}U_1 I_1 \sin\varphi_p \\ S = 3U_p I_p = \sqrt{3}U_1 I_1 \end{array}\right\} \tag{7.13}$$

式中，U_p 为相电压，U_1 为线电压；I_p 为相电流，I_1 为线电流。

三相电路的瞬时功率为各相负载瞬时功率之和。当电路对称时，三相瞬时功率之和是一个常量，其值等于三相电路的平均功率，即

$$p = p_A + p_B + p_C = 3U_p I_p \cos\varphi \tag{7.14}$$

习惯上常把这一性能称为瞬时功率平衡。正是这种性能，使三相电动机的稳定性高于单相电动机。

例 7.5 一台三相异步电动机，铭牌上额定电压是 220V/380V，接线是 △/Y 方式，额定电流是 11.2A/6.48A，$\cos\varphi = 0.84$。试分别求出电源线电压为 380V 和 220V 时，输入电动机的电功率。

解： ① 电源线电压为 380V，按铭牌规定电动机绕组应连接成星形，输入功率

$$\begin{aligned}P_1 &= \sqrt{3}U_1 I_1 \cos\varphi \\ &= 1.732 \times 380 \times 6.48 \times 0.84 \\ &= 3582(\text{W}) \approx 3.6(\text{kW})\end{aligned}$$

② 电源线电压为 220V，按铭牌规定电动机绕组应连接成三角形，输入功率

$$\begin{aligned}P_1 &= \sqrt{3}U_1 I_1 \cos\varphi \\ &= 1.732 \times 220 \times 11.2 \times 0.84 \\ &= 3585(\text{W}) \approx 3.6(\text{kW})\end{aligned}$$

通过此例可知，只要按照铭牌的规定去接线，电动机的输入电功率是一样的。

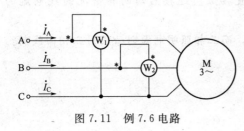
图 7.11 例 7.6 电路

例 7.6 某台电动机的额定功率是 2.5kW，绕组 △ 接，如图 7.11 所示电路。当 $\cos\varphi = 0.866$，线电压为 380V 时，求图中两个功率表的读数。

解： 这是用二瓦计法测量功率的例题。在三相三线制电路中，不论对称与否，都可以用两块功率表来测量三相功率。两块功率表的连接如图 7.11 所示。

理论和实践都可以证明图中两块功率表的读数之和就等于三相电路吸收的平均功率，其中的功率表 W_1 的读数 $P_1 = U_{AC} I_A \cos(\varphi - 30°)$，功率表 W_2 的读数 $P_2 = U_{BC} I_B \cos(\varphi + 30°)$。为求得两块功率表的读数 P_1 和 P_2，需先求出

$$I_1 = \frac{P_N}{\sqrt{3}U_1\cos\varphi} = \frac{2.5 \times 10^3}{1.732 \times 380 \times 0.866} \approx 4.39(\text{A})$$

$$\varphi = \arccos 0.866 = 30°$$

电动机为对称三相负载，所以三个线电流的有效值相同，即 $I_A = I_B = 4.39\text{A}$，电源线电压总是对称的，因此根据题中给出的线电压数值可得 $U_{AC} = U_{BC} = U_1 = 380\text{V}$。

所以两块功率表的读数分别为

$$P_1 = U_{AC} I_A \cos(\varphi - 30°) = 380 \times 4.39 \times \cos(30° - 30°) \approx 1668(\text{W})$$
$$P_2 = U_{BC} I_B \cos(\varphi + 30°) = 380 \times 4.39 \times \cos 60° \approx 834(\text{W})$$

电路的三相总有功功率为

$$P = P_1 + P_2 = 1668 + 834 = 2502(\text{W}) \approx 2.5(\text{kW})$$

计算结果与给定的 2.5kW 基本相符，微小的误差是由计算的精度引起的。本例所述的二瓦计法只适用于三相三线制电路功率的测量。三相四线制电路的功率需要用三瓦计法测量，即用功率表分别测量各相的功率，最后将所测结果相加。

三相电路的功率测量时，分别有下面几种情况。

① 对于 $\varphi = 0$ 的电阻性负载，两功率表读数相等，三相有功功率 $P = P_1 + P_2$。

② 对于 $\varphi = \pm 60°$ 的感性和容性负载，$\cos\varphi = 0.5$，两功率表中有一只表的读数为零，则三相有功功率 $P = P_1$ 或 $P = P_2$。

③ 对于 $|\varphi| > 60°$ 时的负载，$\cos\varphi < 0.5$，两表中有一只表读数为负值，即功率表反偏转。为了得到读数，应将此功率表的电流线圈两个接头调换一下。此时三相有功功率等于两表读数之差，即 $P = P_1 - P_2$。因此，三相电路的总功率等于这两个功率表读数的代数和。

显然，在二瓦计法中，单独一个功率表的读数是没有意义的。

对于三相四线制，除对称运行外，不能用二瓦计法来测量三相功率。

●【学习思考】●

(1) 将对称三相负载接到三相电源，试比较做 Y 接和 △ 接两种情况下负载的总功率。

(2) 怎样计算三相对称负载的功率？功率计算公式中的 $\cos\varphi$ 的 φ 角表示什么？

小　结

(1) 对称三相电路 Y 形连接时，电压和电流之间关系为

$$U_1 = \sqrt{3} U_p，线电压超前相电压 30°$$

$$I_1 = I_p$$

(2) 对称三相电路 △ 形连接时，电压和电流之间关系为

$$U_1 = U_p$$

$$I_1 = \sqrt{3} I_p，线电流滞后相电流 30°$$

(3) 对称三相正弦量的瞬时值或相量之和等于零。

(4) 对称三相电路的计算方法为：把给定的对称三相电路化为 Y-Y 系统，利用归结为一相的计算方法，求出一相的电压和电流，然后根据对称关系直接得到其他两相的电压和电流。最后利用 Y-△ 的等值变换，求出原电路的电压和电流。

(5) 对称三相电路的优越性能之一就是对称三相电路的瞬时功率是一个常量，即

$$p = p_A + p_B + p_C = 3 U_p I_p \cos\varphi$$

此式说明，三相瞬时功率等于三相电路吸收的平均功率 P。习惯上把这一性能称为瞬时功率平衡。

三相三线制电路无论对称与否，都可以用二瓦计法测量三相总有功功率。

实验七　三相电路电压、电流的测量

一、实验目的

(1) 进一步熟悉三相负载的星形和三角形接法。

(2) 通过实验数据加深对三相负载 Y 接和 △ 接时线、相电压，线、相电流之间的数量关系的理解。

(3) 加深对中线作用的理解。

(4) 熟悉三相负载的连接方法及掌握三相电路中电压与电流的测量方法。

二、实验主要仪器设备

(1) 电工实验台：一台。

（2）三相调压器：一台。

（3）交流电流表：一块。

（4）数字万用表：一块。

（5）电流插箱、插头：一套。

（6）三相负载灯箱：一个。

三、实验原理

1. 三相电路的星形连接

图 7.12 是星形连接的三线制电路。当线路阻抗忽略不计时，负载的线电压等于电源的线电压。若负载对称，则负载中点 N′ 和电源中点 N 之间的电压为零。此时负载相电压对称，线电压与相电压满足 $U_l = \sqrt{3} U_p$ 的关系。若负载不对称，N′ 与 N 两中点间的电压不再等于零，负载端的各相电压就不再对称。其数值可通过计算得到，也可通过实验测出。

在图 7.12 电路中，若把电源中点和负载中点之间用中线连接起来，就成为三相四线制电路。在负载对称情况下，中线电流等于零，其工作情况与三相三线制相同。负载不对称时，忽略线路阻抗，则负载端相电压仍然对称，但这时中性线电流不再为零，可由计算方法或实验方法确定。

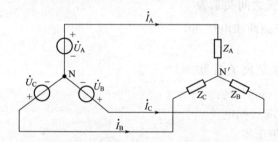

图 7.12　星形连接的三相三线制电路

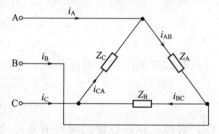

图 7.13　三相负载的三角形连接

2. 三相电路的三角形连接

图 7.13 是三角形连接的三相负载，显然电源只能是三线制供电。忽略线路阻抗时，负载的线电压（也是它的相电压）等于电源的线电压。线电流与相电流的关系为

$$\dot{I}_A = \dot{I}_{AB} - \dot{I}_{CA}, \qquad \dot{I}_B = \dot{I}_{BC} - \dot{I}_{AB}, \qquad \dot{I}_C = \dot{I}_{CA} - \dot{I}_{BC}$$

当电源对称、负载也对称时，线电流、相电流都对称，且满足 $I_l = \sqrt{3} I_p$ 的关系。若负载不对称，由于电源的线电压是对称加在三相负载上，所以三相负载电压也是对称的，各相负载都能正常工作，但此时线电流与相电流之间不再具有 $\sqrt{3}$ 倍的数量关系。

四、实验内容及步骤

（1）按照图 7.14 接好线路，测量负载星形连接和三角形连接时对称情况下的各线电压、相电压、中线电压和各相电流、线电流的数值（注意 $U_{NN'}$ 和 I_N 数值），认真记录下来。

（2）三相灯负载分别取不同的灯盏数，使之构成不对称三相 Y 接负载。先测量不对称负载情况下有中线时的各相电流、中线电流及各相电压、线电压及中线电压 $U_{NN'}$，记录并填写在表格中。

（3）把中线从 N′ 处断开，注意 N 处不要断开。再测量 Y 接不对称情况下且无中线时的各相电流、中线电流及各相电压、线电压及中线电压 $U_{NN'}$，填写在表格中。

（4）调整电源线电压的数值，注意在负载做三角形连接时的线电压应调整在 220V。这样，三相灯箱负载连接成 △ 形时，各相负载的端电压就能获得其额定值 220V。

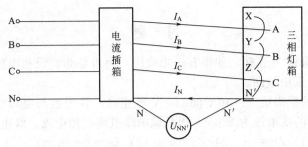

图 7.14　星形连接线路

（5）三相灯负载各取 2 盏灯，构成三相对称负载。按图 7.15 所示电路对三相灯负载进行正确连线。

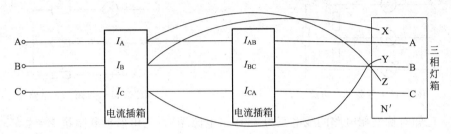

图 7.15　三角形连接线路

（6）首先测量对称情况下的相电流和线电流，记录并填写在表格中。

（7）把三相灯负载连接成不对称情况，测量不对称情况下的相电流和线电流，看二者是否仍遵循 $I_1 = \sqrt{3} I_p$ 的数量关系，把测量数据填写在表格中。

（8）让指导教师审阅各实验小组的实验数据，合理时方可结束实验。测量数据如出现不合理地方，应重新测量。

（9）实验结束，整理实验设备及打扫实验室环境卫生。

（10）按要求认真写出实验报告。

五、注意事项

（1）在对称三相电路中，灯箱负载为纯电阻负载，功率因数等于 1。

（2）实验中记录好每相负载灯泡数及其瓦数，根据已知的电源电压和负载灯泡数，计算各种情况下的相电压、相电流、中线电流等的大小，并与实验所得数据相比较。

（3）进一步熟悉电流插箱的原理及使用方法

电流插箱是为了使电流表实现一表多用而设计和制作的一种实验辅助设备。电流插箱的每一个插孔在电流表的插头未插入时相当于短路，即插孔的左右两个端子相当于短接，当与电流表连接的电流插头插入插孔内时，相当于把电流表串入了插孔两边端子之间，此时电流表的读数即为该插孔所连接支路的电流数值。

【思考题】

1. 根据实验结果，简要阐述中线的作用，并说明负载在什么情况下可以不要中线，什么情况下必须连接中线，如何保证中线的可靠性。

2. 同一负载做三角形连接时和做星形连接时，其各相负载的端电压相同吗？

3. 整理实验实测数据，分别说明对称负载和不对称负载电路的特点和区别。

习　题

7.1　三相发电机做 Y 连接，如果有一相接反，例如 C 相，设相电压为 U，试问三个线电压为多少？画出电压相量图。

7.2　三相相等的复阻抗 $Z=40+j30\Omega$，Y 形连接，其中点与电源中点通过阻抗 Z_N 相连接。已知对称电源的线电压为 380V，求负载的线电流、相电流、线电压、相电压和功率，并画出相量图。设（1）$Z_N=0$；（2）$Z_N=\infty$；（3）$Z_N=1+j0.9\Omega$。

7.3　图 7.16 所示电路中，当 K 闭合时，各安培表读数均为 3.8A。若将 K 打开，问安培表读数各为多少？画出两种情况的相量图。

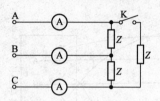

图 7.16　习题 7.3 电路

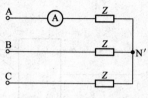

图 7.17　习题 7.5 电路

7.4　已知对称三相电路的线电压为 380V（电源端），三角形负载阻抗 $Z=4.5+j14\Omega$，端线阻抗 $Z=1.5+j2\Omega$。求线电流和负载的相电流，并画出相量图。

7.5　图 7.17 所示为对称的 Y-Y 三相电路，电源相电压为 220V，负载阻抗 $Z=30+j20\Omega$，求：

（1）图中电流表的读数；

（2）三相负载吸收的功率；

（3）如果 A 相的负载阻抗等于零（其他不变），再求（1）、（2）；

（4）如果 A 相负载开路，再求（1）、（2）。

7.6　图 7.18 所示为三相对称的 Y-△三相电路，$U_{AB}=380$V，$Z=27.5+j47.64\Omega$，求：（1）图中功率表的读数及其代数和有无意义？（2）若开关 S 打开，再求（1）。

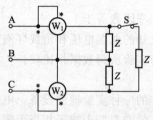

图 7.18　习题 7.6 电路

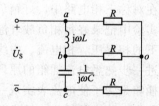

图 7.19　习题 7.8 电路

7.7　对称三相感性负载接在对称线电压 380V 上，测得输入线电流为 12.1A，输入功率为 5.5kW，求功率因数和无功功率。

7.8　图 7.19 所示电路中的 $\dot{U}_S$ 是频率 $f=50$Hz 的正弦电压源。若要使 $\dot{U}_{ao}$、$\dot{U}_{bo}$、$\dot{U}_{co}$ 构成对称三相电压，试求 R、L、C 之间应当满足什么关系。设 $R=20\Omega$，求 L 和 C 的值。

7.9　图 7.20 所示为对称三相电路，线电压为 380V，$R=200\Omega$，负载吸收的无功功率为 $1520\sqrt{3}$var。试求：

（1）各线电流；

（2）电源发出的复功率。

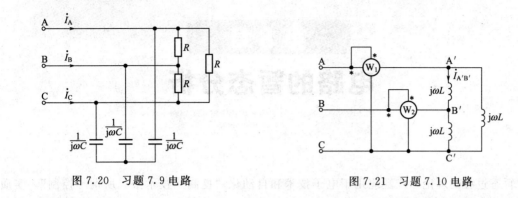

图 7.20　习题 7.9 电路　　　　　　　　图 7.21　习题 7.10 电路

7.10　图 7.21 所示为对称三相电路，线电压为 380V，相电流 $\dot{I}_{A'B'}=2A$。求图中功率表的读数。

第 8 章

电路的暂态分析

暂态过程的理论，广泛应用于电子技术和自动化"控制"技术中。所谓"控制"，实质上就是一个寻找各种期望的稳态值和缩短暂态时间，并减少暂态过程中出现危害的过程。因此，本章研究的问题实际上是在为后续的电子技术、控制理论课程打基础。

"暂态"相对于"稳态"而言。恒定的直流、交流量是稳态，物体处于匀速运动状态下也是稳态；直流量的大小和方向发生变化时是暂态，交流量三要素中的一个或一个以上发生变化时也是暂态，物体运动的速度发生变化时同样是暂态。显然，暂态是指从一种稳态过渡到另一种稳态所经历的过程。

电路的暂态过程实际上非常复杂，但在电路分析理论中研究它时，仅仅是对暂态过程中普遍遵循的最简单、基本的规律进行研究和探讨，目的是让学习者建立起关于暂态的概念，并在认识"暂态"的过程中充分理解暂态过程中的三要素。

【本章教学要求】

理论教学要求：了解"稳态"与"暂态"之间的区别与联系；熟悉电路中"换路"的含义，牢固掌握换路定律；理解暂态分析中有关"零输入响应"、"零状态响应"、"全响应"、"阶跃响应"等概念；充分理解一阶电路中暂态过程的规律；熟练掌握一阶电路暂态分析的三要素法；了解二阶电路自由振荡的过程。

实验教学要求：利用实验室电工实验装置及双踪示波器、信号发生器、万用表、直流稳压电源等研究一阶电路的过渡过程，学会从响应的曲线中求出 RC 电路的时间常数 τ，了解电路参数对充放电过程的影响。

8.1 换路定律

●【学习目标】●

了解"暂态"分析中的一些基本概念；理解"换路"这一名词的含义；熟悉换路定律的内容及理解其内涵，初步掌握换路定律的应用。

8.1.1 基本概念

基本概念就是共同语言，也是认识事物规律的开始。

1. 状态变量

代表物体所处状态的可变化量称为状态变量。如电感元件磁场能 $w_L = \frac{1}{2}Li_L{}^2$、电容元

件电场能 $w_C = \dfrac{1}{2}Cu_C^2$，两式中的电流 i_L 和电压 u_C 就是状态变量。状态变量的大小显示了动态元件上能量储存的状态。

状态变量 i_L 的大小不仅能够反映出电感元件上磁场能量储存的情况，同时它还反映出电感元件上的电流不能发生跃变这一事实（能量不能发生跃变）；同理，电容元件上的状态变量 u_C 的大小也可反映电容元件的电场能量储存情况及电容元件极间电压不能跃变这一特性。

2. 换路

在含有动态元件 L 和 C 的电路中，电路的接通、断开，接线的改变或是电路参数、电源的突然变化等，统称为"换路"。

3. 暂态

由于动态元件 L 中的磁场能量及 C 中的电场能量在一般情况下只能连续变化而不能发生跃变，因此当电路发生"换路"时，必将引起动态元件上响应的变化。这些变化持续的时间一般非常短暂，所以称之为"暂态"。

4. 零输入响应

电路发生换路前，动态元件中已储有原始能量。换路时，外部输入激励等于零，仅在动态元件原始储能下引起电路中的电压、电流发生变化的情况，称为零输入响应。

5. 零状态响应

动态元件中的原始储能（能量状态）为零，仅在外输入激励的作用下引起电路中的电压、电流发生变化的情况，称为零状态响应。

6. 全响应

电路中的动态元件中存在原始能量，且又有外部激励，这种情况下引起的电路响应称为全响应。对线性电路而言

全响应＝零输入响应＋零状态响应

7. 阶跃响应

当电路中的激励是阶跃形式（通常指变化前后都是恒定值的激励，例如直流电源突加、突减的供电方式）时，在电路中引起的响应称为阶跃响应。

8.1.2 换路定律

动态元件 L 和 C 也是储能元件，储能必然对应一个吸收与释放的过程，这些过程当然需要时间。换句话说，就是电感元件和电容元件上能量的建立和消失是不能突变的。

在暂态过程中，由于能量的建立和消失不能突变，因此状态变量 i_L 和 u_C 也只能连续变化，而不能发生跃变。据此我们可得到一个重要的基本规律：在电路发生换路后的一瞬间，电感元件上通过的电流 i_L 和电容元件的极间电压 u_C 都应保持换路前一瞬间的原有值不变。此规律称为换路定律。

设换路发生在 $t=0$ 时刻，换路前一瞬间（电路状态是换路前的情况）可记为 $t=0_-$，换路后一瞬间（电路状态为换路后的情况）则记为 $t=0_+$，它们均与 $t=0$ 时刻的时间间隔无限接近而趋近于零。这时换路定律可用数学式表示为

$$\left.\begin{array}{l} i_L(0_+)=i_L(0_-) \\ u_C(0_+)=u_C(0_-) \end{array}\right\} \tag{8.1}$$

换路定律实质上反映了在含有动态元件的电路发生换路时，动态元件的状态变量不会发生变化这一必然规律。其中的"0_+"数值称为初始值。注意，这个初始值对应的是一个稳

定状态而不是暂态过程中的变量。

例 8.1 电路如图 8.1(a) 所示。设在 $t=0$ 时开关 S 闭合，此前已知电感和电容中均无原始储能。求 S 闭合后各电压、电流的初始值。

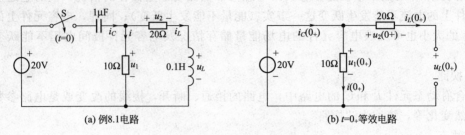

(a) 例8.1电路   (b) $t=0_+$等效电路

图 8.1　例 8.1 电路图

解：根据电路给定的电感和电容中均无原始储能这一条件，可得

$$i_L(0_+)=i_L(0_-)=0$$
$$u_C(0_+)=u_C(0_-)=0$$

由于 $t=0_+$ 这一瞬间电容元件两端的电压等于零，从电路产生电流的观点来看，就像是电容元件被短路一样，即原始能量为零的电容元件在与直流电源接通瞬间相当于短路；电感元件则由于通过它的电流不能发生跃变，因此在换路后一瞬间仍等于它换路前一瞬间的零值，显然相当于开路。于是，可画出如图 8.1(b) 所示的 $t=0_+$ 时的等效电路，根据此电路可求得

$$u_1(0_+)=20\text{V}$$

$$i_C(0_+)=i(0_+)=\frac{20}{10}=2(\text{A})$$

$$u_2(0_+)=20i_L(0_+)=0$$
$$u_L(0_+)=u_1(0_+)=20(\text{V})$$

例 8.2 电路如图 8.2(a) 所示，换路前电路已达稳态。$t=0$ 时开关 S 打开，求 S 打开后动态元件两端的电压与通过动态元件中的电流的初始值。

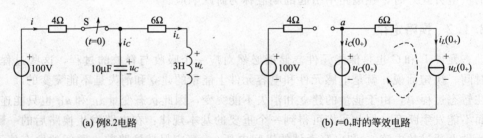

(a) 例8.2电路   (b) $t=0_+$时的等效电路

图 8.2　例 8.2 电路

解：由于开关 S 打开前电路已达稳态，因此，直流稳态下的电容元件相当于开路，电感元件相当于短路，可得

$$i_L(0_+)=i_L(0_-)=i(0_-)=\frac{100}{4+6}=10(\text{A})$$

$$u_C(0_+)=u_C(0_-)=i_L(0_-)\times6=10\times6=60(\text{V})$$

根据这一计算结果，可画出开关 S 打开后一瞬间，$t=0_+$ 的等效电路如图 8.2(b) 所示，图中电容元件相当于一个电压值等于 60V 的恒压源，电感元件相当于一个电流值等于 10A 的恒流源。

由于开关 S 断开，所以电感与电容此时相当于串联，因此

$$i_C(0_+) = -i_L(0_+) = -10(\text{A})$$

再对右回路列 KVL 方程可得

$$u_L(0_+) = u_C(0_+) - u_R(0_+) = 60 - 10 \times 6 = 0(\text{V})$$

●【学习思考】●

（1）何谓暂态，何谓稳态？你能说出多少实际生活中存在的过渡过程现象？

（2）从能量的角度看，暂态分析研究问题的实质是什么？

（3）何谓换路，换路定律阐述问题的实质是什么？换路定律是否也适用于暂态电路中的电阻元件？

（4）动态电路中，在什么情况下电感 L 相当于短路，电容 C 相当于开路？又在什么情况下，L 相当于一个恒流源，C 相当于一个恒压源？

8.2 一阶电路的暂态分析

●【学习目标】●

理解 RC 串联电路、RL 串联电路的过渡过程中电压或电流随时间而变化的规律；深刻理解影响过渡过程快慢的电路参数——时间常数 τ 的概念及其物理意义；初步掌握一阶电路暂态分析的三要素法及其应用。

8.2.1 一阶电路的零输入响应

只含有一个储能元件的动态电路称为一阶电路。通常有 RC 一阶电路和 RL 一阶电路两大类。

1. RC 电路的零输入响应

RC 电路的零输入响应，实质上就是指具有一定原始能量的电容元件在放电过程中，电路中电压和电流的变化规律。

根据换路定律可知，当电容元件原来已经充有一定能量时，若电路发生换路，电容元件的极间电压不会发生跃变，必须自原来的数值开始连续地增加或减少，而电容元件中的充、放电电流是可以跃变的。

如图 8.3(a) 所示的 RC 放电电路。开关 S 在位置 1 时电容 C 充电，充电完毕后电路处于稳态。$t=0$ 时换路，开关 S 由位置 1 迅速投向位置 2，放电过程开始。

放电过程开始一瞬间，根据换路定律可得 $u_C(0_+) = u_C(0_-) = U_S$。此时电路中的电容元件与 R 相串后经位置 2 构成放电回路，由 KVL 定律可得

$$RC\frac{\mathrm{d}u_C}{\mathrm{d}t} + u_C = 0$$

这是一个一阶的常系数齐次微分方程，对其求解可得

$$u_C(t) = U_S \mathrm{e}^{-\frac{t}{RC}} = u_C(0_+)\mathrm{e}^{-\frac{t}{\tau}} \tag{8.2}$$

式中，U_S 是过渡过程开始时电容电压的初始值 $u_C(0_+)$；$\tau = RC$ 称为电路的时间常数。

如果用许多不同数值的 R、C 及 U_S 来重复上述放电实验可发现，不论 R、C 及 U_S 的值如何，RC 一阶电路中的响应都是按指数规律变化的，如图 8.3(b) 所示。由此可推论：RC

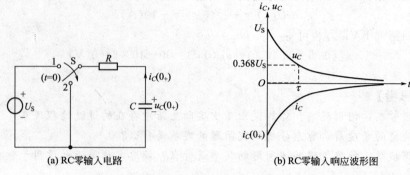

(a) RC零输入电路   (b) RC零输入响应波形图

图 8.3　RC 零输入响应波形图

一阶电路零输入响应的规律是指数规律。

如果让电路中的 U_S 不变而取几组不同的 R 和 C 值，观察电路响应的变化可发现，当 R 和 C 值越大时，放电过程进行得越慢，R 和 C 值越小时，放电过程进行得越快。也就是说，RC 一阶电路放电速度的快慢，同时取决于 R 和 C 两者的大小，即取决于它们的乘积（时间常数 τ）。因此，时间常数 $\tau = RC$ 是反映过渡过程进行快慢程度的物理量。

让式 (8.2) 中的 t 值分别等于 1τ、2τ、3τ、4τ、5τ，可得出 u_C 随时间变化的衰减表（见表 8.1）。时间常数 τ 的物理意义可由此表数据来进一步说明。

表 8.1　电容电压随时间衰减表

τ	2τ	3τ	4τ	5τ
e^{-1}	e^{-2}	e^{-3}	e^{-4}	e^{-5}
$0.368U_S$	$0.135U_S$	$0.050U_S$	$0.018U_S$	$0.007U_S$

由表中数据可知，当放电过程经历了一个 τ 的时间电容电压就衰减为初始值的 36.8%，经历了 2τ 后衰减为初始值的 13.5%，经历了 3τ 就衰减为初始值的 5%，经历了 5τ 后则衰减为初始值的 0.7%。理论上，根据指数规律，必须经过无限长时间，过渡过程才能结束，但实际上，过渡过程经历了（$3\sim5$）τ 的时间后，剩下的电容电压值已经微不足道了。因此，在工程上一般可认为此时电路已经进入了稳态。

由此也可得出：时间常数 τ 是过渡过程经历了总变化量的 63.2% 所需要的时间，其单位是秒【s】。

电容元件上的放电电流可根据它与电压的微分关系求得，即

$$i_C = -C\frac{\mathrm{d}u_C}{\mathrm{d}t} = -C\frac{\mathrm{d}u_C(0_+)\mathrm{e}^{-\frac{t}{RC}}}{\mathrm{d}t} = \frac{u_C(0_+)}{R}\mathrm{e}^{-\frac{t}{RC}} \tag{8.3}$$

电容元件上的电流在图 8.3(b) 中的位置是横轴下方，说明它是负值，原因是它与电压为非关联方向。

2. RL 电路的零输入响应

根据电磁感应定律可知，电感线圈通过变化的电流时，总会产生自感电压，自感电压限定了电流必须是从零开始连续地增加，而不会发生不占用时间的跳变，不占用时间的变化率将是无限大的变化率，这在事实上是不可能的。同理，本来在电感线圈中流过的电流也不会跳变消失。实际应用中，含有电感线圈的电路拉断开关时，触点上总会产生电弧，原因就在于此。

图 8.4(a) 所示电路，在 $t<0$ 时通过电感中的电流为 I_0。设在 $t=0$ 时开关 S 闭合，根

据换路定律，电感中仍具有初始电流 I_0，此电流将在 RL 回路中逐渐衰减，最后为零。在这一过程中，电感元件在初始时刻的原始能量 $W_L = 0.5LI_0^2$ 逐渐被电阻消耗，转化为热能。

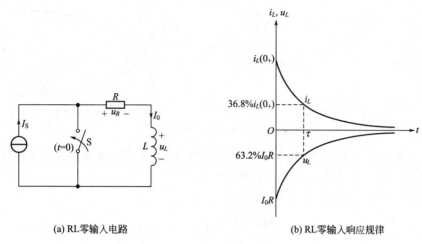

(a) RL零输入电路　　　　　　　(b) RL零输入响应规律

图 8.4　RL 零输入电路与波形图

根据图 8.4 所示电路中电压和电流的参考方向及元件上的伏安关系，应用 KVL 定律可得

$$Ri + L\frac{\mathrm{d}i}{\mathrm{d}t} = 0 \quad (t \geq 0)$$

若以储能元件 L 上的电流 i_L 作为待求响应，则可解得

$$i_L(t) = I_0 \mathrm{e}^{-\frac{R}{L}t} = i_L(0+)\mathrm{e}^{-\frac{t}{\tau}} \tag{8.4}$$

式中，$\tau = \dfrac{L}{R}$，是 RL 一阶电路的时间常数，其单位也是秒【s】。显然，在 RL 一阶电路中，L 值越小、R 值越大时，过渡过程进行得越快，反之越慢。

电感元件两端的电压

$$u_L(t) = L\frac{\mathrm{d}i}{\mathrm{d}t} = -RI_0\mathrm{e}^{-\frac{t}{\tau}} \tag{8.5}$$

电路中响应的波形如图 8.4(b) 所示，显然它们也都是随时间按指数规律衰减的曲线。

由以上分析可知以下结论。

① 一阶电路的零输入响应都是随时间按指数规律衰减到零的，这实际上反映了在没有电源作用的条件下，储能元件的原始能量逐渐被电阻消耗掉的物理过程。

② 零输入响应取决于电路的原始能量和电路的特性，对于一阶电路来说，电路的特性是通过时间常数 τ 来体现的。

③ 原始能量增大 A 倍，则零输入响应将相应增大 A 倍，这种原始能量与零输入响应的线性关系称为零输入线性。

8.2.2　一阶电路的零状态响应

所谓的零状态响应，是指储能元件的初始能量等于零，仅在外激励作用下引起的电路响应。

1. RC 电路的零状态响应

电容上的原始能量为零时称为零状态。实际上，零状态响应研究的就是 RC 电路充电过程中响应的变化规律，其电路如图 8.5(a) 所示。

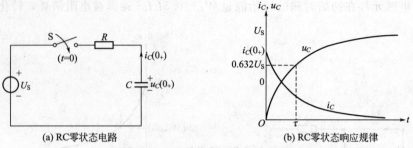

(a) RC零状态电路　　　　　(b) RC零状态响应规律

图 8.5　RC 零状态电路与波形图

从理论上讲，当开关 S 闭合后，经过足够长的时间，电容的充电电压才能等于电源电压 U_S，充电过程结束，充电电流 i_C 也才能衰减到零。

对电路图 8.5(a) 可列出其 KVL 方程式为

$$RC\frac{\mathrm{d}u_C}{\mathrm{d}t}+u_C=U_S$$

这是一个一阶的线性非齐次方程，对此方程进行求解可得到方程的解为

$$u_C(t)=u_C(\infty)(1-\mathrm{e}^{-\frac{t}{RC}})=U_S(1-\mathrm{e}^{-\frac{t}{RC}}) \tag{8.6}$$

式中的 $u_C(\infty)$ 是充电过程结束时电容电压的稳态值，数值上等于电源电压值。

显然，一阶电路的零状态响应规律也是指数规律，如图 8.5(b) 所示。充电开始时，由于电容的电压不能发生跃变，$U_C=0$；随着充电过程的进行，电容电压按指数规律增长，经历（3~5）τ 时间后，过渡过程基本结束，电容电压 $u_C(\infty)=U_S$，电路达到稳态。

由于电容的基本工作方式是充放电，因此电容支路的电流不是放电电流就是充电电流，即电容电流只存在于过渡过程中，因此电路只要达稳态，i_C 必定等于零，因此在这一充电过程中，i_C 仍按指数规律衰减。充电过程中电压、电流为关联方向，因此在横轴上方。

2. RL 电路的零状态响应

图 8.6 所示电路，在 $t=0$ 时开关闭合。换路前由于电感中的电流为零，根据换路定律，换路后 $t=0_+$ 瞬间 $i_L(0_+)=i_L(0_-)=0$。电流为零，说明此时的电感元件相当于开路；过渡过程结束，电路重新达到稳态时，由于直流情况下的电流恒定，电感元件上不会引起感抗，它又相当于短路，这一点恰好与电容元件的作用相反。

在图 8.6 所示的 RL 零状态响应电路中，$t=0_+$ 时由于电流等于零，因此电阻上电压 $u_R=0$，由 KVL 定律可知，此时电感元件两端的电压 $u_L(0_+)=U_S$。当达到稳态后，自感电压 u_L 一定为零，电路中电流将由零增至 U_S/R 后保持恒定。显然在这一过渡过程中，自感电压 u_L 是按指数规律衰减的，而电流 i_L 则是按指数规律上升的，电阻两端电压始终与电流成正比，因此，u_R 从零增至 U_S。其变化规律如图 8.7 所示。

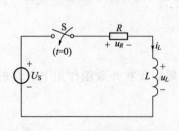

图 8.6　RL 零状态电路

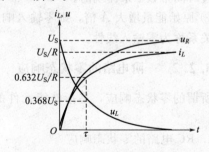

图 8.7　RL 零状态响应波形图

RL 一阶电路零状态响应的规律用数学式可表达为

$$
\left.\begin{aligned}
i_L(t) &= \frac{U_S}{R}(1-\mathrm{e}^{-\frac{t}{\tau}}) \\
u_R(t) &= Ri_L = U_S(1-\mathrm{e}^{-\frac{t}{\tau}}) \\
u_L(t) &= L\frac{\mathrm{d}i_L}{\mathrm{d}t} = U_S\mathrm{e}^{-\frac{t}{\tau}}
\end{aligned}\right\}
\tag{8.7}
$$

8.2.3 一阶电路的全响应

电路中动态元件为非零初始状态，且又有外输入激励，在它们的共同作用下所引起的电路响应称为全响应。因此，全响应可用下式来表达。

全响应＝零输入响应＋零状态响应。

例 8.3 电路如图 8.8 所示，在 $t=0$ 时 S 闭合。已知 $u_C(0_-)=12\mathrm{V}$，$C=1\mathrm{mF}$，$R=1\mathrm{k\Omega}$，$R_L=2\mathrm{k\Omega}$，试求 $t\geqslant0$ 时的 u_C 和 i_C。

解：既然 RC 电路的全响应是由零输入响应和零状态响应两部分构成的，可分别进行求解。

首先求零输入响应 u_C'。

当输入为零时，u_C 将从其初始值 12V 按指数规律衰减，根据式(8.2) 可求得零输入响应为

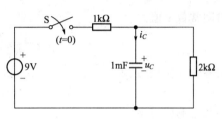

图 8.8 RC 全响应电路

$$
u_C'(t) = 12\mathrm{e}^{-\frac{t}{\tau}}\mathrm{V}
$$

其中

$$
\tau = RC = \frac{1\times2}{1+2}\times10^3\times1\times10^{-3} = \frac{2}{3}(\mathrm{s})
$$

再求零状态响应 u_C''。

电容初始状态为零时，在 9V 电源作用下引起的电路响应可由式(8.6) 求得

$$
u_C''(t) = 6(1-\mathrm{e}^{-\frac{t}{\tau}})\mathrm{V} \quad \text{（其中的时间常数与零输入响应相同）}
$$

因此全响应为

$$
u_C(t) = u_C' + u_C'' = 12\mathrm{e}^{-1.5t} + 6 - 6\mathrm{e}^{-1.5t} = 6 + (12-6)\mathrm{e}^{-1.5t} = 6 + 6\mathrm{e}^{-1.5t}\,(\mathrm{V})
$$

其中第一项是常量 6V，它等于电容电压的稳态值 $u_C(\infty)$，因此也称为全响应的稳态分量；而第二项是按指数规律衰减的，只存在于暂态过程中，因此称为全响应的暂态分量，由此也可把全响应写为

全响应＝稳态分量＋暂态分量

电容支路的电流

$$
i_C(t) = C\frac{\mathrm{d}u_C}{\mathrm{d}t} = 1\times10^{-3}\times\frac{\mathrm{d}(6+6\mathrm{e}^{-1.5t})}{\mathrm{d}t} = 9\mathrm{e}^{-1.5t}\,(\mathrm{mA})
$$

例 8.4 电路如图 8.9(a) 所示。在 $t=0$ 时 S 打开。开关打开前电路已达稳态。已知 $U_S=24\mathrm{V}$，$L=0.6\mathrm{H}$，$R_1=4\Omega$，$R_2=8\Omega$。试求开关 S 打开后电流 i_L 和电压 u_L。

解：由于换路前电路已达稳态，因此电感元件相当于短路，故可得出换路前等效电路如图 8.9(b) 所示。由图 8.9(b) 可求得电流的初始值

$$
i_L(0_+) = i_L(0_-) = \frac{U_S}{R_1} = \frac{24}{4} = 6(\mathrm{A})
$$

根据图 8.9(c) 可求得稳态值

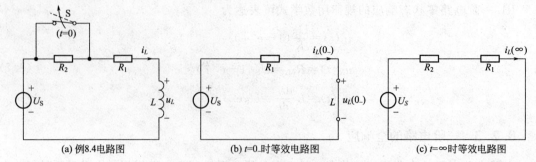

(a) 例8.4电路图　　　　　　(b) t=0_时等效电路图　　　　　　(c) t=∞时等效电路图

图 8.9　例 8.4 电路

$$i_L(\infty)=\frac{U_\mathrm{S}}{R_1+R_2}=\frac{24}{4+8}=2(\mathrm{A})$$

时间常数 τ 值为

$$\tau=\frac{L}{R_1+R_2}=\frac{0.6}{4+8}=0.05(\mathrm{s})$$

则零输入响应 i_L' 为

$$i_L'(t)=6\mathrm{e}^{-20t}(\mathrm{A})$$

零状态响应 i_L'' 为

$$i_L''(t)=2(1-\mathrm{e}^{-20t})(\mathrm{A})$$

全响应为

$$i_L(t)=i_L'+i_L''=6\mathrm{e}^{-20t}+2-2\mathrm{e}^{-20t}=2+4\mathrm{e}^{-20t}(\mathrm{A})$$

根据电感元件上的伏安关系可求得

$$u_L(t)=L\frac{\mathrm{d}i}{\mathrm{d}t}=0.6\frac{\mathrm{d}(2+4\mathrm{e}^{-20t})}{\mathrm{d}t}=-48\mathrm{e}^{-20t}(\mathrm{V})$$

8.2.4　一阶电路暂态分析的三要素法

　　一阶电路的全响应可表述为零输入响应和零状态响应之和，也可表述为稳态分量和暂态分量之和，其中响应的初始值、稳态值和时间常数 τ 称为一阶电路的三要素。

　　一阶电路响应的初始值 $i_L(0_+)$ 和 $u_C(0_+)$，必须在换路前 $t=0_-$ 的等效电路图中进行求解，然后根据换路定律得出；如果是其他各量的初始值，则应根据 $t=0_+$ 的等效电路图去进行求解。

　　一阶电路响应的稳态值均应根据换路后重新达到稳态时的等效电路图进行求解。

　　一阶电路的时间常数 τ 则应在换路后 $t\geqslant0$ 时的等效电路中求解。求解时首先将 $t\geqslant0$ 时的等效电路除源（所有电压源短路，所有电流源开路处理），然后让动态元件断开，并把断开处看作是无源二端网络的两个对外引出端，对此无源二端网络求出其入端电阻 R_0。当电路为 RC 一阶电路时，则时间常数 $\tau=R_0C$；若为 RL 一阶电路，则 $\tau=L/R_0$。

　　将上述求得的三要素代入下式，即可求得一阶电路的任意响应。

$$f(t)=f(\infty)+[f(0_+)-f(\infty)]\mathrm{e}^{-\frac{t}{\tau}} \tag{8.8}$$

　　式(8.8)称为一阶电路任意响应的三要素法一般表达式。应用此式可方便地求出一阶电路中的任意响应。

　　例 8.5　应用一阶电路的三要素法重新求解例 8.3 中的电容电压 u_C。

　　解：首先根据换路定律可得出电容电压的初始值

$$u_C(0_+)=u_C(0_-)=12\mathrm{V}$$

再根据如图 8.10(a) 所示的 $t \geqslant 0$ 时的等效电路图求出电容电压的稳态值

$$u_C(\infty) = 9 \times \frac{2}{1+2} = 6(\mathrm{V})$$

将图 8.10(a) 除源后，求动态元件两端的等效电阻 R_0，由图 8.10(b) 可得

$$R_0 = 1 /\!/ 2 = 2/3(\mathrm{k}\Omega)$$

$$\tau = R_0 C = 2/3 \times 10^3 \times 1 \times 10^{-3} = 2/3(\mathrm{s})$$

将上述求得的三要素值代入式(8.8) 可得

$$u_C(t) = u_C(\infty) + [u_C(0_+) - u_C(\infty)] \mathrm{e}^{-1.5t}$$
$$= 6 + (12 - 6) \mathrm{e}^{-1.5t}$$
$$= 6 + 6\mathrm{e}^{-1.5t}(\mathrm{V})$$

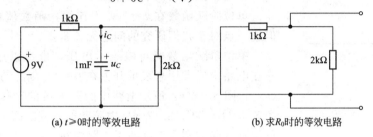

(a) $t \geqslant 0$ 时的等效电路   (b) 求 R_0 时的等效电路

图 8.10 例 8.5 等效电路图

例 8.6 应用一阶电路的三要素法重新求解例 8.4 中的电感电流 i_L。

解： 例 8.4 前三步已求得电路的三要素，直接代入到式(8.8) 可得

$$i_L(t) = i_L(\infty) + [i_L(0_+) - i_L(\infty)] \mathrm{e}^{-20t}$$
$$= 2 + [6 - 2] \mathrm{e}^{-20t}$$
$$= 2 + 4\mathrm{e}^{-20t}(\mathrm{A})$$

计算结果与例 8.4 完全相同，所不同的是计算步骤大大简化。

●【学习思考】●

(1) 一阶电路的时间常数 τ 由什么来决定，其物理意义是什么？

(2) 一阶电路响应的规律是什么？电容元件上通过的电流和电感元件两端的自感电压有无稳态值，为什么？

(3) 能否说一阶电路响应的暂态分量等于它的零输入响应？稳态分量等于它的零状态响应，为什么？

(4) 一阶电路的零输入响应规律如何，零状态响应规律又如何，全响应的规律呢？

(5) 你能正确画出一阶电路 $t=0_-$ 和 $t=\infty$ 时的等效电路图吗？图中动态元件如何处理？

(6) 何谓一阶电路的三要素，试述其物理意义。试述三要素法中的几个重要环节应如何掌握。

(7) 一阶电路中的 0、0_-、0_+ 三个时刻有何区别，$t=\infty$ 是个什么概念，它们的实质各是什么，在具体分析时如何取值？

8.3 一阶电路的阶跃响应

●【学习目标】●

理解单位阶跃函数的概念及物理意义，明确单位阶跃响应的实质，了解单位阶跃响应在

电路分析中的作用。

8.3.1 单位阶跃函数

在动态电路的暂态分析中，常引用单位阶跃函数，以便描述电路的激励和响应。单位阶跃函数是一种奇异函数，一般用符号 $\varepsilon(t)$ 表示，其定义为

$$\varepsilon(t)=\begin{cases}0 & t\leqslant 0 \\ 1 & t>0\end{cases} \tag{8.9}$$

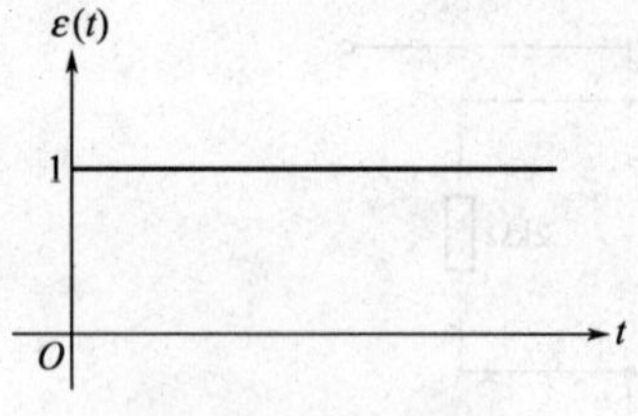

单位阶跃函数的波形如图 8.11 所示。

单位阶跃函数在 $t=0$ 处不连续，函数值由 0 跃变到 1，但这一点对于我们研究的问题无关紧要。

单位阶跃函数既可以表示电压，也可以用来表示电流，它在电路中通常用来表示开关在 $t=0$ 时刻的动作。如图 8.12 (a) 和图 8.12(c) 所示电路中的开关 S 的动作，完全可以用图 8.12(b) 和图 8.12(d) 中阶跃电压或阶跃电流来描述，即单位阶跃函数实质上反映了电路中在 $t=0$ 时刻把一个零状态电路与一个 1V 或 1A 的独立源相接通的开关动作。

图 8.11 单位阶跃函数

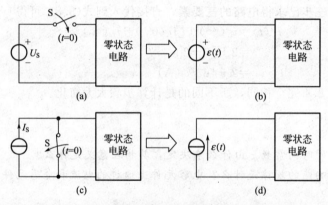

图 8.12 单位阶跃函数表示的开关动作

单位阶跃函数 $\varepsilon(t)$ 表示的是从 $t=0$ 时刻开始的阶跃，如果阶跃发生在 $t=t_0$ 时刻，则可以认为是 $\varepsilon(t)$ 在时间上延迟了 t_0 后得到的结果，此时的阶跃称为延时单位阶跃函数，并记作 $\varepsilon(t-t_0)$，其定义为

$$\varepsilon(t-t_0)=\begin{cases}0 & t\leqslant t_0 \\ 1 & t>t_0\end{cases} \tag{8.10}$$

延时单位阶跃函数的波形如图 8.13 所示。

对于如图 8.14 所示的矩形脉冲波，可以把它看成是由一个 $\varepsilon(t)$ 与一个 $\varepsilon(t-t_0)$ 共同组成的，即

$$f(t)=\varepsilon(t)-\varepsilon(t-t_0)$$

同理，对图 8.15 所示的幅度为 1 的矩形脉冲波，则可表示为

$$f(t)=1(t-t_1)-1(t-t_2)$$

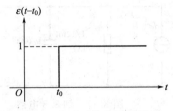

图 8.13 延时单位阶跃函数

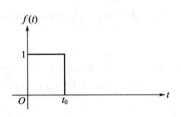

图 8.14 矩形脉冲波

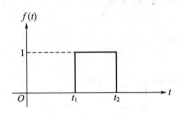
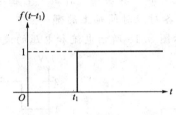
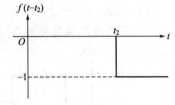

图 8.15 矩形脉冲的组成

8.3.2 单位阶跃响应

零状态电路对单位阶跃信号的响应称为单位阶跃响应，简称阶跃响应，一般用 $S(t)$ 表示。

如前所述，单位阶跃函数 $\varepsilon(t)$ 作用于电路时相当于单位独立源（1V 或 1A）在 $t=0$ 时与零状态电路接通，因此，电路的零状态响应实际上就是单位阶跃响应。只要电路是一阶的，均可采用三要素法进行求解。

例 8.7 电路如图 8.16 所示，已知 $u=5 \cdot 1(t-2)\text{V}$，$u_C(0_+)=10\text{V}$，试求电路响应 i。

解： 利用三要素法求解，首先求 $t=0_+$ 时电流的初始值

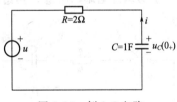

图 8.16 例 8.7 电路

$$i(0_+)=-\frac{10}{2} \cdot 1(t)=-5 \cdot 1(t)(\text{A})$$

再求 $t=2\text{s}$ 时电流的初始值

$$i(2)=\frac{5}{2} \cdot 1(t-2)=2.5 \cdot 1(t-2)(\text{A})$$

RC 一阶电路达到稳态时，电流 $i(\infty)=0$，因此电流只有瞬态分量而没有稳态分量。电路的时间常数

$$\tau=RC=2\times1=2(\text{s})$$

利用三要素法公式可得电流的阶跃响应

$$S(t)=-5\mathrm{e}^{-0.5t} \cdot 1(t)+2.5\mathrm{e}^{-0.5(t-2)} \cdot 1(t-2)(\text{A})$$

由此例可看出，单位阶跃响应的求解方法与一阶电路响应的求解方法类似，把响应公式中的输入改为单位阶跃响应 $\varepsilon(t)$，就可获得该电路的阶跃响应，为表示响应适用的时间范围，在所得结果的后面要乘以相应的单位阶跃函数。

例 8.8 电路如图 8.17 所示，已知 $I_0=3\text{mA}$，试求 $t \geqslant 0$ 时的电容电压 $u_C(t)$。

解： 用三要素法求解。

$$u_C(0_+)=u_C(0_-)=(3+1)\times6=24(\text{V})$$

$$u_C(\infty)=1\times6=6(\text{V})$$

$$\tau = RC = \frac{1}{12} \times 6 = 0.5(\text{s})$$

所以

$$u_C(t) = u_C(\infty) + [u_C(0_+) - u_C(\infty)]e^{-\frac{t}{\tau}}$$
$$= 6 + 18e^{2t} \cdot 1(-t)(\text{V})$$

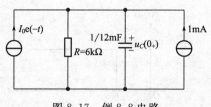

图 8.17　例 8.8 电路

●【学习思考】●

（1）单位阶跃函数是如何定义的，其实质是什么，它在电路分析中有什么作用？

（2）说说 $-t$、$t+2$ 和 $t-2$ 各对应时间轴上的哪一点？

（3）试用阶跃函数分别表示图 8.18 所示电流和电压的波形。

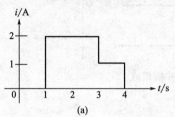
(a)

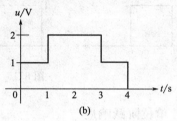
(b)

图 8.18　思考题（3）波形图

8.4　二阶电路的零输入响应

●【学习目标】●

了解二阶电路的概念，熟悉二阶零输入响应的三种情况。

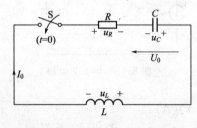

图 8.19　二阶零输入响应电路

一阶电路只含有一个储能元件（电感或电容）。含有两个储能元件的电路需用二阶线性常微分方程来描述，因此称为二阶电路。

图 8.19 所示为 RLC 相串联的零输入响应电路，已知电容电压的初始值 $u_C(0_-) = U_0$，电流的初始值 $i(0_-) = I_0$，在 $t=0$ 时开关 S 闭合，电路中的过渡过程开始，根据 KVL 定律，过渡过程可用下式描述

$$LC\frac{\mathrm{d}^2 u_C}{\mathrm{d}t^2} + RC\frac{\mathrm{d}u_C}{\mathrm{d}t} + u_C = 0$$

显然此式是一个以 u_C 为变量的二阶线性齐次微分方程式，其特征方程为

$$LCS^2 + RCS + 1 = 0$$

$$S = \frac{-R}{2L} + \sqrt{\left(\frac{R}{2L}\right)^2 - \frac{1}{LC}} = -\delta \pm \sqrt{\delta^2 - {\omega_0}^2} \left(\text{其中的 } \delta = \frac{R}{2L}, \omega_0 = \frac{1}{\sqrt{LC}}\right)$$

当电路中出现 $\delta > \omega_0 \left(\text{即 } R > 2\sqrt{\frac{L}{C}}\right)$、$\delta < \omega_0 \left(\text{即 } R < 2\sqrt{\frac{L}{C}}\right)$ 和 $\delta = \omega_0 \left(\text{即 } R = 2\sqrt{\frac{L}{C}}\right)$ 三种关系时，电路的响应将各不相同。

（1）当 $R > 2\sqrt{\frac{L}{C}}$ 时，电路中的电流和电压波形如图 8.20(a) 所示，这种情况称为"过阻尼"状态。过阻尼状态下，电容电压 u_C 单调衰减而最终趋于零，一直处于放电状态；放

电电流 i_C 则从零逐渐增大，达到最大值后又逐渐减小到零，没有正、负交替状况，因此响应是非振荡的。在"过阻尼"状态下，电路既要满足换路定律，还要满足 u_C 和 i_C 最终为零的条件，所以它们不再按指数规律变化了。从能量的角度上看，在 $0\sim t_m$ 阶段，电容器原来储存的电场能量逐渐放出，一部分消耗在电阻上，一部分随着电流上升而使电感储能增加，由于电阻 R 较大，消耗的能量多，电感储存的能量少。在电流增大到对应 t_m 时刻，电场释放的能量满足不了电阻消耗的时候，电流开始下降，即在 $t_m\sim\infty$ 阶段，磁场能量伴随电流的减小开始释放，电场能量和磁场能量一起消耗在电阻 R 上，直到全部耗尽为止。

（2）当 $R<2\sqrt{\dfrac{L}{C}}$ 时，电路中的电流和电压波形如图 8.20(b) 所示，这种情况称为"欠阻尼"状态。欠阻尼状态下，随着电容器的放电，电容电压逐渐下降，电流的绝对值逐渐增大，电场放出的能量一部分转化为磁场能量，另一部分转化为热能消耗于电阻上；在电容放电结束时，电流并不为零，仍按原方向继续流动，但绝对值在逐渐减小。当电流衰减为零时，电容器上又反向充电到一定电压，这时又开始放电，送出反方向的电流。此后，电压、电流的变化与前一阶段相似，只是方向与前阶段相反。由此周而复始地进行充放电，就形成了电压、电流的周期性交变，这种现象称为电磁振荡。在振荡过程中，由于电阻的存在，要不断地消耗能量，所以电压和电流的振幅逐渐减小，直至为零，即电路中的原始能量全部消耗在电阻上后，振荡被终止。这种振荡称为减幅振荡。

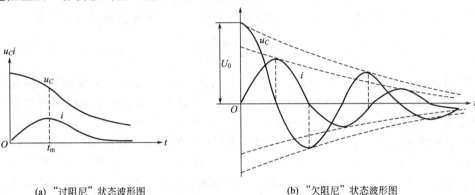

(a) "过阻尼"状态波形图　　　　　　　　　(b) "欠阻尼"状态波形图

图 8.20　"过阻尼"和"欠阻尼"情况下的波形图

减幅振荡现象属于一种基本的电磁现象，在电子技术中得到广泛应用，例如外差式收音机、电视机等。在实际电路中，为了使减幅振荡成为不减幅的振荡，一般常采用另外的晶体管或其他电路来补偿电阻上的损耗。

（3）当 $R=2\sqrt{\dfrac{L}{C}}$ 时，电流和电压的波形仍是非振荡的，其能量转换过程与"过阻尼"状态相同。只是此状态下电路响应临近振荡，故称此时为"临界阻尼"状态。

（4）$R=0$ 是一种理想的电路状态，由于电阻为零，因此电路中没有能量损耗。这种情况下，电容元件通过电感元件反复充放电所达到的电压值始终等于 U_0，因此电路中的电流振幅也不会减小，电场能量与磁场能量之间的相互转换永不停息，这时的振荡就成了按正弦规律变化的等幅振荡。在等幅振荡情况下，两个动态元件上的电抗必然相等，即 $X_L=X_C$，由此可导出 LC 等幅振荡时电路的固有频率为

$$f_0=\frac{1}{2\pi\sqrt{LC}}$$

如果电路中存在电阻，所产生的减幅振荡的频率就与电阻有关，上述公式就不能使用。

以上讨论的情况仅适用于 RLC 串联电路的零输入状态，在恒定输入下的全响应与零输入响应类似，仍按以上三种情况判断电路是否产生振荡。显然，一个电路是否振荡并不取决于何种激励，而是由电路元件的参数所决定的。

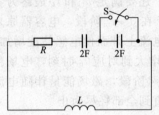

图 8.21　学习思考（2）电路

●【学习思考】●
（1）二阶电路的零输入响应有几种情况，各种情况下响应的表达式如何，条件是什么？

（2）图 8.21 所示电路处于临界阻尼状态，如将开关 S 闭合，问电路将成为过阻尼还是欠阻尼状态？

小　结

（1）由于电感元件和电容元件上的电压和电流是微分或积分的动态关系，因而将它们称为动态元件。在含有动态元件的电路中，发生换路时，一般不能从原来的稳定状态立刻变化到新的稳定状态，而是必须经历一个过渡过程，对过渡过程中响应的分析过程，称为暂态分析。

（2）一阶电路发生换路时，状态变量不能发生跃变，一般遵循换路定律，即

$$u_C(0_+) = u_C(0_-)$$
$$i_L(0_+) = i_L(0_-)$$

（3）只含有一个动态元件的电路可以用一阶微分方程进行描述，因而称为一阶电路。一阶电路的响应既可以只由外加激励引起（零状态响应），也可只由动态元件本身的原始储能引起（零输入响应），还可由二者共同作用引起（全响应）。

（4）时间常数 τ 体现了一阶电路过渡过程进行的快慢程度。对于 RC 一阶电路，$\tau = RC$；对于 RL 一阶电路，$\tau = L/R$。同一电路中只有一个时间常数。式中的 R 等于从动态元件两端看进去的戴维南等效电路中的等效电阻。时间常数 τ 的取值决定于电路的结构和参数。

（5）一阶电路的过渡过程可以用三要素法来求解，一般表达式为

$$f(t) = f(\infty) + [f(0_+) - f(\infty)] e^{-\frac{t}{\tau}}$$

式中，$f(t)$ 为待求响应；$f(\infty)$ 为待求响应的稳态值；$f(0_+)$ 为待求响应的初始值；τ 为电路的时间常数。三要素法使直流激励下的一阶电路的求解过程大大简化，应该熟练掌握。

（6）单位阶跃函数具有一种起始的性质。电路对单位阶跃函数的零状态响应称为阶跃响应，用 $s(t)$ 表示。延迟的阶跃函数激励下的响应也要延迟出现，这就是它的延迟性质。

（7）零输入状态下 RLC 电路过渡过程的性质，取决于电路元件的参数。若

$$R > 2\sqrt{\frac{L}{C}}$$ 时，电路发生非振荡过程，称为"过阻尼"状态；

$$R < 2\sqrt{\frac{L}{C}}$$ 时，电路出现振荡过程，称为"欠阻尼"状态；

$$R = 2\sqrt{\frac{L}{C}}$$ 时，电路为临界非振荡过程，称为"临界阻尼"状态。

当电阻为零时，电路出现等幅振荡。在 RLC 串联的零输入电路中产生振荡的必要条件

是 $R<2\sqrt{\dfrac{L}{C}}$。如果 $R>2\sqrt{\dfrac{L}{C}}$ 或 $R=2\sqrt{\dfrac{L}{C}}$ 时，由于电阻较大，电容放电一次，能量就被电阻消耗殆尽，因此电路不能产生振荡。

实验八　一阶电路的响应测试

一、实验目的
(1) 测定 RC 一阶电路的零输入响应、零状态响应及全响应。
(2) 学习电路时间常数的测量方法。
(3) 掌握有关微分电路和积分电路的概念。

二、原理说明
(1) 动态网络的过渡过程是十分短暂的单次变化过程。要用普通示波器观察过渡过程和测量有关的参数，就必须使这种单次变化的过程重复出现。为此，利用信号发生器输出的方波来模拟阶跃激励信号，即利用方波输出的上升沿作为零状态响应的正阶跃激励信号，利用方波的下降沿作为零输入响应的负阶跃激励信号。只要选择方波的重复周期远大于电路的时间常数 τ，那么在这样的方波序列脉冲信号的激励下，电路的响应就和直流电接通与断开的过渡过程是基本相同的。

(2) 含动态元件的电路，其电路方程为微分方程；用一阶微分方程描述的电路，称一阶电路。图 8.22 所示电路为一阶 RC 电路。

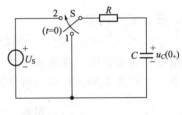

图 8.22　一阶 RC 电路

首先将开关 S 的位置打向 "1"，使电路处于零状态，在 $t=0$ 时刻把开关 S 由位置 "1" 扳向位置 "2"，电路对激励 U_S 的响应为零状态响应，有

$$u_C(t)=U_S-U_S e^{-\frac{t}{RC}}$$

这一暂态过程为电容充电的过程，充电曲线如图 8.23(a) 所示。

若开关 S 的位置首先置于 "2"，使电路处于稳定状态，在 $t=0$ 时刻把开关 S 由位置 "2" 扳向位置 "1"，电路发生的响应为零输入响应，有

$$u_C(t)=U_S e^{-\frac{t}{RC}}$$

这一暂态过程为电容放电的过程，放电曲线如图 8.23(b) 所示。

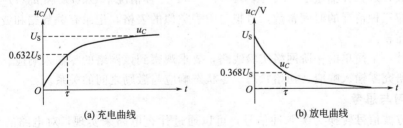

(a) 充电曲线　　　　　　　　　(b) 放电曲线

图 8.23　RC 一阶电路的充、放电曲线

动态电路的零状态响应和零输入响应之和称为全响应。

(3) 动态电路在换路以后，一般经过一段时间的暂态。由于这一过程不是重复的，所以不易用普通示波器来观察其动态过程（普通示波器只能用来观察周期性的波形）。为了能利用普通示波器研究上述电路的充放电过程，可由方波激励实现一阶 RC 电路重复出现的充放电过程。若方波激励的半周期 $T/2$ 与时间常数 $\tau(=RC)$ 之比保持在 5∶1 左右，可使电容

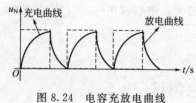

图 8.24 电容充放电曲线

每次充放电的暂态过程基本结束再开始新一次的充放电过程,如图 8.24 所示。

(4) RC 电路充放电的时间常数 τ 可以从示波器观察的响应波形计算出。设时间坐标单位确定,对于充电曲线,幅值由零上升到终值的 63.2% 所需要的时间为时间常数 τ;对于放电曲线,幅值下降到初值的 36.8% 所需要的时间也为时间常数 τ。

(5) 一阶 RC 动态电路在一定条件下可近似构成微分电路和积分电路。当时间常数 τ 远远小于方波周期 T 时,可近似构成图 8.25(a) 所示的微分电路;当时间常数 τ 远远大于方波周期 T 时,可近似构成图 8.25(b) 所示的积分电路。

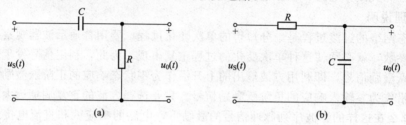

图 8.25 RC 一阶微分电路和积分电路

三、实验内容

(1) 图 8.25(a) 微分电路接至峰-峰值一定、周期一定的方波信号源,调节电阻箱阻值和电容箱的电容值,观察并描绘 $\tau=0.01T$、$\tau=0.2T$ 和 $\tau=T$ 三种情况下 $U_S(t)$ 和 $u_0(t)$ 波形。用示波器测出对应三种情况的时间常数,记录于附表中,并与理论值相比较。

附表 一阶微分电路的研究($T=$　　ms)

参数值		时间常数		波形	
$R/k\Omega$	$C/\mu F$	τ(理论值)	τ(测试值)	$U_S(t)$	$u_0(t)$
		0.01τ			
		0.2τ			
		T			

(2) 图 8.25(b) 积分电路接至峰-峰值一定、周期一定的方波信号源,选取合适的电阻、电容参数,观察并描绘 $\tau=T$、$\tau=3T$ 和 $\tau=5T$ 三种情况下 $U_S(t)$ 和 $u_0(t)$ 波形。用示波器测出对应三种情况的时间常数,自拟与附表类似的表格,记录有关数据和波形,与给定的理论值相比较。

(3) 设计一个简单的一阶网络实验线路,要求观察到该网络的零输入响应、零状态响应和全响应。研究零输入响应、初始状态、零状态响应与激励之间的关系。

四、预习与思考

(1) 将方波信号转换为尖脉冲信号,可以通过什么电路来实现,对电路的参数有什么要求?

(2) 为什么说本实验中所介绍的 RC 微分、积分电路是近似的微分、积分电路,最大误差在什么地方?

(3) 将方波信号转换成三角波信号,可以通过什么电路来实现,对电路参数有什么要求?

(4) 完成实验内容所要求的数据记录和表格拟定。

(5) 完成实验要求的电路设计,并做出相应的理论分析。

(1) 普通双踪示波器一台。

(2) 函数信号发生器一台。

(3) 电阻箱一台。

(4) 电容箱一台。

习　题

8.1　图 8.26 所示各电路已达稳态，开关 S 在 $t=0$ 时动作，试求各电路中的各元件电压的初始值。

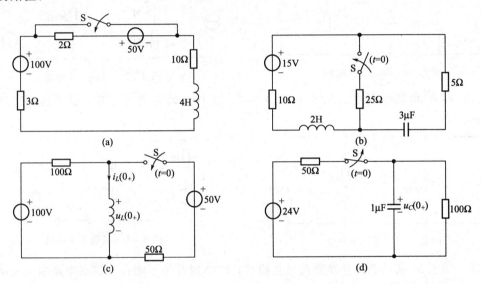

图 8.26　习题 8.1 电路

8.2　图 8.27 所示电路在 $t=0$ 时开关 S 闭合，闭合开关之前电路已达稳态。求 $u_C(t)$。

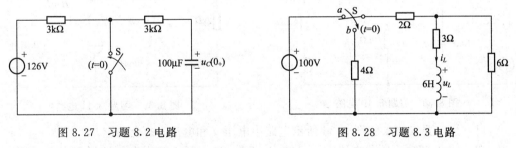

图 8.27　习题 8.2 电路　　　　　　　图 8.28　习题 8.3 电路

8.3　图 8.28 所示电路在开关 S 动作之前已达稳态，在 $t=0$ 时由位置 a 投向位置 b。求过渡过程中的 $u_L(t)$ 和 $i_L(t)$。

8.4　在图 8.29 所示电路中，$R_1=R_2=100\text{k}\Omega$，$C=1\mu\text{F}$，$U_S=3\text{V}$，开关 S 闭合前电容元件上原始储能为零，试求开关闭合后 0.2s 时电容两端的电压为多少？

8.5　在图 8.30 所示电路中，$R_1=6\Omega$，$R_2=2\Omega$，$L=0.2\text{H}$，$U_S=12\text{V}$，换路前电路已达稳态，$t=0$ 时开关 S 闭合。求响应 $i_L(t)$，并求出电流达到 4.5A 时需用的时间。

8.6　图 8.31 所示电路在换路前已达稳态。试求开关 S 闭合后开关两端的电压 $u_K(t)$。

8.7　图 8.32 所示电路在开关 S 闭合前已达稳态，试求换路后电路的全响应 $u_C(t)$，并画出它的曲线。

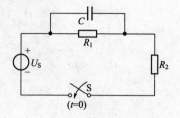

图 8.29 习题 8.4 电路

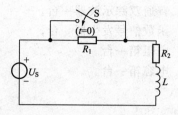

图 8.30 习题 8.5 电路

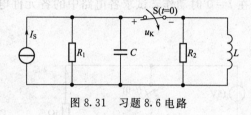

图 8.31 习题 8.6 电路

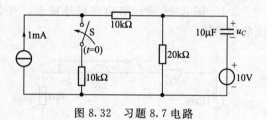

图 8.32 习题 8.7 电路

8.8 图 8.33 所示电路，已知 $i_L(0_-)=0$，在 $t=0$ 时开关 S 打开，试求换路后的零状态响应 $i_L(t)$。

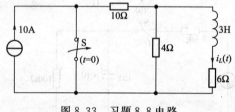

图 8.33 习题 8.8 电路

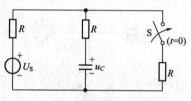

图 8.34 习题 8.9 电路

8.9 图 8.34 所示电路在换路前已达稳态，$t=0$ 时开关 S 闭合。试求电路响应 $u_C(t)$。

8.10 图 8.35 所示电路在换路前已达稳态，$t=0$ 时开关 S 动作。试求电路响应 $u_C(t)$。

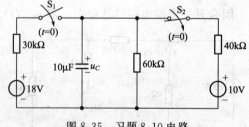

图 8.35 习题 8.10 电路

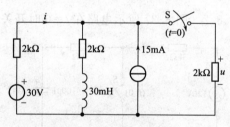

图 8.36 习题 8.11 电路

8.11 用三要素法求解图 8.36 所示电路中电压 u 和电流 i 的全响应。

8.12 图 8.37(a) 所示电路中，已知 $R=5\Omega$，$L=1$H，输入电压波形如图 8.37(b) 所示，试求电路响应 $i_L(t)$。

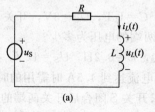

(a)

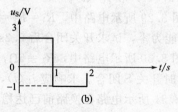

(b)

图 8.37 习题 8.12 电路及电源电压波形图

第 9 章

非正弦周期电流电路

前面讨论的交流电路中，电压和电流都是按正弦规律变化的，因此称为正弦交流电路。工程上还有很多不按正弦规律变化的电压和电流，例如在无线电工程及通信技术中，由语言、音乐、图像等转换过来的电信号，自动控制技术以及电子计算机中使用的脉冲信号，非电测量技术中由非电量变换过来的电信号等，都不是按正弦规律变化的信号。即使在电力工程中应用的正弦电压，严格地讲，也只是近似的正弦波，而且在发电机和变压器等主要设备中都存在非正弦周期电压或电流。含有非正弦周期电压和电流的电路称为非正弦周期电流电路。

无论是分析电力系统的工作状态还是分析电子工程技术中的问题，常常都需要考虑非正弦周期电压和电流的作用。因此，对非正弦周期电流电路的分析和研究是十分必要的。前面讲述的电路基本定律仍然适用于非正弦周期电流电路。

非正弦周期信号有着各种不同的变化规律，直接应用正弦交流电路中的相量分析法分析和计算非正弦周期电流电路显然是不行的。如何分析和计算非正周期信号作用下的电流电路，是摆在我们面前的新问题。为此，本章将引入非正弦周期信号激励用于线性电路的一种分析方法——谐波分析法，它实质上是正弦电流电路分析方法的推广。我们还要详细讨论非正弦周期量的波形与它所包含的谐波成分之间的关系，在这些研究的基础上，进一步讨论非正弦周期信号作用下线性电路的计算方法。

【本章教学要求】

理论教学要求：了解非正弦周期量与正弦周期量之间存在的特定关系；理解和掌握非正弦周期信号的谐波分析法；明确非正弦周期量的有效值与各次谐波有效值的关系及平均功率计算式；掌握简单线性非正弦周期电流电路的分析与计算方法。

实验教学要求：利用电工实验装置上的直流电压源和信号发生器，分别取一个直流电压和一个正弦交流电压连接在电路中，用双踪示波器进行观察；让上述两电源共同作用于一个自己设计的电路中，观察元件两端电压的波形和元件中通过的电流波形，并加以说明；练习描绘非正弦周期波的波形曲线。

9.1 非正弦周期信号

●【学习目标】●

理解非正弦周期信号与一系列不同频率的正弦波信号之间的关系，掌握谐波的概念。

9.1.1 非正弦周期信号的产生

当电路中激励是非正弦周期信号时，电路中的响应也是非正弦的。例如实验室里的信号发生器，除了产生正弦波信号，还能产生方波信号和三角波信号等，如图 9.1 所示。

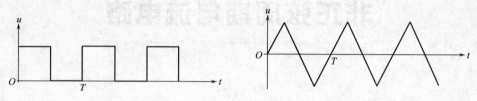

图 9.1　信号发生器产生的波形

这些非正弦周期信号加到电路中，在电路中产生的电压和电流当然也是非正弦波。

若一个电路中同时有几个不同频率的正弦激励共同作用，电路中的响应一般也不是正弦量。例如晶体管交流放大电路，它工作时既有为静态工作点提供能量的直流电源，又有需要传输和放大的正弦输入信号，则放大电路中的电流既不是直流，也不是正弦交流，而是非正弦周期电流。

电路中含有非线性元件时，即使激励是正弦量，电路中的响应也可能是非正弦周期函数。例如半波整流电路，加在输入端的电压是正弦量，但是通过非线性元件二极管时，正弦量的负半波被削掉，输出成为非正弦的半波整流；另外在正弦激励下，通过铁芯线圈中的电流一般也是非正弦波。

非正弦周期信号的波形变化具有周期性，这是它们的共同特点。

9.1.2 非正弦周期信号

图 9.2(a) 中的粗黑实线所示方波是一种常见的非正弦周期信号，图中虚线所示的 u_1 是一个与方波同频率的正弦波，显然，两个波的形状相差甚远。图中虚线所示还有一个振幅是 u_1 的 1/3、频率是 u_1 的三倍的正弦波 u_3，将这两个正弦波进行叠加，可得到一个如图 9.2(a) 中细实线所示的合成波 u_{13}，这个 u_{13} 与 u_1 相比，波形的形状就比较接近方波了。

如果再在 u_{13} 上叠加一个振幅是 u_1 的 1/5、频率是 u_1 的 5 倍的正弦波 u_5，如图 9.2(b) 中虚线所示两波形，又可得到如图中细实线所示的合成波 u_{135}，这个 u_{135} 显然更加接近方波的波形。依此类推，把振幅为 u_1 的 1/7、1/9……与 u_1 的高频率正弦波继续叠加到合成波 u_{135}、u_{1357}……最终的合成波肯定与图中方波完全相同了。

此例说明，一系列振幅不同，频率成整数倍的正弦波，叠加后可构成一个非正弦周期波

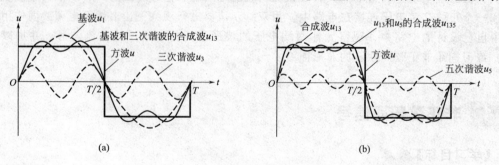

图 9.2　方波电压的合成

（方波）。我们把这些频率不同的正弦波称为非正弦周期波的谐波，其中 u_1 的频率与方波相同，称为方波的基波，是构成方波的基本成分；其余的叠加波按照频率为基波的 K 倍而分别称为 K 次谐波，如 u_3 称为方波的三次谐波、u_5 称为方波的五次谐波等。K 为奇数的谐波称为奇次谐波，K 为偶数的谐波称为偶次谐波；基波也可称作一次谐波，高于一次谐波的正弦波均可称为高次谐波。

既然各次谐波可以合成为一个非正弦周期波，反之，一个非正弦周期波亦可分解为无限多项谐波成分，这个分解的过程称为谐波分析，谐波分析的数学基础是傅里叶级数。

●【学习思考】●

（1）电路中产生非正弦周期波的原因是什么？试举例说明。

（2）有人说："只要电源是正弦的，电路中各部分的响应也一定是正弦波。"这种说法对吗？

（3）试述基波、高次谐波、奇次谐波、偶次谐波的概念。

（4）稳恒直流电和正弦交流电有谐波吗？什么样的波形才具有谐波？试说明。

9.2 谐波分析和频谱

●【学习目标】●

理解非正弦周期信号谐波分析的概念，了解常遇到的非正弦周期信号及谐波表达式，熟悉频谱的概念，掌握波形的对称性与谐波成分的关系，理解波形平滑性的概念。

非正弦周期信号有各自的变化规律，为了能从这些不同的变化规律中寻找它们和正弦周期信号之间的固有关系，就需对非正弦周期信号进行谐波分析和频谱分析，以便弄清它们是由哪些频率成分构成，以及各个频率分量所占的比例等。这些问题搞清楚后，就可以在非正弦周期信号的分析和计算中引入正弦电路的计算方法，从而使问题大大简化。

9.2.1 非正弦周期信号的傅里叶级数表达式

由上节内容可知，方波实际上是由振幅按 1、1/3、1/5、…规律递减，频率按基波的 1、3、5、…奇数倍递增的一系列正弦谐波分量所合成的。方波的谐波分量表达式为

$$u = U_m \sin\omega t + \frac{1}{3} U_m \sin 3\omega t + \frac{1}{5} U_m \sin 5\omega t + \frac{1}{7} U_m \sin 7\omega t + \cdots\cdots \tag{9.1}$$

谐波表达式在数学上也称为傅里叶级数展开式，其中的 $\omega = \frac{2\pi}{T}$，是非正弦周期信号基波的角频率，T 为非正弦周期信号的周期。

具有其他波形的非正弦周期信号也都是由一系列正弦谐波分量所合成的。但是，不同的非正弦周期信号波形，它们所包含的各次谐波成分在振幅和相位上也各不相同。所谓谐波分析，就是对一个已知波形的非正弦周期信号，找出它所包含的各次谐波分量的振幅和初相，写出其傅里叶级数表达式的过程。

我们把电工电子技术中经常遇到的一些非正弦周期信号所具有的波形和谐波成分列于表9.1中，而对于它们的傅里叶级数求解步骤，在此就不一一赘述了。

表 9.1 一些典型非正弦周期信号的波形及其傅里叶级数

序 号	$f(t)$的波形图	$f(t)$的傅里叶级数表达式
1		$f(t)=\dfrac{4A}{\pi}\left(\sin\omega t+\dfrac{1}{3}\sin3\omega t+\dfrac{1}{5}\sin5\omega t+\cdots\cdots\right)$
2		$f(t)=\dfrac{8A}{\pi^2}\left(\sin\omega t-\dfrac{1}{9}\sin3\omega t+\dfrac{1}{25}\sin5\omega t-\cdots\cdots\right)$
3		$f(t)=\dfrac{A}{2}-\dfrac{A}{\pi}\left(\sin2\omega t+\dfrac{1}{2}\sin4\omega t+\dfrac{1}{3}\sin6\omega t+\cdots\cdots\right)$
4		$f(t)=\dfrac{4A}{\pi}\left(\dfrac{1}{2}-\dfrac{1}{3}\cos2\omega t-\dfrac{1}{15}\cos4\omega t-\dfrac{1}{35}\cos6\omega t-\cdots\cdots\right)$
5		$f(t)=\dfrac{2A}{\pi}\left(\dfrac{1}{2}+\dfrac{\pi}{4}\cos\omega t-\dfrac{1}{3}\cos2\omega t-\dfrac{1}{15}\cos4\omega t-\cdots\cdots\right)$
6		$f(t)=\dfrac{2A}{\pi}\left(\sin\omega t-\dfrac{1}{2}\sin2\omega t+\dfrac{1}{3}\sin3\omega t-\cdots\cdots\right)$
7		$f(t)=\dfrac{8A}{\pi^2}\left(\cos\omega t+\dfrac{1}{9}\cos3\omega t+\dfrac{1}{25}\cos5\omega t+\cdots\cdots\right)$
8		$f(t)=A\left[\dfrac{1}{2}+\dfrac{2}{\pi}\left(\sin\omega t+\dfrac{1}{3}\sin3\omega t+\dfrac{1}{5}\sin5\omega t+\cdots\cdots\right)\right]$

9.2.2 非正弦周期信号的频谱

非正弦周期信号虽然可以展开成傅里叶级数，但是看起来不够直观，不能一目了然。为了能够更直观地表示出一个非正弦周期信号中包含哪些频率分量，每一个分量的相对幅度有多大，常常采用如图9.3(a)所示的频谱图进行说明。

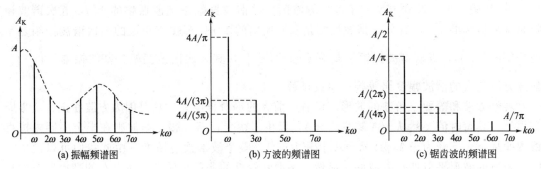

图9.3 振幅频谱图及方波、锯齿波的频谱图

频谱图的画法如下。建立直角坐标系，横轴表示频率或角频率，纵轴表示非正弦周期信号的振幅。用一些长度与基波和各次谐波振幅大小相对应的线段，按频率的高低顺序依次排列，如图9.3(a)所示。图中每一条谱线代表一个相应频率的谐波分量，谱线的高度代表这一谐波分量的振幅，谱线所在的横坐标位置代表这一谐波分量的频率。将各条谱线的顶点连接起来的曲线（虚线所示），称为振幅的包络线。由振幅频谱图可直观地看出非正弦周期信号包含了哪些谐波分量以及每个分量所占的"比重"，例如图9.3(b)和图9.3(c)所示的方波、锯齿波的频谱图，这种频谱称为振幅频谱。

9.2.3 波形的对称性与谐波成分的关系

谐波分析是根据已知波形来进行的。非正弦周期信号的波形本身，就决定了这个信号含有哪些频率的谐波以及这些谐波的幅度与相位。实际问题中遇到的各种不同波形的周期信号，在某些特殊情况下，根据给出的波形用直观的方法就可判断出它所含有的谐波成分，因此就不必对它进行具体的谐波分析，从而给所研究的问题带来了方便。

非正弦周期波含有的谐波成分，按频率可分为两类：一类是频率为基波频率的1、3、5、…倍的谐波，称为奇次谐波；另一类是频率为基波频率的2、4、6、…倍的谐波，称为偶次谐波。有些周期信号中还存在着一定的直流成分，称为零次谐波，零次谐波也属于偶次谐波。

观察表9.1中所示的1、2、7三种非正弦周期波的波形，发现它们的共同特点是波形的后半周与波形的前半周具有镜像对称关系，因此这些波形具有奇次对称性。具有奇次对称性的周期信号只具有奇次谐波成分，不存在直流成分以及偶次谐波成分。表9.1中的波形8，当横轴向上移动$A/2$时，就成为方波，因此它除了具有奇次谐波，还具有直流成分。表9.1中所示的3、4两种波形，它们的共同特点是波形的后半周完全重复波形前半周的变化，具有偶次对称性。具有偶次对称性的非正弦周期信号的谐波，除了含有恒定的直流成分以外，还包含一系列的偶次谐波，而没有奇次谐波成分。

综上所述，具有偶次对称性的非正弦周期信号的傅里叶级数中包含直流成分和各偶次谐波成分；具有奇次对称性的非正弦周期信号的傅里叶级数中仅包含奇次谐波成分。而不具有上述两种对称性的半波整流，既有奇次谐波分量又有偶次谐波分量。

9.2.4 波形的平滑性与谐波成分的关系

从表 9.1 中还可看出，不同的波形，各次谐波分量之间幅度的比例也不同。如锯齿波的四次谐波振幅是二次谐波振幅的 1/2，而正弦全波整流的四次谐波振幅是二次谐波振幅的 1/5。再比较一下方波和等腰三角波，方波的三次谐波振幅是基波振幅的 1/3，五次谐波振幅是基波振幅的 1/5，其 n 次谐波振幅是基波振幅的 $1/n$；等腰三角波的三次谐波振幅是基波振幅的 $\left(\dfrac{1}{3}\right)^2$，五次谐波振幅是基波振幅的 $\left(\dfrac{1}{5}\right)^2$，其 n 次谐波振幅是基波振幅的 $\left(\dfrac{1}{n}\right)^2$。显然方波包含的谐波幅度比等腰三角波显著。

观察方波和等腰三角波的波形，可看出前者的平滑程度差。这是因为方波在正、负半周交界处，其瞬时值突然从 $+A$ 陡变为 $-A$，发生了跳变；而等腰三角波则在半个周期内按直线规律从 $+A$ 下降为 $-A$，或从 $-A$ 上升为 $+A$，整个波形没有跳变。由此我们可以说，等腰三角波的波形平滑性较方波好。显然，平滑性较好的非正弦周期波所含有的高次谐波成分相应较小。由此我们又可得出一个结论：一个非正弦周期信号所包含的高次谐波的幅度是否显著，取决于波形的平滑程度。

波形的平滑性对电路的影响可从两个方面阐述：在输出直流电压或要求输出正弦信号的场合，高次谐波成为不利因素，因此要设法排除，这时我们要尽量提高输出波形的平滑度；在另一些场合下，我们希望得到一种极不平滑的波形，以便利用它所含有的大量不同频率的高次谐波成分，这时我们就应尽量减小输出波形的平滑度。

通信技术中载波机上的谐波发生器，就是一个利用大量高次谐波进行工作的例子。为了将不同话路的话音信号加在不同的载波频率上，先要用振荡器来产生所需的载波频率。但每一条话路设置一个振荡器显然很不经济，所以一般使用谐波振荡器来产生载波。谐波振荡器中只有一个振荡器，用它来产生具有一定频率的正弦波。当正弦波通过非线性元件之后，就变成了周期性的双向尖顶窄脉冲。这些双向的尖顶窄脉冲具有奇次对称性，跳变幅度很大且持续时间又短，因此平滑度极差，其中包含了大量的振幅相差不多的奇次谐波。将这些双向尖顶窄脉冲进行全波整流，得到的单方向尖顶窄脉冲又具有偶次对称性质，其中含有一系列丰富的偶次谐波。利用滤波器将这些不同频率的谐波分开之后，即成为谐波发生器的输出信号。这些不同频率的高次谐波信号分别被用来作为各个不同话路的载波频率，由此可节省不少的振荡器。

●【学习思考】●

(1) 非正弦周期信号电流，其中基波分量为 i_1，二次谐波分量为 i_2，三次谐波分量为 i_3，则下列两式哪个是正确的，为什么？

① $i = i_1 + i_2 + i_3$；② $\dot{I} = \dot{I}_1 + \dot{I}_2 + \dot{I}_3$。

(2) 非正弦周期信号的谐波表达式是什么形式，其中每一项的意义是什么？

(3) 举例说明什么是奇次对称性，什么是偶次对称性？波形具有偶半波对称时是否一定有直流成分？何谓波形的平滑性，它与谐波成分有什么关系？方波和等腰三角波的三次谐波相比，哪个较大，为什么？

(4) 脉冲技术中常说："方波的前沿和后沿代表高频成分。"你如何理解这句话？

9.3 非正弦周期信号的有效值、平均值和平均功率

●【学习目标】●

熟悉非正弦周期信号有效值的计算式，了解它与正弦量有效值的区别和联系；熟悉非正弦量平均值的含义及计算方法；掌握非正弦量平均功率的意义及计算式。

9.3.1 非正弦周期量的有效值和平均值

非正弦周期量的有效值，在数值上等于与它热效应相同的直流电的数值。这一点说明它的有效值的定义与正弦量有效值的定义相同。

假设一个非正弦周期电流为已知

$$i = I_0 + \sqrt{2}I_1\sin(\omega t + \varphi_1) + \sqrt{2}I_2\sin(2\omega t + \varphi_2) + \cdots\cdots$$

式中的 I_0 为直流分量；I_1、I_2、…为各次谐波的有效值。经数学推导，非正弦周期量的有效值等于它的各次谐波有效值的平方和的开方，即

$$I = \sqrt{I_0^2 + I_1^2 + I_2^2 + \cdots\cdots} \tag{9.2}$$

非正弦量的有效值也可以直接用仪表来测量，例如用电磁式、电动式等仪表都可以测出它的有效值。但是当我们用晶体管或电子管伏特计来测量非正弦周期量时，就必须注意，由于这种仪器经常测量的是正弦量，因此常常把最大值除以 $\sqrt{2}$，直接换算成有效值刻在表盘上，测非正弦量时，这种伏特计的读数并不是待测量的有效值。为此，我们引入非正弦周期量的平均值的概念。

一般规定，正弦量的平均值按半个周期计算，而非正弦周期量的平均值要按一个周期计算。因为正弦量在一个周期内的平均值为零，但半个周期内的平均值则不为零，其值

$$I_{av} = \frac{2}{\pi}I_m = 0.637I_m$$

这个平均值的计算公式在非正弦量半波整流或全波整流电路中都是有用的。对于非正弦周期信号，其平均值可按傅里叶级数分解后，求其恒定分量（即零次谐波），即非正弦周期信号在一个周期内的平均值就等于它的恒定分量。用数学式可表达为

$$I_{av} = \frac{1}{T}\int_0^T |i(t)|\,\mathrm{d}t \tag{9.3}$$

非正弦周期信号的一些特点，在某种程度上可用波形因数和波顶因数来描述。

波形因数是非正弦周期量的有效值与平均值之比，即

$$K_f = \frac{\text{有效值}}{\text{平均值}}$$

波顶因数等于非正弦周期量的最大值与有效值之比，即

$$K_A = \frac{\text{最大值}}{\text{有效值}}$$

这两个因数均大于 1，一般情况下 $K_A > K_f$。当非正弦周期量的波形顶部越尖时，这两个因数越大；而非正弦周期量的波形顶部越平时，这两个因数则越小。

9.3.2 非正弦周期量的平均功率

非正弦周期量通过负载时，负载上也要消耗功率，此功率与非正弦量的各次谐波有关。

理论计算证明：只有同频率的电压和电流谐波分量（包括直流电压和直流电流）才能构成平均功率。换言之，不同频率的电压和电流，不能产生平均功率。非正弦量的平均功率表达式为

$$P = U_0 I_0 + U_1 I_1 \cos\varphi_1 + U_2 I_2 \cos\varphi_2 + \cdots\cdots$$
$$= P_0 + P_1 + P_2 + \cdots\cdots \tag{9.4}$$

式中的第一项 P_0 表示零次谐波响应所构成的有功功率，第二项以后均表示同频率的各次谐波电压和电流构成的有功功率。显然除 P_0 外，其他各次谐波分量有功功率的计算方法与正弦交流电路中所用的方法完全相同。式中的 φ_1、φ_2、…为各次谐波电压与电流的相位差。由式(9.4)可知，非正弦周期量的平均功率就等于它的各次谐波所产生的平均功率之和。

例 9.1 已知有源二端网络的端口电压和电流分别为

$$u = 50 + 85\sin(\omega t + 30°) + 56.6\sin(2\omega t + 10°)\,\mathrm{V}$$
$$i = 1 + 0.707\sin(\omega t - 20°) + 0.424\sin(2\omega t + 50°)\,\mathrm{A}$$

求该电路所消耗的平均功率。

解： 电路中的电压和电流分别包括零次谐波、一次谐波和二次谐波，因此其平均功率为

$$P = 50 \times 1 + \frac{85 \times 0.707}{2}\cos[30° - (-20°)] + \frac{56.6 \times 0.424}{2}\cos[10° - (50°)]$$
$$= 50 + 19.3 + 9.2$$
$$= 78.5\,(\mathrm{W})$$

●【学习思考】●

(1) 非正弦周期量的有效值和正弦周期量的有效值在概念上是否相同？其有效值与它的最大值之间是否也存在 $\sqrt{2}$ 倍的数量关系？其有效值计算式与正弦量有效值计算式有何不同？

(2) 何谓非正弦周期函数的平均值？如何计算？

(3) 非正弦周期函数的平均功率如何计算？不同频率的谐波电压和电流能否构成平均功率？

9.4 非正弦周期信号作用下的线性电路分析

●【学习目标】●

了解在一定条件下，非正弦周期信号作用下的线性电路的分析方法，掌握其简单计算。

非正弦周期信号具有各种各样的波形，看起来很复杂，把其加在线性电路后再来计算电路中的响应似乎相当困难。但在学习和掌握了非正弦周期电流电路的谐波分析法之后，就可在一定条件下将一个非正弦周期信号转化为一系列正弦谐波分量。换言之，非正弦周期信号虽然是非正弦的，但它的谐波分量却是正弦的，因此对于每一个正弦谐波分量而言，正弦交流电路中所介绍的相量分析法仍适用。用相量分析法求出各次正弦谐波分量的响应，根据线性电路的叠加性把各次谐波响应的结果进行叠加，即可求出非正弦周期电流电路的响应。具体计算时应掌握以下几点。

(1) 当直流分量单独作用时，遇电容元件按开路处理，遇电感元件按短路处理。

(2) 当任意一次正弦谐波分量单独作用时，电路的计算方法与单相正弦交流电路的计算

方法完全相同。必须注意的是，对不同频率的谐波分量，电容元件和电感元件上所呈现的容抗和感抗各不相同，应分别加以计算。

（3）用相量分析法计算出来的各次谐波分量的结果一般是用复数表示的，不能直接进行叠加。必须要把它们化为瞬时值表达式后才能进行叠加。不同频率的复数也不能画在同一个相量图上，当然也不能把它们直接相加减。

例9.2 将图9.4（a）所示方波电压加在一个电感元件两端。已知 $L=20\mathrm{mH}$，方波电压的周期 $T=10\mathrm{ms}$，幅值为 $5\mathrm{V}$，试求通过电感元件的电流，并画出电流的波形图。

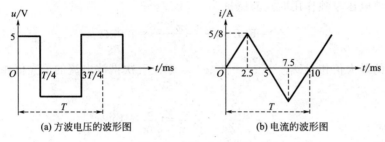

(a) 方波电压的波形图　　(b) 电流的波形图

图 9.4　例 9.2 波形图

解：图 9.4（a）所示方波电压的波形与表 9.1 中方波的波形相比，只是纵坐标向左移了四分之一周期，最大值等于 5V，因此其谐波表达式可直接写出

$$u=\frac{20}{\pi}\Big[\sin\omega(t+\frac{\pi}{2})+\frac{1}{3}\sin3\omega(t+\frac{\pi}{2})+$$

$$\frac{1}{5}\sin5\omega(t+\frac{\pi}{2})+\cdots\cdots\Big]\mathrm{V}$$

考虑到 $\omega=\frac{2\pi}{T}$ 以及三角公式

$$\sin(\alpha+\frac{\pi}{2})=\cos\alpha$$

$$\sin(\alpha+\frac{3\pi}{2})=-\cos\alpha$$

故上式又可表达为

$$u=\frac{20}{\pi}(\cos\omega t-\frac{1}{3}\cos3\omega t+\frac{1}{5}\cos5\omega t-\cdots\cdots)\mathrm{V}$$

然后对各次谐波分别进行计算。当一次谐波电压单独作用时，电感元件对基波所呈现的感抗

$$Z_1=\mathrm{j}\omega_1 L=\mathrm{j}\frac{2\pi\times20}{10}=\mathrm{j}4\pi(\Omega)$$

基波电压的最大值相量 $\dot{U}_{\mathrm{m1}}=\mathrm{j}\dfrac{20}{\pi}\mathrm{V}$，于是基波电流的最大值相量为

$$\dot{I}_{\mathrm{m1}}=\frac{\dot{U}_{\mathrm{m1}}}{Z_1}=\frac{\mathrm{j}\dfrac{20}{\pi}}{\mathrm{j}4\pi}=\frac{5}{\pi^2}(\mathrm{A})$$

对应的解析式为

$$i_1=\frac{5}{\pi^2}\sin\omega t\,\mathrm{A}$$

当三次谐波电压单独作用时，其感抗

$$Z_3=\mathrm{j}3\omega L=\mathrm{j}\frac{3\times2\pi\times20}{10}=\mathrm{j}12\pi(\Omega)$$

三次谐波电压的最大值相量 $\dot{U}_{m3}=-j\dfrac{20}{3\pi}V$，于是三次谐波电流的最大值相量为

$$\dot{I}_{m3}=\frac{\dot{U}_{m3}}{Z_3}=\frac{-j\dfrac{20}{3\pi}}{j12\pi}=-\frac{5}{9\pi^2}(A)$$

对应的解析式为

$$i_3=-\frac{5}{9\pi^2}\sin3\omega t\ A$$

当五次谐波电压单独作用时，其感抗

$$Z_5=j5\omega L=j\frac{5\times2\pi\times20}{10}=j20\pi\Omega$$

五次谐波电压的最大值相量 $\dot{U}_{m5}=j\dfrac{20}{5\pi}=j4/\pi\ V$，于是五次谐波电流的最大值相量为

$$\dot{I}_{m5}=\frac{\dot{U}_{m5}}{Z_5}=\frac{j\dfrac{4}{\pi}}{j20\pi}=\frac{5}{25\pi^2}(A)$$

对应的解析式为

$$i_5=\frac{5}{25\pi^2}\sin5\omega t\ A$$

其他更高次谐波均可依此方法计算出来。实际工程应用中，一般计算至 3～5 次谐波就可以了。将上述求解结果用它们的瞬时值表达式叠加起来，就构成了电感中电流的傅里叶级数表达式，即

$$i=\frac{5}{\pi^2}\left(\sin\omega t-\frac{1}{9}\sin3\omega t+\frac{1}{25}\sin5\omega t-\cdots\cdots\right)A$$

参照表 9.1 可知，电流是一个等腰三角波，其峰值 $A=\dfrac{5}{8}A$，电流波形如图 9.4（b）所示。

此例说明，在非正弦周期信号作用下，电感两端的电压与其中的电流具有不同的波形。原因是电感元件对各次谐波呈现的感抗各不相同，谐波频率越高呈现的感抗值越大，则电感中电流的幅度就会相应减小。显然，电感元件中的电流波形总是比电压波形的平滑性要好一些。

图 9.5(a) 所示电路为 π 型低通滤波器，其中的电容 C_1 和 C_2 对信号的高次谐波有很大的分流作用，L 对高次谐波呈现的感抗较大，所以通过负载 R_L 上的电流主要是直流和低次谐波成分。如图 9.5(b) 所示电路为 π 型高通滤波器，其中的电感 L_1 和 L_2 对信号直流和低次谐波近似短路，C 可以阻碍低次谐波电流通过负载，所以负载 R_L 上的电流主要为高次谐波。

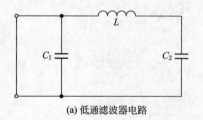
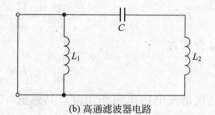

(a) 低通滤波器电路　　　　　　　　　　　　(b) 高通滤波器电路

图 9.5　常用的滤波器电路

●【学习思考】●

（1）对非正弦周期信号作用下的线性电路应如何计算，计算方法根据什么原理？若已知基波作用下的复阻抗 $Z=30+\text{j}20\Omega$，求在三次和五次谐波作用下负载的复阻抗又为多少？

（2）某电压 $u=30+60\sin314t\text{V}$，接在 $R=3\Omega$，$L=12.7\text{mH}$ 的 RL 串联电路上，求电流有效值和电路中所消耗的功率。

小 结

（1）非正弦周期信号均可分解为一系列振幅按一定规律递减、频率成整数倍增加的正弦谐波分量，正确找出非正弦周期量的各次谐波的过程称为谐波分析法。谐波表达式的形式是傅里叶级数。

频谱是描述非正弦周期信号特性的一种方式，一定形状的波形与一定结构的频谱相对应。非正弦周期信号的频谱是离散频谱。

（2）非正弦周期信号各次谐波的存在与否与波形的对称性有关。直流分量 A_0 是一个周期内的平均值，与计时起点的选择无关。

① $f(t)=-f(-t)$ 的波形为奇函数。奇函数具有奇次对称性时，其傅里叶级数中只包含奇次谐波分量，与计时起点的选择无关；若波形还对原点对称，则只含有奇次正弦谐波，与计时起点的选择有关。

② $f(t)=f(-t)$ 的波形为偶函数。偶函数具有偶次对称性时，其傅里叶级数中将包含包括直流成分在内的各偶次谐波，与计时起点的选择无关；若波形还对纵轴对称，则只含有各次余弦谐波与直流分量，且与计时起点的选择有关。

（3）不同频率的谐波分量振幅之间的比例，取决于波形的平滑性。有跳变的波形比没有跳变的波形平滑性差。跳变幅度很大、持续时间又很短的尖顶窄脉冲，其平滑性极差。平滑性差的波形，各次谐波的振幅相对较大。

（4）本章研究的问题仍限制在线性电路的稳态，因此线性元件 R、L 和 C 均为常数，无论电压、电流如何变化，这些元件上的伏安关系仍然遵循

$$u_R=iR, \qquad u_L=L\frac{\text{d}i}{\text{d}t}, \qquad i_C=C\frac{\text{d}u_C}{\text{d}t}$$

在非正弦周期信号作用下的电路中，电阻元件上的电压与电流波形相同；电感元件上由于电流不能发生跳变，其波形的平滑性比电压波形好；电容元件上由于电压不能发生跳变，因此电压波形的平滑性比电流波形的平滑性好。

（5）非正弦周期电流电路的分析和计算，前面介绍的各电路定律仍然适用。线性电路具有叠加性，对非正弦周期量而言，其有效值等于它的恒定分量和各次谐波有效值的平方之和的平方根，即

$$I=\sqrt{I_0{}^2+I_1{}^2+I_2{}^2+\cdots\cdots}$$
$$U=\sqrt{U_0{}^2+U_1{}^2+U_2{}^2+\cdots\cdots}$$

非正弦电路的总功率等于各次谐波单独作用时产生的平均功率之和，即
$$P=U_0I_0+U_1I_1\cos\varphi_1+U_2I_2\cos\varphi_2+\cdots\cdots$$

（6）非正弦周期量的平均值定义式为 $f_{\text{av}}=\dfrac{1}{T}\displaystyle\int_0^T|f(t)|\text{d}t$，平均值与它的直流分量是两个不同的概念，由平均值又引出了波形因数和波顶因数的概念。

（7）应用叠加定理计算非正弦周期信号作用下的线性电路，首先要对已知非正弦周期信

号进行谐波分析，将其分解为傅里叶级数，然后对各次谐波单独作用下的电路进行求解：对于恒定分量可按直流电路分析，注意直流情况下电感元件和电容元件分别做短路和开路处理；对交流谐波分量则可运用相量分析法，注意电感元件和电容元件对不同频率的谐波所呈现的电抗值各不相同。最后根据叠加定理，把各次谐波响应的结果（交流分量应化为解析式）叠加起来。

实验九　非正弦周期电流电路研究

一、实验目的
（1）观察周期性非正弦电压的谐波分解。
（2）通过实验理解基波与三次谐波的合成。

二、实验设备
（1）函数信号发生器。
（2）双踪示波器。
（3）自制相关实验装置。

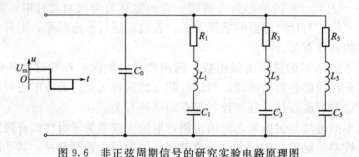

图 9.6　非正弦周期信号的研究实验电路原理图

三、实验电路
如图 9.6 所示。

四、实验原理与说明
图 9.7(a) 所示是由函数信号发生器产生的方波，根据表 9.1 可得其傅里叶级数展开式为

$$f(t) = \frac{4U_m}{\pi}\left(\sin\omega t + \frac{1}{3}\sin3\omega t + \frac{1}{5}\sin5\omega t + \cdots + \frac{1}{k}\sin k\omega t\right)（k \text{ 为奇数}）$$

该方波的基波和各次谐波振幅按波次成反比降低。通过对其基波、三次谐波和五次谐波的 RLC 串联谐振电路的调谐，可以从电阻 R 两端获得基波波形、三次谐波波形和五次谐波波形，以及它们的合成波波形，如图 9.7(b) 和图 9.7(c) 所示。（需要理解的是，由于实验电容不可避免地具有一定程度的漏电现象，因此电容不是滞后于电源电压 $\pi/2$，而是滞后一个角度，致使各次谐波初相出现差异，其基波、三次谐波、五次谐波相叠加后的合成波的波形可能会出现略微不对称的情况。）

由于各谐波电路 Q 值不同，因而获得的基波、高次谐波电压振幅也不成 $1/k$ 倍的关系。方波的高次谐波通过 C_0 滤去。

五、实验步骤
（1）在图 9.6 的实验电路中，由函数信号发生器产生一个方波信号，信号的频率为 $f = 35\text{kHz}$，连接于实验电路的输入端。

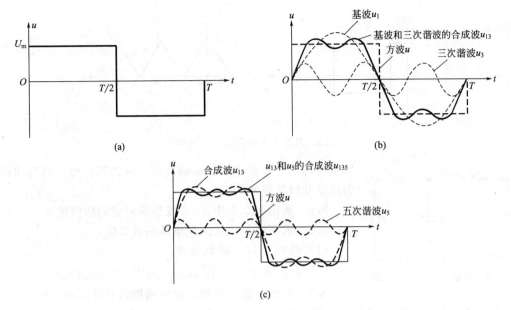

图 9.7　方波电压的合成

（2）调整好双踪示波器，让其 CH1 踪探头与函数信号发生器输出相连，观察方波信号波形。

（3）用双踪示波器的 CH2 踪探头取 R_1 信号，同时调节 C_1 值，使基波幅度达到最大，进行观察。

（4）将 CH1 踪探头换接至 R_3 上，同时调节 C_3 值，让三次谐波幅度最大。

（5）用双踪示波器的求和挡位观察基波和三次谐波的合成波。

（6）再用 CH1 踪探头取 R_5 上信号，观察五次谐波。

（7）在同一坐标上绘出方波、基波、三次谐波及合成波的波形。

六、实验注意事项

（1）接线时切忌信号源短路。

（2）使用双踪示波器注意双踪探头共地。

（3）仔细调节各电容的数值，注意观察。

习　　题

9.1　根据下列解析式，画出下列电压的波形图，加以比较后说明它们有何不同。

（1）$u = 2\sin\omega t + \cos\omega t$ V

（2）$u = 2\sin\omega t + \sin 2\omega t$ V

（3）$u = 2\sin\omega t + \sin(2\omega t + 90°)$ V

9.2　已知正弦全波整流的幅值 $I_m = 1A$，求直流分量 I_0 和基波、二次、三次、四次谐波的最大值。

9.3　求图 9.8 所示各非正弦周期信号的直流分量 A_0。

9.4　图 9.9 所示为一滤波器电路，已知负载 $R = 1000\Omega$，$C = 30\mu F$，$L = 10H$，外加非正弦周期信号电压 $u = 160 + 250\sin 314t$ V，试求通过电阻 R 中的电流。

9.5　设等腰三角波电压对横轴对称，其最大值为 1V。试选择计时起点：（1）使波形对

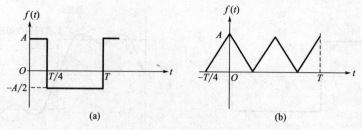

图 9.8　习题 9.3 各周期量的波形图

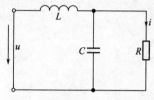

图 9.9　习题 9.4 滤波器电路

原点对称；（2）使波形对纵轴对称。画出其波形，并写出相应的傅里叶级数展开式。

9.6　画出表 9.1 中 3、6 波形所对应的频谱图。

9.7　求下列非正弦周期电压的有效值。

（1）振幅为 10V 的锯齿波。

（2）$u(t)=10-5\sqrt{2}\sin(\omega t+20°)-2\sqrt{2}\sin(3\omega t-30°)$V。

9.8　若把上题中的两非正弦周期信号分别加在两个 5Ω 的电阻上，试求各电阻吸收的平均功率。

9.9　已知某非正弦周期信号在四分之一周期内的波形为一锯齿波，且在横轴上方，幅值等于 1V。试根据下列情况分别绘出一个周期的波形。

（1）$u(t)$ 为偶函数，且具有偶半波对称性。

（2）$u(t)$ 为奇函数，且具有奇半波对称性。

（3）$u(t)$ 为偶函数，无半波对称性。

（4）$u(t)$ 为奇函数，无半波对称性。

（5）$u(t)$ 为偶函数，只含有偶次谐波。

（6）$u(t)$ 为奇函数，只含有奇次谐波。

9.10　图 9.10(a) 所示电路的输入电压如图 9.10(b) 所示，求电路中的响应 $i(t)$ 和 $u_C(t)$。

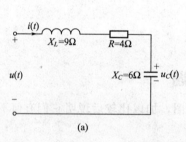

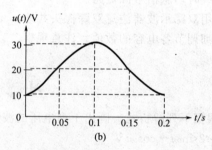

图 9.10　习题 9.10 电路图和波形

第 10 章

二端口网络

网络按其引出端子的数目可分为二端网络、三端网络及四端网络等，如果一个二端网络满足从一个端子流入的电流等于另一个端子上流出的电流时，就可称为一端口网络，如果电路中有两个一端口网络时就构成了一个二端口网络。

本章是把二端口网络当做一个整体，不研究其内部电路的工作状态，只研究端口电流、电压之间的关系，即端口的外特性。联系这些关系的是一些参数，这些参数只取决于网络本身的元件参数和各元件之间连接的结构形式。一旦求出表征这个二端口网络的参数，就可以确定二端口网络各端口之间电流、电压的关系，进而对二端口网络的传输特性进行分析。本章主要解决的问题是找出表征二端口网络的参数及由这些参数来联系着的端口电流、电压方程，并在此基础上分析二端口网络的电路。

【本章教学要求】

理论教学要求：理解二端口网络的概念，掌握二端口网络的特点，熟悉二端口网络的方程及参数，能较为熟练地计算参数，理解二端口网络等效的概念，掌握其等效计算的方法，理解二端口网络的输入电阻、输出电阻及特性阻抗的定义及计算方法。

实验教学要求：通过实验环节进一步加深理解二端口网络的基本概念和基本理论，掌握直流二端口网络传输参数的测量技术。

10.1 二端口网络的一般概念

●【学习目标】●

熟悉二端口网络的判定，了解无源、有源、线性、非线性二端口网络在组成上的不同点。

在对直流电路的分析过程中，通过戴维南定理讲述了具有两个引线端子电路的分析方法，这种具有两个引线端的电路称为一端口网络，如图 10.1(a) 所示。一个一端口网络，不论其内部电路简单或复杂，就其外特性来说，可以用一个具有一定内阻的电源进行置换，以便在分析某个局部电路工作关系时，使分析过程得到简化。当一个电路有四个外引线端子，如图 10.1(b)所示，其中左、右两对端子都满足从一个引线端流入电路的电流与另一个引线端流出电路的电流相等的条件，这样组成的电路可称为二端口网络（或称为双口网络）。

当一个二端口网络的端口处电流与电压满足线性关系时，则该二端口网络称为线性二端口网络。通常线性二端口网络内的所有元件都是线性元件，如电阻、电容、电感等，否则二端口网络为非线性网络。

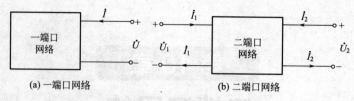

(a) 一端口网络　　　　(b) 二端口网络

图 10.1　端口网络

如果一个二端口网络内部不含有任何独立电源和受控源，则称其为无源二端口网络，否则称为有源二端口网络，如图 10.2 所示。本章只介绍无源线性二端口网络。

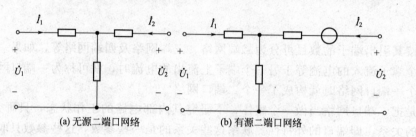

(a) 无源二端口网络　　　　　　(b) 有源二端口网络

图 10.2　二端口网络

●【学习思考】●

（1）什么是二端口网络？

（2）什么是无源线性二端口网络？

10.2　二端口网络的基本方程和参数

●【学习目标】●

熟悉表征二端口网络参数的不同形式，能够写出由这些参数联系着的端口电流、电压方程，并在此基础上分析双口网络的电路。熟悉表征二端口网络不同参数之间的关系。

在实际应用过程中，不少电路（如集成电路）制作完成后就被封装起来，无法看到具体的结构。在分析这类电路时，只能通过其引线端或端口处电压与电流的相互关系，来表征电路的功能。而这种相互关系，可以用一些参数来表示，这些参数只决定于网络本身的结构和内部元件，一旦表征这个端口网络的参数确定之后，当一个端口的电压和电流发生变化时，利用网络参数，就可以很容易找出另一个端口的电压和电流。利用这些参数，还可以比较不同网络在传递电能和信号方面的性能，从而评价端口网络的质量。

一个二端口网络输入端口和输出端口的电压和电流共有四个，即 $\dot{U}_1$、$\dot{I}_1$、$\dot{U}_2$、$\dot{I}_2$。在分析二端口网络时，通常是已知其中的两个电量，求出另外两个电量，因此由这四个物理量构成的组合共有六组关系式，其中四组为常用关系式。

10.2.1　阻抗方程和 Z 参数

在图 10.3 所示的无源线性二端口网络中，已知电流 $\dot{I}_1$ 和 $\dot{I}_2$，求端口电压 $\dot{U}_1$ 和 $\dot{U}_2$，这时如何列写其关系式呢？下面以图 10.3(b) 电路为例，列写其关系式。

根据基尔霍夫第二定律，列写出的两个回路电压方程如下。

$$\dot{U}_1 = (Z_1 + Z_3)\dot{I}_1 + Z_3\dot{I}_2$$

$$\dot{U}_2 = Z_3\dot{I}_1 + (Z_2 + Z_3)\dot{I}_2$$

令 $Z_{11} = Z_1 + Z_3$，$Z_{12} = Z_3$，$Z_{21} = Z_3$，$Z_{22} = Z_2 + Z_3$。

将它们代入上式，得阻抗方程的一般表示形式

$$\left.\begin{array}{l} \dot{U}_1 = Z_{11}\dot{I}_1 + Z_{12}\dot{I}_2 \\ \dot{U}_2 = Z_{21}\dot{I}_1 + Z_{22}\dot{I}_2 \end{array}\right\} \tag{10.1}$$

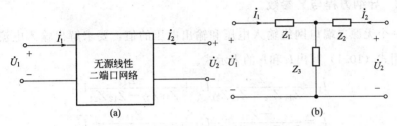

图 10.3　无源线性二端口网络

式（10.1）虽然是由 T 形二端口网络推导出来的，但具有一般形式。可以证明式（10.1）适合任何无源线性二端口网络。式中的系数 Z_{11}、Z_{12}、Z_{21}、Z_{22} 具有阻抗性质，所以式（10.1）称为阻抗方程或 Z 方程。

由上述例子可以看出，无源二端口网络的 Z 参数仅与网络的内部结构、元件参数、工作频率有关，而与输入信号的振幅、负载的情况无关。因此，这些参数描述了二端口网络本身的电特性。

二端口网络 Z 参数的物理意义可由式（10.1）推导而得。当输出端口开路时，$\dot{I}_2 = 0$，这时有

$$Z_{11} = \left.\frac{\dot{U}_1}{\dot{I}_1}\right|_{\dot{I}_2 = 0} \tag{10.2a}$$

即 Z_{11} 是输出端口开路时在输入端口处的输入阻抗，称为开路输入阻抗。而

$$Z_{21} = \left.\frac{\dot{U}_2}{\dot{I}_1}\right|_{\dot{I}_2 = 0} \tag{10.2b}$$

即 Z_{21} 是输出端口开路时的转移阻抗，称为出端开路转移阻抗。转移阻抗是一个端口的电压与另一个端口的电流之比。

同理，当输入端口开路时，$\dot{I}_1 = 0$，这时有

$$Z_{22} = \left.\frac{\dot{U}_2}{\dot{I}_2}\right|_{\dot{I}_1 = 0} \tag{10.2c}$$

即 Z_{22} 是输入端口开路时在输出端口处的输出阻抗，称为开路输出阻抗。而

$$Z_{12} = \left.\frac{\dot{U}_1}{\dot{I}_2}\right|_{\dot{I}_1 = 0} \tag{10.2d}$$

即 Z_{12} 是输入端口开路时的转移阻抗，称为入端开路转移阻抗。以上四个阻抗的单位都是欧姆【Ω】。

对于无源线性二端口网络利用互易定理可以得到证明，即输入和输出互换位置时，不会改变由同一激励所产生的响应。由此得出

$$Z_{12} = Z_{21} \tag{10.3a}$$

的结论。即在 Z 参数中，只有三个参数是独立的。

如果二端口网络是对称的，则输出端口和输入端口互换位置后，电压和电流均不改变，表明

$$Z_{11} = Z_{22} \tag{10.3b}$$

无源线性二端口网络如果同时满足式（10.3）时，则 Z 参数中只有两个参数是独立的。

10.2.2　导纳方程与 Y 参数

当已知一个无源二端口网络输入电压和输出电压的值，要求解出输入电流和输出电流时，可以利用式（10.1）写出 $\dot{I}_1$ 和 $\dot{I}_2$ 的表示式。

$$\dot{I}_1 = \frac{Z_{22}}{Z_{11}Z_{22} - Z_{12}Z_{21}} \dot{U}_1 + \frac{-Z_{12}}{Z_{11}Z_{22} - Z_{12}Z_{21}} \dot{U}_2$$

$$\dot{I}_2 = \frac{-Z_{21}}{Z_{11}Z_{22} - Z_{12}Z_{21}} \dot{U}_1 + \frac{Z_{11}}{Z_{11}Z_{22} - Z_{12}Z_{21}} \dot{U}_2$$

由此得到导纳方程的一般表示形式

$$\left.\begin{array}{l} \dot{I}_1 = Y_{11}\dot{U}_1 + Y_{12}\dot{U}_2 \\ \dot{I}_2 = Y_{21}\dot{U}_1 + Y_{22}\dot{U}_2 \end{array}\right\} \tag{10.4}$$

二端口网络 Y 参数的物理意义，可由式（10.4）推导得到。当输出端口短路时，$\dot{U}_2 = 0$，这时有

$$Y_{11} = \left.\frac{\dot{I}_1}{\dot{U}_1}\right|_{\dot{U}_2 = 0} \tag{10.5a}$$

即 Y_{11} 是输出端口短路时在输入端口处的输入导纳，称为短路输入导纳。

$$Y_{21} = \left.\frac{\dot{I}_2}{\dot{U}_1}\right|_{\dot{U}_2 = 0} \tag{10.5b}$$

即 Y_{21} 是输出端口短路时的转移导纳，称为出端短路转移导纳。

当输入端口短路时，$\dot{U}_1 = 0$，这时有

$$Y_{22} = \left.\frac{\dot{I}_2}{\dot{U}_2}\right|_{\dot{U}_1 = 0} \tag{10.5c}$$

即 Y_{22} 是输入端口短路时在输出端口处的输出导纳，称为短路输出导纳。

$$Y_{12} = \left.\frac{\dot{I}_1}{\dot{U}_2}\right|_{\dot{U}_1 = 0} \tag{10.5d}$$

即 Y_{12} 是输入端口短路时的转移导纳，称为入端短路转移导纳。Y 参数的单位是导纳【S】。

同样可以证明，对于无源线性二端口网络有 $Y_{12} = Y_{21}$；对称二端口网络有 $Y_{11} = Y_{22}$。

例 10.1　写出图 10.4 电路的 Z 参数方程。

解： 根据 Z 参数的定义，将输出端 2-2′ 开路得

$$Z_{11} = \left.\frac{\dot{U}_1}{\dot{I}_1}\right|_{\dot{i}_2 = 0} = R_1 // (R_2 + R_3) = \frac{12 \times (12 + 12)}{12 + (12 + 12)} = 8(\Omega)$$

$$Z_{21} = \frac{\dot{U}_2}{\dot{I}_1}\bigg|_{i_2=0} = \frac{R_2}{R_2+R_3} Z_{11} = \frac{12}{12+12} \times 8 = 4(\Omega)$$

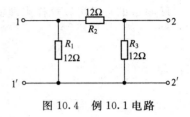

因为该电路是对称无源线性二端口网络，所以 $Z_{22} = Z_{11}$，$Z_{12} = Z_{21}$，图 10.4 电路的 Z 参数方程为

$$\dot{U}_1 = 8\dot{I}_1 + 4\dot{I}_2$$

$$\dot{U}_2 = 4\dot{I}_1 + 8\dot{I}_2$$

图 10.4　例 10.1 电路

10.2.3　传输方程和 A 参数

在已知二端口网络的输出电压 $\dot{U}_2$ 和电流 $\dot{I}_2$，求解二端口网络的输入电压 $\dot{U}_1$ 和电流 $\dot{I}_1$ 的情况下，用 A 参数建立输出信号与输入信号之间的关系。当选择电流的参考方向为流入二端口网络时，A 参数方程的一般形式为

$$\left.\begin{array}{l} \dot{U}_1 = A_{11}\dot{U}_2 + A_{12}(-\dot{I}_2) \\ \dot{I}_1 = A_{21}\dot{U}_2 + A_{22}(-\dot{I}_2) \end{array}\right\} \tag{10.6}$$

若选择输出电流的参考方向为流出二端口网络时，方程中电流 $\dot{I}_2$ 符号为 "+"。

当二端口网络为无源线性网络时，$A_{11}A_{22} - A_{12}A_{21} = 1$，$A$ 参数中有三个是独立的。如果网络是对称的，则 $A_{11} = A_{22}$，这时 A 参数中只有两个是独立的。

A 参数的意义可以这样来理解。当输出端口开路时，有

$$A_{11} = \frac{\dot{U}_1}{\dot{U}_2}\bigg|_{i_2=0} \tag{10.7a}$$

$$A_{21} = \frac{\dot{I}_1}{\dot{U}_2}\bigg|_{i_2=0} \tag{10.7b}$$

当输出端口短路时，有

$$A_{22} = \frac{\dot{I}_1}{-\dot{I}_2}\bigg|_{\dot{U}_2=0} \tag{10.7c}$$

$$A_{12} = \frac{\dot{U}_1}{-\dot{I}_2}\bigg|_{\dot{U}_2=0} \tag{10.7d}$$

由 A 参数建立的方程主要用于研究网络传输问题。

10.2.4　混合方程与 H 参数

在已知二端口网络的输出电压 $\dot{U}_2$ 和输入电流 $\dot{I}_1$，求解二端口网络的输入电压 $\dot{U}_1$ 和输出电流 $\dot{I}_2$ 时，用 H 参数建立信号之间的关系。当选择电流的参考方向为流入二端口网络时，H 参数方程的一般形式为

$$\left.\begin{array}{l} \dot{U}_1 = H_{11}\dot{I}_1 + H_{12}\dot{U}_2 \\ \dot{I}_2 = H_{21}\dot{I}_1 + H_{22}\dot{U}_2 \end{array}\right\} \tag{10.8}$$

当二端口网络为无源线性网络时，H 参数之间有 $H_{12} = -H_{21}$ 成立，H 参数中有三个是独立的。如果网络是对称的，则 $H_{11}H_{22} - H_{12}H_{21} = 1$，这时 H 参数中只有两个是独立的。

H 参数的意义可以这样来理解。当输出端口短路时，有

$$H_{11} = \frac{\dot{U}_1}{\dot{I}_1}\bigg|_{\dot{U}_2=0} \tag{10.9a}$$

$$H_{21} = \frac{\dot{I}_2}{\dot{I}_1}\bigg|_{\dot{U}_2=0} \tag{10.9b}$$

当输入端口开路时，有

$$H_{12} = \frac{\dot{U}_1}{\dot{U}_2}\bigg|_{\dot{I}_1=0} \tag{10.9c}$$

$$H_{22} = \frac{\dot{I}_2}{\dot{U}_2}\bigg|_{\dot{I}_1=0} \tag{10.9d}$$

由 H 参数建立的方程主要用于晶体管低频放大电路的分析。

10.2.5　二端口网络参数之间的关系

对于一个无源线性二端口网络，可以根据对电路不同的分析要求，选择不同的参数来描述，以达到简化分析过程的目的。当采用不同的参数表示同一个二端口网络时，各参数之间必然存在一定的关系，可以相互换算。各参数之间的相互表示关系见表 10.1。

表 10.1　二端口网络参数之间的换算关系

形式＼表示	用 Z 参数表示		用 Y 参数表示		用 A 参数表示		用 H 参数表示	
Z 参数形式	Z_{11}	Z_{12}	$\dfrac{Y_{22}}{\lvert Y \rvert}$	$\dfrac{-Y_{12}}{\lvert Y \rvert}$	$\dfrac{A_{11}}{A_{21}}$	$\dfrac{\lvert A \rvert}{A_{21}}$	$\dfrac{\lvert H \rvert}{H_{22}}$	$\dfrac{H_{12}}{H_{22}}$
	Z_{21}	Z_{22}	$\dfrac{-Y_{21}}{\lvert Y \rvert}$	$\dfrac{Y_{11}}{\lvert Y \rvert}$	$\dfrac{1}{A_{21}}$	$\dfrac{A_{22}}{A_{21}}$	$\dfrac{-H_{21}}{H_{22}}$	$\dfrac{1}{H_{22}}$
Y 参数形式	$\dfrac{Z_{22}}{\lvert Z \rvert}$	$\dfrac{-Z_{12}}{\lvert Z \rvert}$	Y_{11}	Y_{12}	$\dfrac{A_{22}}{A_{12}}$	$\dfrac{-\lvert A \rvert}{A_{12}}$	$\dfrac{1}{H_{11}}$	$\dfrac{-H_{12}}{H_{11}}$
	$\dfrac{-Z_{21}}{\lvert Z \rvert}$	$\dfrac{Z_{11}}{\lvert Z \rvert}$	Y_{21}	Y_{22}	$\dfrac{-1}{A_{12}}$	$\dfrac{A_{11}}{A_{12}}$	$\dfrac{H_{21}}{H_{11}}$	$\dfrac{\lvert H \rvert}{H_{11}}$
A 参数形式	$\dfrac{Z_{11}}{Z_{21}}$	$\dfrac{\lvert Z \rvert}{Z_{21}}$	$\dfrac{-Y_{22}}{Y_{21}}$	$\dfrac{-1}{Y_{21}}$	A_{11}	A_{12}	$\dfrac{-\lvert H \rvert}{H_{21}}$	$\dfrac{-H_{11}}{H_{21}}$
	$\dfrac{1}{Z_{21}}$	$\dfrac{Z_{22}}{Z_{21}}$	$\dfrac{-\lvert Y \rvert}{Y_{21}}$	$\dfrac{-Y_{11}}{Y_{21}}$	A_{21}	A_{22}	$\dfrac{-H_{22}}{H_{21}}$	$\dfrac{-1}{H_{21}}$
H 参数形式	$\dfrac{\lvert Z \rvert}{Z_{22}}$	$\dfrac{Z_{12}}{Z_{22}}$	$\dfrac{1}{Y_{11}}$	$\dfrac{-Y_{12}}{Y_{11}}$	$\dfrac{A_{12}}{A_{22}}$	$\dfrac{\lvert A \rvert}{A_{22}}$	H_{11}	H_{12}
	$\dfrac{-Z_{21}}{Z_{22}}$	$\dfrac{1}{Z_{22}}$	$\dfrac{Y_{21}}{Y_{11}}$	$\dfrac{\lvert Y \rvert}{Y_{11}}$	$\dfrac{-1}{A_{22}}$	$\dfrac{A_{21}}{A_{22}}$	H_{21}	H_{22}

注：$\lvert Z \rvert = Z_{11}Z_{22} - Z_{12}Z_{21}$；$\lvert Y \rvert = Y_{11}Y_{22} - Y_{12}Y_{21}$；$\lvert A \rvert = A_{11}A_{22} - A_{12}A_{21}$；$\lvert H \rvert = H_{11}H_{22} - H_{12}H_{21}$。

10.2.6　实验参数

无源线性二端口网络除了采用上述四种参数描述之外，还可以采用网络的开路阻抗和短路阻抗描述。这种通过简单测量得到的参数，称为实验参数。实验参数共有四个，分别是

输出端口开路时的输入阻抗　　$(Z_{\mathrm{in}})_\infty = \dfrac{\dot{U}_1}{\dot{I}_1}\bigg|_{\dot{I}_2=0}$ $\qquad\qquad$ (10.10a)

输出端口短路时的输入阻抗　　$(Z_{\mathrm{in}})_0 = \dfrac{\dot{U}_1}{\dot{I}_1}\bigg|_{\dot{U}_2=0}$ $\qquad\qquad$ (10.10b)

输入端口开路时的输出阻抗 $\qquad (Z_{ou})_\infty = \dfrac{\dot{U}_2}{\dot{I}_2}\bigg|_{\dot{I}_1=0}$ $\qquad\qquad$ (10.10c)

输入端口短路时的输出阻抗 $\qquad (Z_{ou})_0 = \dfrac{\dot{U}_2}{\dot{I}_2}\bigg|_{\dot{U}_1=0}$ $\qquad\qquad$ (10.10d)

实验参数与其他参数都可以用来描述网络特性，所以它们之间有必然的联系，这里用 A 参数表示两种参数间的关系

$$(Z_{in})_\infty = \frac{A_{11}}{A_{21}} \qquad\qquad (10.11a)$$

$$(Z_{in})_0 = \frac{A_{12}}{A_{22}} \qquad\qquad (10.11b)$$

$$(Z_{ou})_\infty = \frac{A_{22}}{A_{21}} \qquad\qquad (10.11c)$$

$$(Z_{ou})_0 = \frac{A_{12}}{A_{11}} \qquad\qquad (10.11d)$$

利用式（10.11）得

$$\frac{(Z_{in})_0}{(Z_{in})_\infty} = \frac{(Z_{ou})_0}{(Z_{ou})_\infty} = \frac{A_{12}A_{21}}{A_{11}A_{22}} \qquad\qquad (10.12)$$

由此可知，在实验参数中，只有三个参数是独立的。如果网络是对称的，则有

$$(Z_{in})_0 = (Z_{ou})_0 \qquad\qquad (10.13a)$$
$$(Z_{in})_\infty = (Z_{ou})_\infty \qquad\qquad (10.13b)$$

只有两个参数是独立的。

● 【学习思考】 ●

(1) 试说明 Z 参数和 Y 参数的意义。

(2) 利用 Z 参数、Y 参数及 H 参数分析网络电路时，各适合于何种场合？

(3) 试根据 Z 参数方程推导出 H 参数与 Z 参数之间的关系。

(4) 试根据 A 参数方程，推导出已知输入端口电压、电流，求解输出端口电压、电流的方程。

10.3　二端口网络的输入阻抗、输出阻抗和传输函数

● 【学习目标】 ●

在无源线性二端口网络的输入端接入信号源（或电源）、输出端接负载后，学习描述输出信号和输入信号之间因果关系的方法及网络性质的表示形式。

10.3.1　输入阻抗和输出阻抗

1. 输入阻抗

二端口网络输出端口接负载阻抗 Z_L，输入端口接内阻抗为 Z_S 的电源 $\dot{U}_S$ 时，如图 10.5 所示。输入端口的电压 $\dot{U}_1$ 与电流 $\dot{I}_1$ 之比称为二端口网络的输入阻抗 Z_{in}。

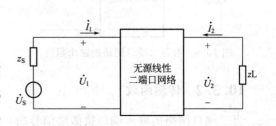

图 10.5　有载二端口网络的输入阻抗

输入阻抗可以用二端口网络的任何一种参数来表示，采用 A 参数表示时，根据式 (10.6) 及 $Z_{in}=\dfrac{\dot{U}_1}{\dot{I}_1}$，输入阻抗为

$$Z_{in}=\frac{\dot{U}_1}{\dot{I}_1}=\frac{A_{11}\dot{U}_2+A_{12}(-\dot{I}_2)}{A_{21}\dot{U}_2+A_{22}(-\dot{I}_2)}=\frac{A_{11}\dfrac{\dot{U}_2}{-\dot{I}_2}+A_{12}}{A_{21}\dfrac{\dot{U}_2}{-\dot{I}_2}+A_{22}}=\frac{A_{11}Z_L+A_{12}}{A_{21}Z_L+A_{22}} \tag{10.14}$$

采用实验参数表示时，可利用式（10.14）得到

$$Z_{in}=\frac{A_{11}}{A_{21}}\times\frac{Z_L+\dfrac{A_{12}}{A_{11}}}{Z_L+\dfrac{A_{22}}{A_{21}}}=(Z_{in})_{\infty}\times\frac{Z_L+(Z_{in})_0}{Z_L+(Z_{in})_{\infty}} \tag{10.15}$$

2. 输出阻抗

当把信号源由输入端口移至输出端口，但在输入端口保留其内阻抗 Z_S，这时输出端口的电压 $\dot{U}_2$ 与电流 $\dot{I}_2$ 之比，称为输出阻抗 Z_{ou}。如图 10.6 所示。

输出阻抗用 A 参数表示时，先将式（10.6）变换为 $\dot{U}_2$ 和 $\dot{I}_2$ 用 $\dot{U}_1$ 和 $\dot{I}_1$ 的表示形式

$$\dot{U}_2=A_{22}\dot{U}_1-A_{12}\dot{I}_1$$

$$\dot{I}_2=A_{21}\dot{U}_1-A_{11}\dot{I}_1$$

式中利用了 $|A|=1$。再根据求解输入阻抗的方法得到输出阻抗用 A 参数表示的形式为

$$Z_{ou}=\frac{A_{22}Z_S+A_{12}}{A_{21}Z_S+A_{11}} \tag{10.16a}$$

输出阻抗用实验参数表示的形式为

$$Z_{ou}=(Z_{ou})_{\infty}\times\frac{Z_S+(Z_{ou})_0}{Z_S+(Z_{ou})_{\infty}} \tag{10.16b}$$

式中，$Z_S=\dfrac{\dot{U}_1}{-\dot{I}_1}$。利用二端口网络的输入、输出阻抗，可以很方便地求出端口的电压和电流，即二端口网络的输入阻抗可以看作信号源（或电源）的负载；对负载来说，利用戴维南定理，可将信号源（或电源）和二端口网络一起看作一个等效信号源（或电源），其内阻抗为输出阻抗。如图 10.7(a) 和图 10.7(b) 所示。

图 10.6　有载二端口网络的输出阻抗

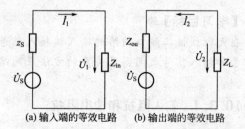

(a) 输入端的等效电路　(b) 输出端的等效电路

图 10.7　无源线性二端口网络的等效电路

10.3.2　传输函数

当二端口网络的输入端口接激励信号后，在输出端口得到一个响应信号，输出端口的响应信号与输入端口的激励信号之比，称为二端口网络的传输函数。当激励和响应都为电压信

号时，则传输函数称为电压传输函数，用 K_u 表示；当激励和响应都为电流信号时，则传输函数称为电流传输函数，用 K_i 表示。当电流的参考方向为流入网络时，传输函数为

$$K_u = \frac{\dot{U}_2}{\dot{U}_1} = \frac{\dot{U}_2}{A_{11}\dot{U}_2 + A_{12}(-\dot{I}_2)} = \frac{Z_L}{A_{11}Z_L + A_{12}} \tag{10.17a}$$

$$K_i = \frac{\dot{I}_2}{\dot{I}_1} = \frac{\dot{I}_2}{A_{21}\dot{U}_2 + A_{22}(-\dot{I}_2)} = \frac{-1}{A_{21}Z_L + A_{22}} \tag{10.17b}$$

由于网络电路中的电压、电流通常为复数，所以传输函数与频率有关。传输函数模的大小 $|K(j\omega)|$ 表示信号经二端口网络后幅度变化的关系，通常称为幅频特性。传输函数的幅角 $f(\omega)$ 表示信号传输前后相位变化的关系，通常称为相频特性。

例 10.2　求出图 10.8(a) 电路在输出端开路时的电压传输函数。

解：在输出端开路时，输出电压与输入电压之间的关系为

$$\dot{U}_2 = \frac{\frac{1}{j\omega C}}{R + \frac{1}{j\omega C}}\dot{U}_1 = \frac{1}{1 + j\omega CR}\dot{U}_1$$

所以，该电路的开路电压传输函数为

$$K_u = \frac{\dot{U}_2}{\dot{U}_1} = \frac{1}{1 + j\omega CR} = \frac{1}{\sqrt{1 + (\omega CR)^2}}e^{-j\arctan(\omega CR)}$$

它的幅频特性为

$$|K_u(j\omega)| = \frac{1}{\sqrt{1 + (\omega CR)^2}}$$

相频特性为

$$\varphi_u(\omega) = -\arctan(\omega CR)$$

幅频特性曲线和相频特性曲线如图 10.8(b) 和图 10.8(c) 所示。

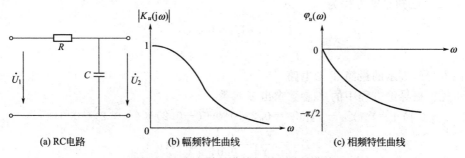

(a) RC电路　　(b) 幅频特性曲线　　(c) 相频特性曲线

图 10.8　幅频特性曲线和相频特性曲线

●【学习思考】●

(1) 图 10.8(a) 电路接负载阻抗 Z_L 时，求输入阻抗 Z_{in}。

(2) 图 10.8(a) 电路中，当输入电压幅度为 1V，相位为 0、$\omega = \dfrac{1}{RC}$ 时，输出电压幅度为多大，输出电压的相位为多少？

10.4　线性二端口网络的等效电路

当已知网络的结构和元件值时，根据网络参数的定义，可以用不同参数描述网络性能和端

口信号之间的关系。网络的基本方程和网络电路是描述网络特性的两种表现形式，如果两个二端口网络采用同一种参数描述网络性能，其基本方程完全相同时，则两个网络是相互等效的。

●【学习目标】●

利用已知的网络基本方程，找出方程的等效电路。了解基本网络电路之间相互变换的关系。

10.4.1　无源线性二端口网络的 T 形等效电路

对于无源线性二端口网络，用任意一种参数表示网络性能时，每一种参数中只有三个参数是独立的，所以与方程对应的二端口网络至少要有三个独立阻抗，其最简电路形式为 T 形和 Ⅱ 形网络结构。

已知一个复杂的无源线性二端口网络的 Z 参数方程为

$$\dot{U}_1 = Z_{11}\dot{I}_1 + Z_{12}\dot{I}_2$$
$$\dot{U}_2 = Z_{21}\dot{I}_1 + Z_{22}\dot{I}_2$$

当用一个 T 形网络电路［如图 10.3(b)］表示上述关系时，主要是找出 Z_1、Z_2、Z_3 与 Z 参数之间的关系。在 Z 参数的推导过程中，得到了

$$Z_{11} = Z_1 + Z_3 \qquad\qquad Z_{12} = Z_3$$
$$Z_{21} = Z_3 \qquad\qquad Z_{22} = Z_2 + Z_3$$

将其联立求解得

$$\left.\begin{array}{l} Z_1 = Z_{11} - Z_{12} \\ Z_2 = Z_{22} - Z_{12} \\ Z_3 = Z_{12} = Z_{21} \end{array}\right\} \tag{10.18}$$

求其他参数方程的 T 形网络等效电路时，先进行参数变换，再利用式（10.18）求出。

例 10.3　已知导纳方程为

$$\dot{I}_1 = 0.2\dot{U}_1 - 0.2\dot{U}_2$$
$$\dot{I}_2 = -0.2\dot{U}_1 + 0.4\dot{U}_2$$

求该方程所表示的最简 T 形电路。

解： 先根据导纳方程中的 Y 参数求出 Z 参数，

$$|Y| = Y_{11}Y_{22} - Y_{12}Y_{21} = 0.2 \times 0.4 - (-0.2) \times (-0.2) = 0.04$$

$$Z_{11} = \frac{Y_{22}}{|Y|} = \frac{0.4}{0.04} = 10(\Omega)$$

$$Z_{12} = Z_{21} = \frac{-Y_{12}}{|Y|} = \frac{0.2}{0.04} = 5(\Omega)$$

$$Z_{22} = \frac{Y_{11}}{|Y|} = \frac{0.2}{0.04} = 5(\Omega)$$

再由 Z 参数求出最简 T 形电路中三个阻抗的数值，得

$$Z_1 = Z_{11} - Z_{12} = 10 - 5 = 5(\Omega)$$
$$Z_2 = Z_{22} - Z_{12} = 5 - 5 = 0(\Omega)$$
$$Z_3 = Z_{12} = Z_{21} = 5(\Omega)$$

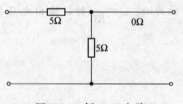

图 10.9　例 10.3 电路

所以，最简 T 形电路如图 10.9 所示。

10.4.2　无源线性二端口网络的 Π 形等效电路

对于 Π 形网络，一般采用 Y 参数表示时计算较为简单。下面我们找出 Y 参数与 Π 形网络中的元件参数之间的关系。

无源线性二端口 Π 形网络如图 10.10 所示，根据 Y 参数的定义由电路得到

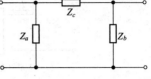

$$Y_{11} = \frac{1}{Z_a} + \frac{1}{Z_c} \qquad Y_{12} = -\frac{1}{Z_c} = Y_{21} \qquad Y_{22} = \frac{1}{Z_b} + \frac{1}{Z_c}$$

联立求解得

图 10.10　无源线性二端口网络

$$\left. \begin{array}{l} Z_a = \dfrac{1}{Y_{11} + Y_{12}} \\[2mm] Z_b = \dfrac{1}{Y_{12} + Y_{22}} \\[2mm] Z_c = \dfrac{-1}{Y_{12}} = \dfrac{-1}{Y_{21}} \end{array} \right\} \tag{10.19}$$

10.4.3　T 形网络和 Π 形网络的等效变换

在实际应用中，有时需要将 T 形（或 Y 形）网络和 Π 形（或 △形）网络之间进行变换或反变换，变换关系和纯电阻时的变换关系相类似。将 T 形（或 Y 形）网络变换为 Π 形（或△形）网络时其关系为

$$\left. \begin{array}{l} Z_a = \dfrac{Z_1 Z_2 + Z_2 Z_3 + Z_3 Z_1}{Z_3} \\[3mm] Z_b = \dfrac{Z_1 Z_2 + Z_2 Z_3 + Z_3 Z_1}{Z_1} \\[3mm] Z_c = \dfrac{Z_1 Z_2 + Z_2 Z_3 + Z_3 Z_1}{Z_2} \end{array} \right\} \tag{10.20}$$

将 Π 形（或△形）网络变换为 T 形（或 Y 形）网络时其关系为

$$\left. \begin{array}{l} Z_1 = \dfrac{Z_a Z_c}{Z_a + Z_b + Z_c} \\[3mm] Z_2 = \dfrac{Z_a Z_b}{Z_a + Z_b + Z_c} \\[3mm] Z_3 = \dfrac{Z_b Z_c}{Z_a + Z_b + Z_c} \end{array} \right\} \tag{10.21}$$

10.4.4　多个简单二端口网络的连接

一个复杂的二端口网络，可以看作由多个简单的二端口网络通过某种连接形成的。下面以两个简单二端口网络连接构成的复杂二端口网络说明它们之间的关系。

两个简单二端口网络的连接方式有以下几种：串联；并联；串并联；并串联；级联等。如图 10.11 所示。

例 10.4　二端口网络如图 10.12 所示，求其 Y 参数和 Π 形等效电路。

解：由图 10.12(a) 可看出，这是一个对称二端口网络，因此只需求出 Y 参数中的 Y_{11} 和 Y_{21} 即可。

将图 10.12(a) 中的 $\dot{I}_2$ 端口短路，则 $\dot{U}_2 = 0$，此时

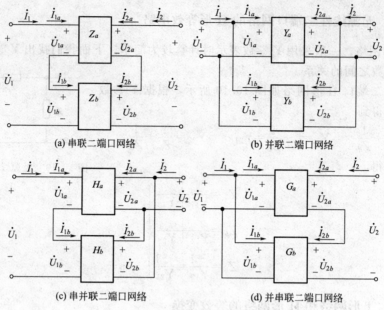

(a) 串联二端口网络　　　　(b) 并联二端口网络

(c) 串并联二端口网络　　　(d) 并串联二端口网络

图 10.11　多个二端口网络的连接

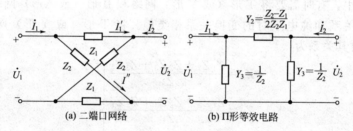

(a) 二端口网络　　　　(b) Π形等效电路

图 10.12　例 10.4 电路图

$$I_1 = \frac{U_1}{2 \dfrac{Z_1 Z_2}{Z_1 + Z_2}} = \frac{(Z_1 + Z_2)U_1}{2Z_1 Z_2}$$

$$I' = I_1 \frac{Z_2}{Z_1 + Z_2} = \frac{(Z_1 + Z_2)U_1}{2Z_1 Z_2} \frac{Z_2}{Z_1 + Z_2} = \frac{U_1}{2Z_1}$$

$$I'' = I_1 \frac{Z_1}{Z_1 + Z_2} = \frac{(Z_1 + Z_2)U_1}{2Z_1 Z_2} \frac{Z_1}{Z_1 + Z_2} = \frac{U_1}{2Z_2}$$

根据 KCL 定律可求得

$$I_2 = I'' - I' = \frac{U_1}{2Z_2} - \frac{U_1}{2Z_1} = \frac{U_1(Z_1 - Z_2)}{2Z_1 Z_2}$$

因此

$$Y_{11} = \frac{I_1}{U_1}\bigg|_{U_2=0} = \frac{Z_1 + Z_2}{2Z_1 Z_2}$$

$$Y_{21} = \frac{I_2}{U_1}\bigg|_{U_2=0} = \frac{Z_1 - Z_2}{2Z_1 Z_2}$$

所得对称二端口网络的 Π 形等效电路如图 10.12(b) 所示，其中

$$Y_1 = Y_3 = Y_{11} + Y_{21} = \frac{Z_1 + Z_2}{2Z_1 Z_2} + \frac{Z_1 - Z_2}{2Z_1 Z_2} = \frac{1}{Z_2}$$

$$Y_2 = -Y_{21} = \frac{Z_2 - Z_1}{2Z_1 Z_2}$$

10.5 二端口网络的特性阻抗和传输常数

●【学习目标】●

掌握特性阻抗和传输常数的条件、意义及求解方法。

10.5.1 二端口网络的特性阻抗

在一般情况下，二端口网络的输入阻抗不等于信号源内阻抗，输出阻抗不等于负载阻抗，为了达到某种特定的目的，使二端口网络的输入阻抗和输出阻抗分别为 $Z_{in} = Z_S$、$Z_{ou} = Z_L$，这时二端口网络的输入阻抗和输出阻抗只与网络参数有关，称为网络实现了匹配。在匹配条件下，二端口网络的输入阻抗和输出阻抗分别称为输入特性阻抗和输出特性阻抗，用 Z_{C1}、Z_{C2} 表示。特性阻抗与网络参数之间的关系为

$$Z_{C1} = \frac{A_{11}Z_L + A_{12}}{A_{21}Z_L + A_{22}} = \frac{A_{11}Z_{C2} + A_{12}}{A_{21}Z_{C2} + A_{22}}$$

$$Z_{C2} = \frac{A_{22}Z_{C1} + A_{12}}{A_{21}Z_{C1} + A_{11}}$$

联立解之得

$$Z_{C1} = \sqrt{\frac{A_{11}A_{12}}{A_{21}A_{22}}}, \quad Z_{C2} = \sqrt{\frac{A_{12}A_{22}}{A_{21}A_{11}}}$$

当二端口网络为对称网络时

$$Z_{C1} = Z_{C2} = \sqrt{\frac{A_{12}}{A_{21}}}$$

特性阻抗用实验参数表示时，其关系为

$$Z_{C1} = \sqrt{(Z_{in})_0 (Z_{in})_\infty}$$

$$Z_{C2} = \sqrt{(Z_{ou})_0 (Z_{ou})_\infty}$$

例 10.5 求图 10.13 对称 T。形网络的特性阻抗。

解：对称网络的 $Z_{C1} = Z_{C2}$

$$(Z_{in})_0 = Z_1 + \frac{Z_1 Z_2}{Z_1 + Z_2} = \frac{Z_1^2 + 2Z_1 Z_2}{Z_1 + Z_2}$$

$$(Z_{in})_\infty = Z_1 + Z_2$$

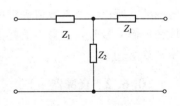

图 10.13 例 10.5 电路

$$Z_{C1} = Z_{C2} = Z_C = \sqrt{\frac{Z_1^2 + 2Z_1 Z_2}{Z_1 + Z_2}(Z_1 + Z_2)} = \sqrt{Z_1^2 + 2Z_1 Z_2}$$

10.5.2 二端口网络的传输常数

二端口网络工作在匹配状态下，对信号的传输能力用传输常数 γ 表示。

$$\gamma = \frac{1}{2}\ln\frac{\dot{U}_1 \dot{I}_1}{\dot{U}_2 \dot{I}_2}$$

由于电压和电流通常都是复数，设 $\dot{U}_1 = U_1 e^{j\varphi_{u1}}$，$\dot{U}_2 = U_2 e^{j\varphi_{u2}}$，$\dot{I}_1 = I_1 e^{j\varphi_{i1}}$，$\dot{I}_2 = I_2 e^{j\varphi_{i2}}$，则

$$\gamma = \frac{1}{2}\ln\left[\frac{U_1 I_1}{U_2 I_2} e^{j(\varphi_u - \varphi_i)}\right] = \frac{1}{2}\ln\frac{U_1 I_1}{U_2 I_2} + j\frac{1}{2}(\varphi_u - \varphi_i) = \alpha + j\beta$$

式中，$\alpha = \dfrac{1}{2}\ln\dfrac{U_1 I_1}{U_2 I_2}$，称为衰减常数，它表示在匹配状态下，信号视在功率通过二端口网络时，衰减程度的大小，单位为奈培【Np】。$\beta = \dfrac{1}{2}(\varphi_u - \varphi_i)$，称为相移常数，它表示在匹配状态下，电压、电流通过二端口网络时产生的相移，单位为弧度。（其中，$\varphi_u = \varphi_{u1} - \varphi_{u2}$ 表示 $\dot{U}_2$ 滞后 $\dot{U}_1$ 的相角；$\varphi_i = \varphi_{i1} - \varphi_{i2}$ 表示 $\dot{I}_2$ 滞后 $\dot{I}_1$ 的相角。）对应对称、匹配二端口网络，$\dot{U}_1 = \dot{I}_1 Z_{C1}$，$\dot{U}_2 = \dot{I}_2 Z_{C2}$，且 $Z_{C1} = Z_{C2}$，这时有

$$\alpha = \ln\frac{U_1}{U_2} = \ln\frac{I_1}{I_2}$$

$$\beta = \varphi_u = \varphi_i$$

在实际应用中，衰减常数常取常用对数的 10 倍，这时的单位为分贝【dB】。其关系为

$$\alpha = 10\ln\frac{U_1 I_1}{U_2 I_2}(\text{dB})$$

奈培与分贝的换算关系为

$$1\text{Np} = 8.686\text{dB}$$
$$1\text{dB} = 0.1151\text{Np}$$

10.6 二端口网络应用简介

● 【学习目标】 ●
了解无源线性二端口网络的实际应用。

10.6.1 相移器

相移器是一种在阻抗匹配条件下的相移网络。在规定的信号频率下，使输出信号与输入信号之间达到预先给定的相移关系。相移器通常由电抗元件构成，由于电抗元件的值是频率的函数，所以一个参数值确定的相移器，只对某一特定频率产生预定的相移。另外，电抗元件在传输信号时，本身不消耗能量，所以传输过程中无衰减，即网络的衰减常数 $\alpha = 0$，传输常数 $\gamma = j\beta$。

10.6.2 衰减器

衰减器要达到的目的，是调整信号的强弱，信号通过它时，不能产生相移。所以这一类网络通常由纯电阻元件构成，其相移常数 $\beta = 0$，传输常数 $\gamma = \alpha$。衰减器可以在很宽的频率范围内进行匹配。

10.6.3 滤波器

滤波器是一种对信号频率具有选择性的二端口网络，它广泛应用于电子技术中。在信号传输过程中，为了提高传输线路传送信号的能力，通常采用复用的形式，即一条传输线路同时传送多个用户的信号。例如有线电视信号通过一条传输电缆，同时传送几十路的电视信号，电视机利用滤波器将所需要的某一套电视节目选择出来，而将其他电视节目信号衰减，以免对要观看的节目产生影响。

滤波器在传输特性上，必须在一定的频率范围内对信号衰减很小，相移也很小，这一频

率范围称为通带。其他的频率范围必须有很大的衰减，这一频率范围称为阻带。

根据通带和阻带的相对位置，滤波器可以分为低通滤波器、高通滤波器、带通滤波器和带阻滤波器四种类型。

下面以由电感和电容构成的滤波器为例，简单说明滤波器的工作原理。

1. 低通滤波器

LC低通滤波器的结构特点是：串联臂是电感，并联臂是电容，如图10.14所示。由于电感对低频信号的感抗很小，对高频信号的感抗很大，而电容对低频信号的容抗很大，对高频信号的容抗很小，当高、低频信号同时由低通滤波器的输入端送入时，低频信号可以顺利通过，而高频信号因电容的分流作用不能从输出端输出，从而达到低通滤波的目的。串联臂是电感、并联臂是电容的 Ⅱ 形电路，也可以实现低通滤波。

2. 高通滤波器

LC高通滤波器的结构特点是：串联臂是电容，并联臂是电感，如图10.15所示。当高、低频信号同时由低通滤波器的输入端送入时，高频信号因容抗小、感抗大可以顺利通过，而低频信号因容抗大、感抗小无法送到输出端输出，从而达到高通滤波的目的。同样，串联臂是电容、并联臂是电感的 Ⅱ 形电路，也可以实现高通滤波。

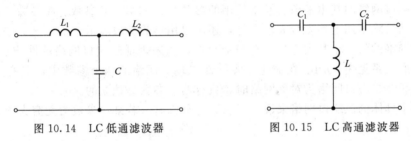

图 10.14　LC低通滤波器　　　　　　图 10.15　LC高通滤波器

3. 带通滤波器

带通滤波器的结构特点是：串联臂是 LC 串联谐振电路，并联臂是 LC 并联谐振电路，如图10.16所示。通常三个谐振电路的谐振频率为通频带的中心频率 f_0。当输入信号频率为 f_0 时，串联臂的电抗为 0，相当于短路，并联臂的电抗为 ∞，相当于开路，信号很容易由输入端口传输至输出端口。当输入信号频率小于 f_0 时，串联臂呈容性，并联臂呈感性，这时带通滤波器相当于一个高通滤波器，对低频信号的传输形成较大的衰减。当输入信号频率大于 f_0 时，串联臂呈感性，并联臂呈容性，这时带通滤波器相当于一个低通滤波器，对高频信号的输出形成较大的衰减。

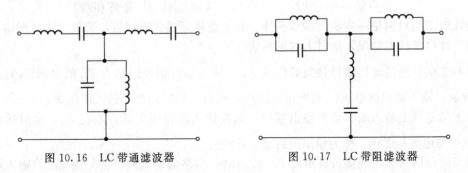

图 10.16　LC带通滤波器　　　　　　图 10.17　LC带阻滤波器

4. 带阻滤波器

带阻滤波器的结构特点是：串联臂是 LC 并联谐振电路，并联臂是 LC 串联谐振电路，如图10.17所示。通常三个谐振电路的谐振频率同样为通频带的中心频率 f_0。当输入信号

频率为 f_0 时，串联臂的电抗为 0，相当于短路，并联臂的电抗为 ∞，相当于开路，频率为 f_0 的信号不能被送到输出端口。当输入信号频率小于 f_0 时，串联臂呈感性，并联臂呈容性，这时带通滤波器相当于一个低通滤波器，对低频信号传输产生的衰减较小。当输入信号频率大于 f_0 时，串联臂呈容性，并联臂呈感性，这时带通滤波器相当于一个高通滤波器，对高频信号的衰减较小。所以，带通滤波器对 f_0 及其附近的信号频率范围有较强的阻碍作用，而对高频和低频的信号频率部分，很容易由输入端口传输至输出端口。

小　结

（1）当一个电路有四个引线端时，若从某一个引线端流入电路的电流与另一个引线端流出电路的电流相等，则这两个引线端就构成了一个端口，其他两个引线端构成另一个端口，则该电路称为二端口网络。

（2）一个二端口网络输入端口和输出端口的端口变量共有四个，即 $\dot{U}_1$、$\dot{I}_1$、$\dot{U}_2$、$\dot{I}_2$。在分析二端口网络时，通常取其中的任意两个为自变量，另外两个为因变量，就可写出描写此网络端口变量间关系的方程，即二端口网络的基本方程。基本方程共有六种，各方程对应的系数是二端口网络的基本参数。经常使用的参数是 Z 参数、Y 参数、A 参数、H 参数。

二端口网络除了用上述参数表示之外，还可以用实验参数表示。

二端口网络的每一个基本方程都有四个参数，用来表征二端口网络的性质和连接关系。各参数之间的关系见表 10.1。在描述无源线性二端口网络的四个参数中，只有三个是独立的。当无源线性二端口网络为对称网络时，只有两个参数是独立的。

对于一个具体的二端口网络来说，不一定六种都有。若某一参数为无穷大值时，可认为该参数不存在。

对于无源线性二端口网络，用任意一种参数表示网络性能时，其最简电路形式为 T 形和 Ⅱ 形网络结构。

（3）输出端口的响应信号与输入端口的激励信号之比，称为二端口网络的传输函数。

传输函数模的大小表示信号经二端口网络后幅度变化的关系，通常称为幅频特性。传输函数的幅角表示信号传输前后相位变化的关系，通常称为相频特性。

（4）两个二端口网络的连接方式有五种：串联、并联、串并联、并串联和级联。各种连接方式得到的复合二端口网络的参数与组成它的简单二端口网络的参数之间的关系分别为

$$串联 \quad Z=Z_a+Z_b \quad 并联 \quad Y=Y_a+Y_b \quad 串并联 \quad H=H_a+H_b$$
$$并串联 \quad G=G_a+G_b \quad 级联 \quad A=A_aA_b（两矩阵相乘）$$

级联时二端口网络一定满足端口条件。其他连接形式在连接后，简单二端口网络可能出现不满足端口条件的情况，这时上式不再成立。

（5）二端口网络输出端口接负载阻抗 Z_L，输入端口接内阻抗为 Z_S 的电源 $\dot{U}_S$ 时，如图 10.5 所示，输入端口的电压 $\dot{U}_1$ 与电流 $\dot{I}_1$ 之比，称为二端口网络的输入阻抗 Z_{in}。

当把信号源由输入端口移至输出端口，但在输入端口保留其内阻抗 Z_S，这时输出端口的电压 $\dot{U}_2$ 与电流 $\dot{I}_2$ 之比，称为输出阻抗 Z_{ou}。

当二端口网络输出端接负载阻抗 $Z_L=Z_{C2}$ 时，网络的输入阻抗恰好为 Z_{C1}，输入端接阻抗 $Z_S=Z_{C1}$ 时，网络的输出阻抗恰好为 Z_{C2}，则 Z_{C1}、Z_{C2} 分别称为输入特性阻抗和输出特性阻抗。这时网络工作在匹配状态。

（6）当二端口网络的输入端口接激励信号后，在输出端口就会得到一个响应信号。如果

二端口网络工作在匹配状态下，对信号的传输能力可用传输常数 γ 表示。

$$\gamma = \frac{1}{2}\ln\frac{U_1 I_1}{U_2 I_2} + j\frac{1}{2}(\varphi_u - \varphi_i) = \alpha + \beta$$

式中，$\alpha = \frac{1}{2}\ln\frac{U_1 I_1}{U_2 I_2}$，称为衰减常数，单位为奈培；$\beta = \frac{1}{2}(\varphi_u - \varphi_i)$，称为相移常数，单位为弧度。

实验十　线性无源二端口网络的研究

一、实验目的
(1) 学习测试二端口网络参数的方法。
(2) 通过实验进一步了解和熟悉二端口网络的特性及等值电路。

二、实验原理
(1) 二端口网络是电路技术中广泛使用的一种电路形式。就二端口网络的外部性能来说，重要的问题是要找出它的输入端和输出端两个端口处电压和电流之间的相互关系，这种相互关系可以由网络本身结构所决定的一些参数来表示。不管网络如何复杂，总可以通过实验的方法来得到这些参数，从而可以很方便地比较不同的二端口网络在传递电能和信号方面的性能，以便评价它们的质量。

(2) 由图 10.18 分析可知二端口网络的基本方程是

图 10.18　二端口网络

$$U_1 = AU_2 - BI_2$$
$$I_1 = CU_2 - DI_2$$

式中，A、B、C、D 称为二端口网络的 T 参数。其数值的大小决定于网络本身的元件及结构。这些参数可以表征网络的全部特性。它们的物理概念可分别用以下的式子来说明。

输出端开路时

$$A = \frac{\dot{U}_{10}}{\dot{U}_{20}}\bigg|_{\dot{I}_2 = 0} \qquad C = \frac{\dot{I}_{10}}{\dot{U}_{20}}\bigg|_{\dot{I}_2 = 0}$$

输出端短路时

$$B = \frac{\dot{U}_{1S}}{-\dot{I}_{2S}}\bigg|_{\dot{U}_2 = 0} \qquad D = \frac{\dot{I}_{1S}}{-\dot{I}_{2S}}\bigg|_{\dot{U}_2 = 0}$$

可见，A 是两个电压比值，是一个无量纲的量；D 是两个电流的比值，也是无量纲的量；B 是短路转移阻抗；C 是开路转移导纳。A、B、C、D 四个参数中只有三个是独立的，因为这几个参数间具有如下关系

$$A \cdot D \cdot B \cdot C = 1$$

如果二端口网络是对称的，则有

$$A = D$$

（3）由上述二端口网络的基本方程组可以看出，如果在输入端 1-1′接以电源，而输出端 2-2′处于开路和短路两种状态时，分别测出 $\dot{U}_{10}$、$\dot{U}_{20}$、$\dot{I}_{10}$、$\dot{I}_{1S}$ 及 $\dot{I}_{2S}$，就可得出上述四个参数。但这种方法实验测试时需要在网络两端，即输入端和输出端同时进行电压和电流的测量，这在某些实际情况下是不方便的。

一般情况下，通常在二端口网络的输入端及输出端分别进行测量，来测定这四个常数，把二端口网络的 1-1′端接以电源，在 2-2′端开路与短路的情况下，可分别得到开路阻抗和短路阻抗

$$R_{01}=\frac{\dot{U}_{10}}{\dot{I}_{10}}\bigg|_{i_2=0}=\frac{A}{C} \qquad R_{S1}=\frac{\dot{U}_1}{\dot{I}_1}\bigg|_{\dot{U}_2=0}=\frac{B}{D}$$

再将电源接至 2-2′端，在 1-1′端开路和短路的情况下，又可得到

$$R_{02}=\frac{\dot{U}_{20}}{\dot{I}_{20}}\bigg|_{i_1=0}=\frac{D}{C} \qquad R_{S2}=\frac{\dot{U}_{2S}}{\dot{I}_{2S}}\bigg|_{\dot{U}_1=0}=\frac{B}{A}$$

同时由上四式可见

$$\frac{R_{01}}{R_{02}}=\frac{R_{S1}}{R_{S2}}=\frac{A}{D}$$

因此，R_{01}、R_{02}、R_{S1}、R_{S2} 中只有三个是独立变量；如果二端口网络对称，则只有两个独立变量，此时

$$R_{01}=R_{02}, R_{S1}=R_{S2}$$

如果由实验已经求得开路和短路阻抗，则可较为方便地计算出二端口网络的 T 参数。

（4）由上所述，无源二端口网络的外特性既然可以用三个参数来确定，那么只要找到一个由具有三个不同阻抗（或导纳）所组成的简单二端口网络便可。如果后者的参数与前者分别相同，则可认为两个二端口网络的外特性完全相同。由三个独立阻抗（或导纳）所组成的二端口网络只有两种形式：T 形电路和 Π 形电路，如图 10.19 所示。

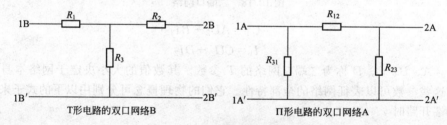

图 10.19 T 形网络和 Π 形网络

如果给定了二端口网络的 A 参数，则无源二端口网络的 T 形等值电路及 Π 形等值电路的三个参数可由下式求得。

$$R_1=\frac{A-1}{C} \qquad R_2=\frac{D-1}{C} \qquad R_3=\frac{1}{C}$$

$$R_{31}=\frac{B}{D-1} \qquad R_{12}=B \qquad R_{23}=\frac{B}{A-1}$$

实验装置中提供的两个双口网络应该是等价的，其参数如下。

$R_1=200\Omega$，$R_2=100\Omega$，$R_3=300\Omega$，$R_{31}=1.1\text{k}\Omega$，$R_{12}=367\Omega$，$R_{23}=550\Omega$

上述电阻的精度全选择为 1.0 级，功率每只 4W。

三、实验内容

（1）按图 10.20 接好线路，固定 $U_1=E=5\text{V}$，测量并记录 2-2′端开路时及 2-2′端短路

时的各参数，记入附表一。

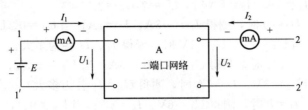

图 10.20　实验电路

（2）由第一步测得的结果，计算出 A、B、C、D，并验证 $AD=BC$，然后计算等值 T 形电路的各电阻值。

（3）图 10.20 中的 A 网络换成 B 网络。在 1-1′ 端加电压 $U_1=5V$，测量该等值电路的外特性，数据记入附表二，并与步骤（1）比较。

（4）将电源移至 2-2′ 端，固定 $U_2=5V$，测量并记录 1-1′ 端开路时及 1-1′ 端短路时各参数，计算出 R_{01}、R_{02} 及 R_{S1}、R_{S2}，记入附表三，验证 $\dfrac{R_{01}}{R_{02}}=\dfrac{R_{S1}}{R_{S2}}$，并由此算出 A、B、C、D，记入附表四。与步骤（2）所得结果相比较。

附表一　$E=5V$

2-2′开路	U_{10}	U_{20}	I_{10}	I_{20}	A	C	R_{01}
				0			
2-2′短路	U_{1S}	U_{2S}	I_{1S}	I_{2S}	B	D	R_{S1}
		0					

附表二　$E=$ _____ V

2-2′开路	U_{10}	U_{20}	I_{10}	I_{20}	A	C	R_{01}
				0			
2-2′短路	U_{1S}	U_{2S}	I_{1S}	I_{2S}	B	D	R_{S1}
		0					

附表三　$E=$ _____ V

1-1′开路	U_{10}	U_{20}	I_{10}	I_{20}	R_{02}
			0		
1-1′短路	U_{1S}	U_{2S}	I_{1S}	I_{2S}	R_{S2}
	0				

附表四　计算

R_{01}	R_{02}	R_{S1}	R_{S2}	R_{01}/R_{02}	R_{S1}/R_{S2}	A	B	C	D

习　题

10.1　用最方便的一种参数解决以下问题。

（1）当 $I_1=3\mathrm{A}$、$I_2=0$ 时，测得 $U_1=5\mathrm{V}$、$U_2=2\mathrm{V}$；当 $I_1=0$、$I_2=2\mathrm{A}$ 时，测得 $U_1=6\mathrm{V}$、$U_2=3\mathrm{V}$。求当 $I_1=5\mathrm{A}$、$I_2=6\mathrm{A}$ 时，$U_1=?$ $U_2=?$

（2）当 $U_1=2\mathrm{V}$、$U_2=0$ 时，测得 $I_1=-3\mathrm{A}$、$I_2=1\mathrm{A}$；当 $U_1=0$、$U_2=-1\mathrm{V}$ 时，测得 $I_1=6\mathrm{A}$、$I_2=7\mathrm{A}$。求当 $U_1=1\mathrm{V}$、$U_2=1\mathrm{V}$ 时，测得 I_1、I_2 各为多大？

（3）当 $U_2=0$、$I_2=3\mathrm{A}$ 时，测得 $U_1=0$、$I_1=5\mathrm{A}$；当 $U_2=-3\mathrm{V}$、$I_2=0$ 时，测得 $U_1=6\mathrm{V}$、$I_1=9\mathrm{A}$。求当 $U_2=3\mathrm{V}$、$I_2=7\mathrm{A}$ 时，测得 U_1、I_1 各为多大？

（4）当 $U_2=1\mathrm{V}$、$I_1=0$ 时，测得 $U_1=6\mathrm{V}$、$I_2=5\mathrm{A}$；当 $U_2=0$、$I_1=10\mathrm{A}$ 时，测得 $U_1=5\mathrm{V}$、$I_2=3\mathrm{A}$。求当 $U_2=1\mathrm{V}$、$I_1=-1\mathrm{A}$ 时，U_1、I_2 各为多大？

10.2 试求图 10.21 所示电路的 Z 参数和 A 参数。它的 Y 参数是否存在？

10.3 试求图 10.22 所示电路的 Y 参数和 A 参数。它的 Z 参数是否存在？

10.4 试求图 10.23 电路的 Z 参数、A 参数和 Y 参数。

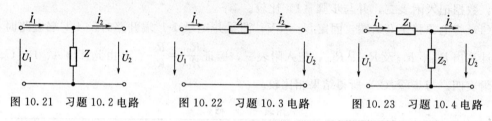

图 10.21 习题 10.2 电路　　图 10.22 习题 10.3 电路　　图 10.23 习题 10.4 电路

10.5 试用实验参数求出图 10.24 所示二端口网络的输入阻抗和输出阻抗。

10.6 试求图 10.25 所示电路的开路电压传输函数。

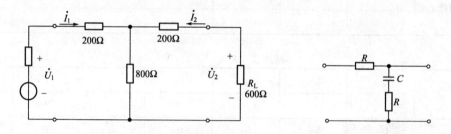

图 10.24 习题 10.5 电路　　　　图 10.25 习题 10.6 电路

10.7 二端口网络特性阻抗的物理意义是什么，它和二端口网络的输入阻抗有什么不同？试求图 10.26 所示 T 形网络的特性阻抗。

10.8 试求图 10.27 所示二端口网络电路的特性阻抗。

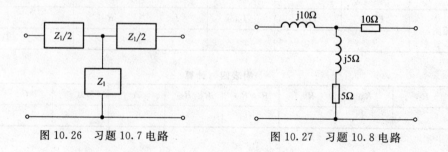

图 10.26 习题 10.7 电路　　　　图 10.27 习题 10.8 电路

第 11 章

均匀传输线

在前面的 10 章中,我们讨论了由集总参数元件组成的电路。在这类电路中,各元件量值的大小,用具体的参数值表示,各元件之间采用无阻无感的理想导线连接,能量的存储与消耗只在电感、电容和电阻上发生。当电路的尺寸与信号的波长接近时,将电路的实际测量结果与集总参数下的理论计算结果进行比较,两者出现很大偏差,说明电路中的参数发生了变化,这时电路中的元件和导线,不能用集总参数描述其主要特性,而必须采用分布参数对电路分析。

【本章教学要求】

理论教学要求:了解分布参数电路的一些基本概念和特点,传播常数、特性阻抗以及无损耗传输线的简单计算;掌握在正弦信号激励下,均匀传输线的稳定状态,熟悉在不同的负载情况下,均匀传输线上电压、电流的波动性质。

实验教学要求:通过实验或实践环节,进一步了解正弦稳态下,无损耗传输线在不同终端情况时电压沿线分布情况。

11.1 分布参数电路的概念

●**【学习目标】**●

了解分布参数电路的条件及分布参数电路分析方法的思路。

11.1.1 分布参数电路

前面所讲的电阻、电感和电容元件都是认为电磁能量只消耗或只存储,各元件之间也都是用无阻、无感的理想导线连接,导线与电路各部分之间的电容也都不考虑,即称为集总参数的电路。集总参数的电路和分布参数电路的划分,是以电路的尺寸与在其中传输的信号波长相比较为依据的。当信号最高频率的波长 λ 和电路的尺寸 l 满足

$$\lambda \geqslant 100l$$

时,电路可以采用集总参数进行分析,否则,应采用分布参数对电路进行研究。

如电力工程中的高压远距离输电线,虽然工作频率只有 $50\mathrm{Hz}$,但由于传输距离很长,导线的电阻及介质的不完善,使用一瞬间线路各点的电流不同,线间的电压也不同,必须采用分布参数电路进行分析。有线通信中的电话线、无线电技术中的馈电线等都是分布参数电路。

11.1.2　分布参数电路的分析方法

对于分布参数的电路，可以用电磁场理论或电路理论进行分析，本章采用电路理论进行分析。

采用电路理论分析时，首先将传输线分为无限多个无穷小尺寸的集总参数单元电路，每个单元电路遵循电路的基本定律，然后将各个单元电路级联，去逼近真实情况，所以各单元电路的电压和电流既是时间的函数，又是距离的函数。

●【学习思考】●

（1）在什么条件下，一个电路应采用分布参数分析？

（2）在采用电路理论分析分布参数电路时，分析方法的思路是怎样的？

11.2　均匀传输线的正弦稳态响应方程式

●【学习目标】●

熟悉均匀传输线的原始参数和微分段等效电路的结构，熟悉均匀传输线上任一点的电压、电流表达式。

11.2.1　均匀传输线的微分方程

常用的传输线是平行双导线和同轴电缆。平行双导线是由两条直径相同、彼此平行布放的导线组成；同轴电缆线由两个同心圆柱导体组成。这样的传输线在一段长度内，可以认为其参数处处相同，故称之为均匀传输线。

均匀传输线的原始参数是以每单位长度的电路参数来表示的，即单位长度线段上的电阻（包括来回线），单位长度线段上的电感，单位长度线段的两导体间的漏电导，单位长度线段两导体间的电容。当工作波形为电场、磁场和传输方向三者互相垂直的电磁波在均匀传输线中传播时，上述四个参数在很宽的频率范围内是不变的，这种情况下传输线输入正弦信号时，传输线上各点的电压、电流都将按正弦规律变化。可以认为，在这种条件下的传输线上任一点的信号是距离的函数。

图 11.1 中的 dz 为距离的微分，R 为单位长度的电阻。

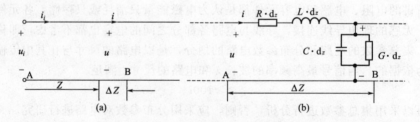

图 11.1　均匀传输线及微分段的等效电路

当信号由 A 端传送到 B 端时，电压产生 du 增量，电流产生 di 增量，则 du 和 di 与原始参数之间的关系，可以用均匀传输线的复数形式表示为

$$(R\mathrm{d}z+\mathrm{j}\omega L\mathrm{d}z)\dot{I}=-d\,\dot{U}$$

$$(G\mathrm{d}z+\mathrm{j}\omega C\mathrm{d}z)\dot{U}=-\mathrm{d}\,\dot{I}$$

由此得到均匀传输线方程的复数形式

$$R\dot{I}+\mathrm{j}\omega L\dot{I}=-\frac{\mathrm{d}\dot{U}}{\mathrm{d}z} \tag{11.1}$$

$$G\dot{U}+\mathrm{j}\omega C\dot{U}=-\frac{\mathrm{d}\dot{I}}{\mathrm{d}z} \tag{11.2}$$

11.2.2 均匀传输线方程的稳态解

为了求出均匀传输线在 A 点处的电压和电流，式（11.1）对 z 求导后，将式（11.2）代入

$$\frac{\mathrm{d}^2\dot{U}}{\mathrm{d}z^2}=-(R+\mathrm{j}\omega L)\frac{\mathrm{d}\dot{I}}{\mathrm{d}z}=(R+\mathrm{j}\omega L)(G+\mathrm{j}\omega C)\dot{U}=\nu^2\dot{U} \tag{11.3}$$

式中，$\nu=\sqrt{(R+\mathrm{j}\omega L)\,(G+\mathrm{j}\omega C)}$ 称为传输线上波的传播常数，该方程的通解为

$$\dot{U}=A_1\mathrm{e}^{-\nu z}+A_2\mathrm{e}^{\nu z} \tag{11.4}$$

将式（11.4）代入式（11.1）又可得

$$(R+\mathrm{j}\omega L)\dot{I}=-\frac{\mathrm{d}}{\mathrm{d}z}(A_1\mathrm{e}^{-\nu z}+A_2\mathrm{e}^{\nu z})=A_1\nu\mathrm{e}^{-\nu z}-A_2\nu\mathrm{e}^{\nu z}$$

$$\dot{I}=\frac{\nu}{R+\mathrm{j}\omega L}(A_1\mathrm{e}^{-\nu z}-A_2\mathrm{e}^{\nu z})$$

令

$$Z_{\mathrm{C}}=\frac{R+\mathrm{j}\omega L}{\nu}$$

则

$$\dot{I}=\frac{A_1}{Z_{\mathrm{C}}}\mathrm{e}^{-\nu z}-\frac{A_2}{Z_{\mathrm{C}}}\mathrm{e}^{\nu z} \tag{11.5}$$

Z_{C} 称为传输线的特性阻抗。式（11.4）和式（11.5）是均匀传输线的传输方程稳态解的一般表达式。式中的复常数 A_1 和 A_2 在给定边界条件后即可确定。

当已知始端电压 $\dot{U}_1$ 和始端电流 $\dot{I}_1$ 时，若 $Z=0$，将 $\dot{U}=\dot{U}_1$、$\dot{I}=\dot{I}_1$ 代入式（11.4）和式（11.5）中可得

$$\dot{U}_1=A_1+A_2$$

$$\dot{I}_1=\frac{A_1}{Z_{\mathrm{C}}}-\frac{A_2}{Z_{\mathrm{C}}}$$

$$\dot{I}Z_{\mathrm{C}}=A_1-A_2$$

所以

$$A_1=\frac{1}{2}(\dot{U}_1+\dot{I}_1Z_{\mathrm{C}})$$

$$A_2=\frac{1}{2}(\dot{U}_1-\dot{I}_1Z_{\mathrm{C}})$$

若边界条件为末端电压 $\dot{U}_2$ 和电流 $\dot{I}_2$，且传输线长度为 l 时，有

$$\dot{U}_2=A_1\mathrm{e}^{-\nu z}+A_2\mathrm{e}^{\nu z}, \quad \dot{I}_2Z_{\mathrm{C}}=A_1\mathrm{e}^{-\nu z}-A_2\mathrm{e}^{\nu z}$$

$$A_1=\frac{1}{2}(\dot{U}_2+\dot{I}_2Z_{\mathrm{C}})\mathrm{e}^{\nu l}, \quad A_2=\frac{1}{2}(\dot{U}_2-\dot{I}_2Z_{\mathrm{C}})\mathrm{e}^{-\nu l}$$

将 A_1、A_2 代入式（11.4）和式（11.5）后，即得任一点 $\dot{U}$ 和 $\dot{I}$ 的表达式。另外，将末端距测量点的长度 $x=l-z$ 代入，就可得到距离由末端算起的表达式为

$$
\left.
\begin{aligned}
\dot{U} &= \frac{1}{2}(\dot{U}_2 + \dot{I}_2 Z_C)e^{\nu x} + \frac{1}{2}(\dot{U}_2 - \dot{I}_2 Z_C)e^{-\nu x} \\
\dot{I} &= \frac{1}{2}\left(\frac{\dot{U}_2}{Z_C} + \dot{I}_2\right)e^{\nu x} - \frac{1}{2}\left(\frac{\dot{U}_2}{Z_C} - \dot{I}_2\right)e^{-\nu x}
\end{aligned}
\right\}
\tag{11.6}
$$

●【学习思考】●

（1）何谓均匀传输线？

（2）写出传输线上的特性阻抗 Z_C 和传播常数 ν 的表达式，并说明它们与什么参数有关。

11.3 均匀传输线上的波和传播特性

●【学习目标】●

了解行波的概念及行波波长的计算，熟悉特性阻抗和传播常数的意义及特性阻抗和传播常数的计算关系，掌握无损耗传输和不失真传输的条件。

11.3.1 行波

由式（11.4）和式（11.5）看，传输线上任意一处的电压相量和电流相量都可以当成由两个分量组成，即

$$
\dot{U} = A_1 e^{-\nu z} + A_2 e^{\nu z} = \dot{U}_i + \dot{U}_\nu
$$

$$
\dot{I} = \frac{A_1}{Z_C}e^{-\nu z} - \frac{A_2}{Z_C}e^{\nu z} = \dot{I}_i - \dot{I}_\nu
\tag{11.7}
$$

令传播常数 $\quad\quad \nu = \sqrt{(R+j\omega L)(G+j\omega C)} = \alpha + j\beta$

由于 R、L、G、C 和 ω 均为正实数，这表明 ν 的辐角在 $0°\sim90°$ 之间，所以 α 和 β 均为正值。在 $\dot{U}_i$ 分量中，$e^{-\nu z} = e^{-\alpha z}\cdot e^{-j\beta z}$，表明信号在传播的过程中，除了随时间变化之外，随着距离的增加，信号的幅度减小（由 $e^{-\alpha z}$ 引起），$e^{-j\beta z}$ 引起信号的相位角 θ 永远保持不变的位置也向 Z 增加的方向移动，相位移动的速度为 $\frac{\omega}{\beta}$，这种随时间增长而不断向信号传播方向移动的波称为行波。行波在一个周期时间内行进的距离，称为行波的波长 λ，有

$$
\lambda = \frac{2\pi}{\beta}
\tag{11.8}
$$

行波电压 $\dot{U}_i$ 由始端向终端传播，称为正向行波，也叫入射波，如图 11.2 所示。

对于 $\dot{U}_\nu$ 部分，$e^{\nu z} = e^{\alpha z}\cdot e^{j\beta z}$，表明它也是一个行波，其相速和波长与正向行波相同，由于波在传播过程中总是衰减的，所以由 $e^{\nu z}$ 可推出它是一个由终端向始端传播的行波，称为反向行波，也叫反射波，如图 11.3 所示。

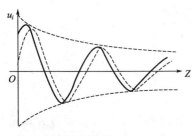

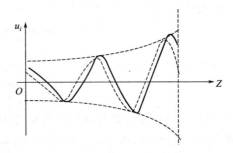

图 11.2　传输线中的入射波　　　　　图 11.3　传输线中的反射波

11.3.2　特性阻抗

通过前面的分析，我们知道行波电压和行波电流是由正、反两个方向传播的分量组成，当传输线的长度为无穷大时，就可认为传输线中只有入射波而无反射波，这时传输线中任意一点处的行波电压与行波电流的比值称为特性阻抗。由式（11.4）和式（11.5）可得

$$Z_C = \frac{\dot{U}_i}{\dot{I}_i} = \frac{\dot{U}_\nu}{\dot{I}_\nu} = \sqrt{\frac{R + j\omega L}{G + j\omega C}}$$

Z_C 不仅与传输线的原始参数 R、L、G、C 有关，还与信号源的频率 f 有关。工作频率较高的传输线，其单位长度的电阻 R 比感抗 ωL 小很多，导线间单位长度电导 G 比容纳 ωC 小得更多，所以可以忽略不计。在这种情况下，特别是当线长比较短时，常把工作于频率较高的传输线看成是无损耗的传输线。在无损耗传输条件下，传输线的参数满足 $R/L = G/C$ 的条件，这时的特性阻抗为

$$Z_C = \sqrt{\frac{\left(\dfrac{R}{L} + j\omega\right)L}{\left(\dfrac{G}{C} + j\omega\right)C}} = \sqrt{\frac{L}{C}} \tag{11.9}$$

即 Z_C 为一个纯电阻，其数值与信号频率无关。

如果传输线所传输的信号频率非常高，且满足 $\omega L \gg R$、$\omega C \gg G$ 时，有

$$\lim_{\omega \to \infty} Z_C = \sqrt{\frac{L}{C}}$$

即高频状态下，传输线上的特性阻抗可认为是纯电阻。

11.3.3　传播常数

前面在讨论行波在传输线中的传播过程中得到，在一定频率下，行波的幅值和相位在行进过程中的变化，是由传播常数 ν 确定的。在无损耗传输线上的传播常数为

$$\nu = \alpha + j\beta = \sqrt{j\omega L \cdot j\omega C} = j\omega\sqrt{LC}$$

由此可得

$$\alpha = 0$$

$$\beta = \omega\sqrt{LC} \tag{11.10}$$

式（11.10）说明，无损耗传输线的衰减常数等于零，而相移常数与频率成线性关系。

无损耗传输线上行波的传播速度为

$$v_P = \frac{\omega}{\beta} = \frac{1}{\sqrt{LC}}$$

若将传播速度写成频率与波长的乘积，有

$$v_P = \lambda \cdot f = \frac{1}{\sqrt{LC}}$$

将上式代入式（11.10）可得

$$\beta = \frac{\omega}{\lambda f} = \frac{2\pi}{\lambda} \tag{11.11}$$

式（11.11）是相移常数与波长的重要关系式。

传播常数 ν 与特性阻抗一样，都只与线路的参数和使用频率有关，而与负载无关。

可以证明，ν 的实部 α 表示波每行进一单位长度后，它的振幅就要减小到原振幅的 $1/e^{\alpha}$，所以称 α 为衰减常数，单位为"奈培/米"或"分贝/米"。ν 的虚部 β 表示沿传播方向行进一单位长度时，波在相位上滞后的弧度数，所以称为相移常数，单位为"弧度/米"。又因为 $\beta = \frac{2\pi}{\lambda}$，即 β 又表示在 2π 长的一段传输线上波的个数，所以又称为波数。

由 $\nu = \alpha + \mathrm{j}\beta = \sqrt{(R+\mathrm{j}\omega L)(G+\mathrm{j}\omega C)}$ 可知，α 和 β 与传输线的长度上的原始参数及信号频率有关，将其两边平方，对实部、虚部联立求解可得

$$\alpha \approx \left(\frac{R}{2}\sqrt{\frac{C}{L}} + \frac{G}{2}\sqrt{\frac{L}{C}}\right)\left[1 - \frac{1}{8\omega^2}\left(\frac{R}{L} - \frac{G}{C}\right)^2\right]$$

$$\beta \approx \omega\sqrt{LC}\left[1 - \frac{1}{8\omega^2}\left(\frac{R}{L} - \frac{G}{C}\right)^2\right]$$

由此得最小衰减的传输条件

$$\frac{R}{L} = \frac{G}{C} \tag{11.12}$$

它与为消除信号频率影响得到的条件一致，该条件就是不失真传输条件，在满足该条件时

$$\alpha = \sqrt{GR}, \quad \beta = \omega\sqrt{LC}$$

● 【学习思考】 ●

（1）何谓入射波，何谓反射波？

（2）衰减常数 α 和相移常数 β 对行波有何影响？

11.4 终端接有负载的传输线

● 【学习目标】 ●

了解反射系数的意义，熟悉在不同负载情况下传输线中波的传输特点。

当传输线的终端接负载后，终端的边界条件将发生变化，下面我们将讨论此种情况下均匀传输线上正、反行波之间的关系。

11.4.1 反射系数

为了描述反射波和入射波之间的关系，我们定义传输线上任一点的反射波电压（或电

流）与入射波电压（或电流）之比为反射系数 N，即

$$N = \frac{\dot{U}_\nu}{\dot{U}_i} = \frac{\dot{I}_\nu}{\dot{I}_i}$$

当终端接集总参数负载 Z_L，传输线的特性阻抗为 Z_C 时，终端电压、电流的关系为

$$\dot{U}_{2i} + \dot{U}_{2\nu} = Z_L(\dot{I}_{2i} - \dot{I}_{2\nu}) = Z_L\left(\frac{\dot{U}_{2i}}{Z_C} - \frac{\dot{U}_{2\nu}}{Z_C}\right)$$

所以
$$N = \frac{\dot{U}_{2\nu}}{\dot{U}_{2i}} = \frac{Z_L - Z_C}{Z_L + Z_C} \tag{11.13}$$

N 称为终端反射系数，其大小仅与负载阻抗和传输线的特性阻抗有关。

11.4.2 终端阻抗匹配的均匀传输线

有限长的均匀传输线终端的负载与传输线的特性阻抗相等时，即 $Z_L = Z_C$ 时，终端反射系数 $N = 0$。此时传输线上只有入射波而无反射波，其工作状态与无限长均匀传输线的工作状态相同。

当终端所接负载满足与传输线特性阻抗相等的条件时，称为负载与传输线匹配，简称阻抗匹配。

将阻抗匹配时的终端电压 $\dot{U}_2 = \dot{I}_2 Z_L = \dot{I}_2 Z_C$ 代入式（11.6），传输线上任一点的电压和电流为

$$\dot{U} = \dot{U}_2 e^{\nu x} = \dot{U}_2 e^{\alpha x} \cdot e^{j\beta x}$$

$$\dot{I} = \dot{I}_2 e^{\nu x} = \dot{I}_2 e^{\alpha x} \cdot e^{j\beta x} \tag{11.14}$$

式（11.14）表明，由于传输线上只有入射波，传输线上的电压和电流的有效值均按指数规律从始端到终端逐渐衰减，如图11.4所示。

传输线上任一点向终端看进去的输入阻抗为

$$Z_{ix} = \frac{\dot{U}}{\dot{I}} = \frac{\dot{U}_2}{\dot{I}_2} = Z_C$$

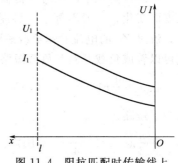

图11.4 阻抗匹配时传输线上电压和电流的分布情况

11.4.3 终端不匹配的均匀传输线

当终端负载不能实现阻抗匹配时，终端阻抗

$$Z_2 = \frac{\dot{U}_2}{\dot{I}_2}$$

下面以终端为计算距离的起点、距离变量用 x 来分析不同负载阻抗时传输线上电压、电流的变化规律。

1. 终端开路时的情况

终端开路时，$\dot{I}_2 = 0$，$Z_L \to \infty$，这时反射系数 $N = \frac{Z_L - Z_C}{Z_L + Z_C} = 1$，终端发生全反射，由式（11.6）可得传输线任意一点的电压和电流为

$$\dot{U} = \frac{1}{2}\dot{U}_2(e^{j\beta x} + e^{-j\beta x}) = \dot{U}_2 \cos\frac{2\pi}{\lambda}x$$

$$\dot{I} = \frac{1}{2}\frac{\dot{U}_2}{Z_C}(e^{j\beta x} - e^{-j\beta x}) = j\frac{\dot{U}_2}{Z_C}\sin\frac{2\pi}{\lambda}x \qquad (11.15)$$

在这种情况下，传输线上电压和电流有效值的分布都是由始端到终端沿一条衰减曲线上下摆动。随着时间 t 的增长，电压和电流的波形并不沿 x 方向移动，而是上下摆动，此种波形称为驻波。由于驻波上存在反射波，故传输线上某些地方入射波与反射波相位接近同相，该处的有效值较大，其极大值处称为波腹；在传输线上的另一些地方，入射波与反射波接近反相，该处的有效值较小，其极小值处称为波节。

由于 $\nu = \alpha + j\beta$，衰减系数 α 使传输线上电压和电流由始端到终端逐渐衰减，相移常数 β 使电压和电流上下摆动。当入射波和反射波同相时，电压出现波腹，电流出现波节；当入射波和反射波反相时，电压出现波节，电流出现波腹。越靠近始端，反射波幅度越小，传输线上电压（或电流）的波腹与波节之差越小。

2. 终端短路时的情况

终端短路时，$\dot{U}_2 = 0$，$Z_L = 0$，这时反射系数 $N = \dfrac{Z_L - Z_C}{Z_L + Z_C} = -1$，终端发生全反射，终端的反射波与入射波幅值相同，相位相反，传输线中电压、电流均为驻波，其驻波的衰减规律与终端开路时相同，但波腹和波节出现的位置与终端开路时相反。

3. 终端接任意负载的情况

终端接任意负载时，$Z_L = \dfrac{\dot{U}_2}{\dot{I}_2} \neq Z_C$，这时反射系数 $-1 < N < 1$，终端出现部分反射。

在终端阻抗不匹配时，传输线上既有入射波又有反射波，传输线的输入电阻随传输线的长度而变化，一般不等于特性阻抗。将负载为 Z_L 的终端电压看作负载开路情况的终端电压，流过 Z_L 的电流看作负载短路情况时的终端电流，这时，传输线上任意一点的电压和电流可以看成负载开路和负载短路两种情况时的叠加。

在 $x = \dfrac{1}{2}n\lambda$（$n = 0, 1, 2, \cdots$）处，是电压波节、电流波腹，该处等效阻抗为零，终端相当于短路。

在 $\dfrac{n}{2}\lambda < x < \dfrac{2n+1}{4}\lambda$ 范围内，电压超前电流 $90°$，等效阻抗为电感性。

在 $x = \dfrac{2n+1}{4}\lambda$（$n = 0, 1, 2, \cdots$）处，是电压波腹、电流波节，该处等效阻抗为无穷大，终端相当于开路。

在 $\dfrac{2n+1}{4}\lambda < x < \dfrac{n+1}{2}\lambda$ 范围内，电压滞后电流 $90°$，等效阻抗为电容性。

●【学习思考】●
(1) 满足什么条件才能获得阻抗匹配，匹配有什么好处？
(2) 何谓驻波，驻波与行波有什么区别？

小　结

(1) 采用分布参数分析传输电路的条件是

$$\lambda < 100l$$

λ 为信号最高频率的波长，l 为电路的尺寸。

（2）将传输线分为微小的微分段，各微分段的参数相同，这种传输线称为均匀传输线。

（3）当传输线中传输正弦信号时，传输线中任一点的电压或电流不但是时间的函数，也是距离的函数。

（4）当均匀传输线中传输单一频率的正弦波时，由于均匀传输线的原始参数在很宽的频率范围内为常数，传输线上各处的电压、电流在稳态时都按正弦规律变化，所以可用相量表示正弦电压和电流。当从终端计算距离时，传输线上任一点的电压、电流为

$$\dot{U} = \frac{1}{2}(\dot{U}_2 + \dot{I}_2 Z_C)\mathrm{e}^{\nu x} + \frac{1}{2}(\dot{U}_2 - \dot{I}_2 Z_C)\mathrm{e}^{-\nu x}$$

$$\dot{I} = \frac{1}{2}\left(\frac{\dot{U}_2}{Z_C} + \dot{I}_2\right)\mathrm{e}^{\nu x} - \frac{1}{2}\left(\frac{\dot{U}_2}{Z_C} - \dot{I}_2\right)\mathrm{e}^{-\nu x}$$

式中，$\nu = \sqrt{(R+\mathrm{j}\omega L)(G+\mathrm{j}\omega C)} = \alpha + \mathrm{j}\beta$ 称为传播系数；$Z_C = \sqrt{\dfrac{R+\mathrm{j}\omega L}{G+\mathrm{j}\omega C}}$ 称为特性阻抗。

（5）传输线的最小衰减和不失真传输条件为

$$\frac{R}{L} = \frac{G}{C}$$

这时
$$\nu = \alpha + \mathrm{j}\beta = \sqrt{GR} + \mathrm{j}\omega\sqrt{LC}$$

（6）当终端负载 $Z_L = Z_C$ 时，传输线中无反射波，传输线上的电压和电流的有效值由始端到终端按指数规律衰减，任意一点向终端看的输入阻抗等于 Z_C。

习 题

11.1 什么样的传输线可以认为是均匀传输线，均匀线上的电压、电流是否随时间变化？

11.2 写出传播系数、特性阻抗、反射系数的表达式，它们反映了行波哪些方面的特点？

11.3 达到阻抗匹配的传输线对电网有什么影响？

11.4 传输线在满足最小衰减的传输条件时，为什么同时也满足不失真传输条件？

11.5 当负载阻抗分别为 $Z_L = Z_C$、$Z_L = \infty$、$Z_L = 0$ 时，均匀传输线的工作状态各有什么特点？

11.6 一同轴电缆的参数为：$R = 7\Omega/\mathrm{km}$，$L = 0.3\mathrm{mH/km}$，$C = 0.2\mu\mathrm{F}$，$G = 0.5 \times 10^{-6}\mathrm{s/km}$。试计算当工作频率为 $800\mathrm{Hz}$ 时，此电缆的特性阻抗 Z_C、传播常数 ν 和波长 λ。

第 12 章

拉普拉斯变换

拉普拉斯变换是分析和求解线性常微分方程的一种简便的方法，用拉普拉斯变换求解线性电路中的过渡过程，在工程上有着广泛的应用。因此，学习和掌握拉普拉斯变换的有关知识，对后续课程有着很重要的意义。

本章主要介绍拉普拉斯变换在线性电路分析中的应用。内容包括：拉普拉斯变换的定义，拉普拉斯变换的基本性质，求拉普拉斯反变换的分解定理，KCL 和 KVL 的运算形式，运算阻抗、运算导纳和运算电路以及运算法在线性时不变电路分析中的应用。

【本章教学目标】

理论教学要求：了解拉普拉斯变换的定义和基本性质；在熟悉基尔霍夫定律的运算形式、运算阻抗和运算导纳以及运算电路的基础上，掌握拉普拉斯变换法分析和研究线性电路的方法和步骤；在求拉氏反变换时，要求掌握分解定理及其应用。

12.1 拉普拉斯变换的定义

● **【学习目标】** ●

了解拉普拉斯变换的定义，理解原函数、象函数的概念。

拉普拉斯变换是研究线性时不变系统的一种数学工具，它可将时域函数 $f(t)$ 变换为频域函数 $F(s)$。只要 $f(t)$ 在区间 $[0, \infty]$ 有定义，则有

$$F(s) = \int_{0_-}^{\infty} f(t) e^{-st} \, dt \tag{12.1}$$

式(12.1)左边的 $F(s)$ 称为复频域函数，是时域函数 $f(t)$ 的拉氏变换，$F(s)$ 也叫做 $f(t)$ 的象函数。我们把式(12.1)称为拉氏变换的定义式，其 0 作用就是将一个时域函数变换为一个复频域函数，它又可简记为

$$F(s) = L[f(t)]$$

式中，$L[\ ]$ 是一个算子，表示对括号内的函数进行拉氏变换。电路分析中所遇到的电压、电流一般是时间函数，其拉普拉斯变换都是存在的。如果复频域函数 $F(s)$ 已知，要求出与它对应的时域函数 $f(t)$，显然要用到拉普拉斯反变换，即

$$f(t) = \frac{1}{2\pi j} \int_{c-j\infty}^{c+j\infty} F(s) e^{st} \, dt \tag{12.2}$$

式(12.2)左边的 $f(t)$ 可称为 $F(s)$ 的原函数。此式的作用是将一个复频域函数变换为一个时域函数，也可简记为

$$f(t) = L^{-1}[F(s)]$$

式中，符号 $L^{-1}[\ ]$ 也是一个算子，表示对括号内的函数进行拉氏反变换。

在拉氏变换中，一个时域函数 $f(t)$ 唯一地对应一个复频域函数 $F(s)$；反过来，一个复频域函数 $F(s)$ 唯一地对应一个时域函数 $f(t)$，即不同的原函数和不同的象函数之间有着一一的对应关系，称为拉氏变换中的唯一性。我们用小写字母来表示原函数，用相同的大写字母来表示象函数，如电流原函数 $i(t)$ 的象函数写为 $I(s)$。

式（12.1）右边的积分为有限值，其中的 e^{-st} 称为收敛因子。收敛因子中的变量 $s=c+j\omega$ 是一个复数形式的频率，其实数部分始终为正，虚数部分可以为正、负或零。

例 12.1 计算下列典型时域函数的象函数：

（1）单位冲激函数 $f(t)=\delta(t)$；（2）单位阶跃函数 $f(t)=\varepsilon(t)$；（3）指数函数 $f(t)=e^{-at}$；（4）正弦函数 $f(t)=\sin\omega t$。

解：（1）$F(s)=L[f(t)]=\int_{0_-}^{\infty}\delta(t)e^{-st}dt=\int_{0_-}^{0_+}\delta(t)e^{-st}dt=e^{-s(0)}=1$

（2）$F(s)=L[f(t)]=\int_{0_-}^{\infty}\varepsilon(t)e^{-st}dt=\int_{0_-}^{\infty}e^{-st}dt=-\frac{1}{s}e^{-st}\Big|_{0_-}^{\infty}=\frac{1}{s}$

（3）$F(s)=L[f(t)]=\int_{0_-}^{\infty}e^{-at}e^{-st}dt=\int_{0_-}^{\infty}e^{-(s+a)t}dt=-\frac{1}{s+a}e^{-(s+a)t}\Big|_{0_-}^{\infty}=\frac{1}{s+a}$

（4）$F(s)=L[f(t)]=\int_{0_-}^{\infty}\sin\omega t\,e^{-st}dt=-\frac{e^{-st}}{s^2+\omega^2}(s\sin\omega t+\omega\cos\omega t)\Big|_{0_-}^{\infty}=\frac{\omega}{s^2+\omega^2}$

应注意积分下限取 0_- 还是取 0_+ 的区别，若在 $t=0$ 时函数 $f(t)$ 存在冲激，则从 $t=0_-$ 开始积分就能把这个冲激包括进去，如果把积分下限取为 0_+，就不包括这个冲激；另一方面，如果在 $t=0$ 时函数 $f(t)$ 是连续的，则积分下限取 0_- 或 0_+ 时所得的结果是一样的。

●【学习思考】●

（1）何谓拉普拉斯变换，何谓拉普拉斯反变换？

（2）什么是原函数，什么是反函数，二者之间的关系如何？

12.2 拉普拉斯变换的基本性质

●【学习目标】●

了解拉普拉斯变换的线性性质、微分性质和积分性质，了解运用这些性质进行拉普拉斯变换的形式。

拉氏变换有许多重要的性质，利用这些性质可以很方便地求得一些较为复杂的函数的象函数，同时也可以把线性常系数微分方程变换为复频域中的代数方程。本节就拉普拉斯变换来阐述这些性质。

1. 线性性质

设函数 $f_1(t)$ 和 $f_2(t)$ 的象函数分别为 $F_1(s)$ 和 $F_2(s)$，则函数 $f(t)=Af_1(t)\pm Bf_2(t)$ 的象函数为

$$F(s)=AF_1(s)\pm BF_2(s) \tag{12.3}$$

式中的 A 和 B 为任意常数（实数或复数）。这一性质可以直接利用拉普拉斯变换的定义

加以证明。

例 12.2 求 $f_1(t) = \sin \omega t$ 和 $f_2(t) = \cos \omega t$ 的象函数。

解: 根据欧拉公式 $e^{j\omega t} = \cos \omega t + j\sin \omega t$

可得

$$\sin\omega t = \frac{e^{j\omega t} - e^{-j\omega t}}{2j}, \quad \cos\omega t = \frac{e^{j\omega t} + e^{-j\omega t}}{2}$$

根据例 12.1（3）的解可知

$$L[e^{j\omega t}] = \frac{1}{s - j\omega}, \quad L[e^{-j\omega t}] = \frac{1}{s + j\omega}$$

故

$$L[\sin \omega t] = \frac{1}{2j}\left(\frac{1}{s - j\omega} - \frac{1}{s + j\omega}\right) = \frac{1}{2j}\frac{s + j\omega - s + j\omega}{s^2 + \omega^2} = \frac{\omega}{s^2 + \omega^2}$$

同理

$$L[\cos \omega t] = \frac{1}{2}\left(\frac{1}{s - j\omega} - \frac{1}{s + j\omega}\right) = \frac{s}{s^2 + \omega^2}$$

2. 微分性质

如果 $L[f(t)] = F(s)$，则 $f(t)$ 的导数 $f'(t) = \dfrac{\mathrm{d}f(t)}{\mathrm{d}t}$ 的拉氏变换为

$$L[f'(t)] = L\left[\frac{\mathrm{d}f(t)}{\mathrm{d}t}\right] = sF(s) - f(0_-) \tag{12.4}$$

证：

$$L\left[\frac{\mathrm{d}f(\mathrm{d}t)}{\mathrm{d}t}\right] = \int_0^\infty f'(t)e^{-st}\,\mathrm{d}t$$

$$= f(t)e^{-st}\,\big|_0^\infty - \int_0^\infty f(t)(-se^{-st})\,\mathrm{d}t$$

$$= -f(0_-) + s\int_0^\infty f(t)e^{-st}\,\mathrm{d}t$$

$$= sF(s) - f(0_-)$$

导数性质表明拉氏变换把原函数求导数的运算转换成象函数乘以 s 后减初值的代数运算。如果 $f(0_-) = 0$，则有

$$L[f'(t)] = sF(s)$$

3. 积分性质

如果 $L[f(t)] = F(s)$，则 $f(t)$ 的积分的拉氏变换为

$$L\left[\int_{0_-}^t f(\xi)\mathrm{d}(\xi)\right] = \frac{F(s)}{s} \tag{12.5}$$

这表明，函数 $f(t)$ 在时域中积分后的拉氏变换，等于该函数的象函数除以复变量 s。

例 12.3 试用积分性质求 t^n（n 为整数）的拉氏变换。

解: 因为

$$\int_{0_-}^t \varepsilon(\xi)\mathrm{d}\xi = t, \quad 2\int_{0_-}^t \xi\mathrm{d}\xi = t^2, \cdots, n\int_{0_-}^t \xi^{n-1}\mathrm{d}\xi = t^n$$

而

$$L[\varepsilon(t)] = \frac{1}{s}$$

所以

$$L[t] = L\left[\int_{0_-}^t \varepsilon(\xi)\mathrm{d}\xi\right] = \frac{1}{s}L[\varepsilon(t)] = \frac{1}{s^2}$$

$$L[t^2] = L\left[2\int_{0_-}^t \xi\mathrm{d}\xi\right] = \frac{2}{s}L[t] = \frac{2}{s^3}$$

$$\cdots\cdots$$

$$L[t^n] = L\left[n\int_{0_-}^t (\xi)\mathrm{d}\xi\right] = \frac{n}{s}L[t^{n-1}] = \frac{n!}{s^{n+1}}$$

表 12.1 为一些常用函数的拉普拉斯变换表。由于拉氏变换只在 $t \geqslant 0$ 的区间内有定义，故表中的原函数 $f(t)$ 均应理解为 $f(t) \cdot \varepsilon(t)$。

表 12.1　函数的拉普拉斯变换关系

原函数 $f(t)$	象函数 $F(s)$	原函数 $f(t)$	象函数 $F(s)$
$A\varepsilon(t)$	$\dfrac{A}{s}$	$\sin \omega t$	$\dfrac{\omega}{s^2 + \omega^2}$
$A\delta(t)$	A	$\cos \omega t$	$\dfrac{s}{s^2 + \omega^2}$
t	$\dfrac{1}{s^2}$	$\sin(\omega t + \varphi)$	$\dfrac{s\sin\varphi + \omega\cos\varphi}{s^2 + \omega^2}$
$\dfrac{1}{2}t^2$	$\dfrac{1}{s^3}$	$\cos(\omega t + \varphi)$	$\dfrac{s\cos\varphi + \omega\sin\varphi}{s^2 + \omega^2}$
$t^n (n=1,2,\cdots)$	$\dfrac{n!}{s^{n+1}}$	$t\cos \alpha t$	$\dfrac{s^2 - \alpha^2}{(s^2 + \alpha^2)^2}$
$\dfrac{1}{n!}t^n (n=1,2,3,\cdots)$	$\dfrac{1}{s^{n+1}}$	$(1-\alpha t)e^{-\alpha t}$	$\dfrac{s}{(s+\alpha)^2}$
A	$\dfrac{A}{s}$	$e^{-\alpha t}\cos \omega t$	$\dfrac{s+\alpha}{(s+\alpha)^2 + \omega^2}$
$e^{-\alpha t}$	$\dfrac{1}{s+\alpha}$	$e^{-\alpha t}\sin \omega t$	$\dfrac{\omega}{(s+b)^2 + \omega^2}$
$te^{-\alpha t}$	$\dfrac{1}{(s+\alpha)^2}$	$\dfrac{1}{n!}t^n e^{-\alpha t}$	$\dfrac{1}{(s+\alpha)^{n+1}}$

●【学习思考】●

（1）拉普拉斯变换变换有哪些性质？

（2）利用拉普拉斯变换的性质，对我们解决问题能带来何种收益？

12.3　拉普拉斯反变换

●【学习目标】●

了解拉普拉斯反变换解决问题的方法；熟悉拉氏反变换中常用的分解定理；学会查表求原函数。

由已知的象函数求出相应的原函数，这种运算称为拉氏反变换。拉氏反变换涉及计算一个复频域函数的积分，一般解题步骤都比较复杂。虽然利用表 12.1 可以方便地找出一些常用复频域函数的原函数，但表 12.1 中列出的形式并非都正好是待求线性电路的象函数或原函数，因此仅靠查表求原函数显然不行。本节向大家介绍一种通用的拉氏反变换的求解方法，这种方法可以把任何一个有理函数分解成许多简单项之和，而这些简单项都可以从拉氏变换表中查到，因此给拉氏反变换带来了极大的方便。这种方法称为分解定理，是进行拉氏反变换的主要方法。

用分解定理展开有理分式 $F(s)$ 时，第一步是把有理分式化成真分式。若

$$F(s)=\frac{F_1(s)}{F_2(s)}=\frac{a_0 s^m+a_1 s^{m-1}+\cdots+a_m}{b_0 s^n+b_1 s^{n-1}+\cdots+b_n} \quad (\text{其中 } m \text{ 和 } n \text{ 为正整数，且 } n \geqslant m \text{。})$$

把 $F(s)$ 分解成若干简单项之和时，需要对分母多项式做因式分解，求出 $F_2(s)$ 的根。$F_2(s)$ 的根可以是单根、共轭复根和重根三种情况，下面逐一讨论。

1. $F_2(s)=0$ 有 n 个单根

设 n 个单根分别为 p_1、p_2、$\cdots$、p_n，于是 $F_2(s)$ 可以展开为

$$F(s)=\frac{k_1}{s-p_1}+\frac{k_2}{s-p_2}+\cdots+\frac{k_n}{s-p_n} \tag{12.6}$$

式中，k_1、k_2、k_3、$\cdots$、k_n 为待定系数。这些系数可以按下述方法确定，即把式 (12.6) 两边同乘以 $(s-p_1)$，得

$$(s-p_1)F(s)=k_1+(s-p_1)\left(\frac{k_2}{s-p_2}+\cdots+\frac{k_n}{s-p_n}\right)$$

令 $s=p_1$，则等式除右边第一项外都变为零，即可求得

$$k_1=[(s-p_1)F(s)]_{s=p_1}$$

同理可得

$$k_2=[(s-p_2)F(s)]_{s=p_2}$$

$$\cdots\cdots$$

$$k_n=[(s-p_n)F(s)]_{s=p_n}$$

所以求待定系数 k_i 的公式为

$$k_i=[(s-p_i)F(s)]_{s=p_i} \quad i=1,2,3,\cdots,n$$

另外，把式 (12.6) 两边同乘以 $(s-p_i)$，再令 $s \rightarrow p_i$，然后引用数学中的洛必达法则，则有

$$k_i=\lim_{s \rightarrow p_i}\frac{F_1(s)(s-p_i)}{F_2(s)}=\lim_{s \rightarrow p_i}\frac{(s-p_i)F'_1(s)+F_1(s)}{F'_2(s)}=\frac{F_1(p_i)}{F'_2(p_i)}$$

因此，求待定系数 k_i 的另一公式为

$$k_i=\frac{F_1(s)}{F'_2(s)}\bigg|_{s=p_i} \quad i=1,2,3,\cdots,n$$

确定了待定系数后，对应的原函数为

$$f(t)=L^{-1}[F(s)]=k_1 e^{p_1 t}+k_2 e^{p_2 t}+\cdots+k_n e^{p_n t}$$

例 12.4 求 $F(s)=\dfrac{4s+5}{s^2+5s+6}$ 的原函数 $f(t)$。

解：因为 $F_1=4s+5$，$F_2=s^2+5s+6$，$F'_2(s)=2s+5$

由于 $F_2(s)=0$ 的根为 $p_1=-2$，$p_2=-3$，所以有

$$k_1=\frac{F_1(s)}{F'_2(s)}\bigg|_{s=p_1}=\frac{4s+5}{2s+5}\bigg|_{s=-2}=-3$$

$$k_2=\frac{F_1(s)}{F'_2(s)}\bigg|_{s=p_2}=\frac{4s+5}{2s+5}\bigg|_{s=-3}=7$$

则象函数为

$$F(s)=\frac{-3}{s+2}+\frac{7}{s+3}$$

得原函数为

$$f(t)=-3e^{-2t}+7e^{-3t}$$

2. $F_2(s)=0$ 有共轭复根

设共轭复根为 $p_1=\alpha+j\omega$，$p_2=\alpha-j\omega$，则

$$k_1=\frac{F_1(s)}{F'_2(s)}\bigg|_{s=\alpha+j\omega},\ k_2=\frac{F_1(s)}{F'_2(s)}\bigg|_{s=\alpha-j\omega}$$

显然 k_1、k_2 也为共轭复数。设 $k_1 = |k_1| e^{j\theta_1}$、$k_2 = |k_1| e^{-j\theta_1}$，则有

$$f(t) = k_1 e^{(\alpha+j\omega)t} + k_2 e^{(\alpha-j\omega)t} = |k_1| e^{j\theta_1} e^{(\alpha+j\omega)t} + |k_1| e^{-j\theta_1} e^{(\alpha-j\omega)t}$$
$$= |k_1| e^{\alpha t} [e^{j(\omega t+\theta_1)} + e^{-j(\omega t+\theta_1)}] = 2|k_1| e^{\alpha t} \cos(\omega t + \theta_1)$$

例 12.5 求 $F(s) = \dfrac{s+3}{s^2+2s+5}$ 的原函数 $f(t)$。

解：由于 $F_2(s) = 0$ 的根 $p_1 = -1+j2$，$p_2 = -1-j2$ 为共轭复根，所以

$$k_1 = \frac{F_1(s)}{F'_2(s)}\bigg|_{s=p_1} = \frac{s+2}{2s+2}\bigg|_{s=-1+j2}$$

$$= 0.5 - j0.5 = 0.5\sqrt{2} e^{-j45°}$$

$$k_2 = |k_1| e^{-j\theta_1} = 0.5\sqrt{2} e^{j45°}$$

可求得原函数为

$$f(t) = 2|k_1| e^{\alpha t} \cos(\omega t + \theta_1)$$
$$= 2 \times 0.5\sqrt{2} e^{-t} \cos(2t - 45°)$$
$$= \sqrt{2} e^{-t} \cos(2t - 45°)$$

3. $F_2(s) = 0$ 具有重根

设 p_1 为 $F_2(s) = 0$ 的双重根，p_i 为其余单根（i 从 2 开始），则 $F(s)$ 可分解为

$$F(s) = \frac{k_{12}}{s-p_1} + \frac{k_{11}}{(s-p_1)^2} + \left(\frac{k_2}{s-p_2} + \cdots\right) \tag{12.7}$$

对于单根，仍采用前面的方法计算。要确定 k_{11}、k_{12}，将式（12.7）两边同乘 $(s-p_1)^2$，即

$$(s-p_1)^2 F(s) = (s-p_1)k_{12} + k_{11} + (s-p_1)^2 \left(\frac{k_2}{s-p_2} + \cdots\right) \tag{12.8}$$

则 k_{11} 被单独分离出来，得

$$k_{11} = (s-p_1)^2 F(s)\big|_{s=p_1}$$

再式（12.8）两边对 s 求一次导数，k_{12} 被单独分离出来，得

$$k_{12} = \frac{d}{ds}[(s-p_1)^2 F(s)]_{s=p_1}$$

如果 $F_2(s) = 0$ 具有多重根时，利用上述方法可以得到各系数，即有

$$k_{1q} = \frac{1}{(q-1)!} \frac{d^{q-1}}{d_s^{q-1}}[(s-p_1)^q F(s)]\big|_{s=p_1} \tag{12.9}$$

例 12.6 求 $F(s) = \dfrac{3s^2+11s+11}{(s+1)^2(s+2)}$ 的原函数 $f(t)$。

解：令 $F_2(s) = 0$ 时，有 $p_1 = -1$ 两重根和 $p_2 = -2$ 单根，所以

$$F(s) = \frac{k_{12}}{s+1} + \frac{k_{11}}{(s+1)^2} + \frac{k_2}{s+2}$$

系数 k_{11}、k_2 可以按照前面的方法求得为

$$k_{11} = [(s+1)^2 F(s)]_{s=-1} = \frac{3s^2+11s+11}{s+2}\bigg|_{s=-1} = 3$$

$$k_2 = [(s+2)F(s)]_{s=-2} = \frac{3s^2+11s+11}{(s+1)^2}\bigg|_{s=-2} = 1$$

按照式（12.9）可以求得 k_{12}，即

$$k_{12} = \frac{\mathrm{d}}{\mathrm{d}s}\left[(s+1)^2 F(s)\right]_{s=-1} = \left[\frac{\mathrm{d}}{\mathrm{d}s}\left(\frac{3s^2+11s+11}{s+2}\right)\right]_{s=-1}$$

$$= \frac{3s^2+12s+11}{(s+2)^2}\bigg|_{s=-1} = 2$$

则象函数为

$$F(s) = \frac{2}{s+1} + \frac{3}{(s+1)^2} + \frac{1}{s+2}$$

查拉氏变换表得原函数为

$$f(t) = L^{-1}[F(s)] = 2e^{-t} + 3te^{-t} + e^{-2t}$$

● 【学习思考】 ●

在求拉氏反变换的过程中,出现单根、共轭复根和重根时如何处理?

12.4 应用拉氏变换分析线性电路

● 【学习目标】 ●

熟悉基尔霍夫定律的运算形式、运算阻抗和运算导纳以及运算电路;掌握拉普拉斯变换法研究分析线性电路的方法和步骤。

我们常常希望在分析和计算电路时能找到一种更为简便的方法,它既不需要建立微分方程,也不需要确定非独立的或高阶的初始条件,同时它又能利用我们以前学过的诸多电路定理及分析方法,这样的方法就是本节介绍的运算法(也称复频域分析法)。运算法可将时域中的电路问题变换为复频域中的电路问题,并在复频域中应用电路定理及分析方法计算相应的问题,再通过拉普拉斯变换得到电路的时域响应。

由于在运算法中需将时域中的电路问题变换成复频域中对应的电路问题,因此,必须首先确定时域中电路的 KCL、KVL 及 VCR 在复频域中对应的形式。

KCL 的时域表达式为 $\qquad \sum i = 0$

对此式进行拉氏变换后可得 $\qquad \sum I(s) = 0$ $\hspace{3cm}$ (12.10)

式 (12.10) 是 KCL 的复频域形式表达式,它表明,对任一节点,流出该节点的所有支路电流的象函数的代数和恒等于零。

同理,KVL 的复频域形式表达式为

$$\sum U(s) = 0 \hspace{3cm} (12.11)$$

式 (12.11) 表明,对任一回路,沿回路绕行一周,所有支路电压的象函数的代数和恒等于零。

12.4.1 单一参数的运算电路

1. 电阻元件的运算电路

在时域电路中,图 12.1(a) 所示为电阻元件的正弦交流电路,其中电压、电流的关系式为 $\qquad u_R = Ri_R$

对上式进行拉氏变换可得

$$U_R(s) = RI_R(s) \qquad\qquad (12.12)$$

此式为电阻元件上的电压电流复频域关系表达式，由此可得相应的运算电路如图 12.1(b) 所示。显然欧姆定律在复频域中仍然成立。

2. 电感元件的运算电路

在时域电路中，图 12.2(a) 所示为电感元件的电路，其中电压、电流关系式为

$$u_L = L\frac{\mathrm{d}i_L}{\mathrm{d}t}$$

或

$$i_L = \frac{1}{L}\int_{0_-}^{t} u_L(\xi)d\xi + i_L(0_-)$$

对上述式子进行拉氏变换可得

$$\left.\begin{aligned} U_L(s) &= sLI_L(s) - Li_L(0_-) \\ I_L(s) &= \frac{1}{sL}U_L(s) + \frac{i_L(0_-)}{s} \end{aligned}\right\} \qquad (12.13)$$

式 (12.13) 为电感元件上电压、电流的复频域关系表达式。式中，sL 是电感元件的运算阻抗，$Li_L(0_-)$ 是反映电感元件中初始电流作用的附加电压源；$\frac{1}{sL}$ 是电感元件的运算导纳，$\frac{i_L(0_-)}{s}$ 是相应的附加电流源的电流。由此可得出相应的运算电路如图 12.2(b) 和图 12.2(c) 所示。

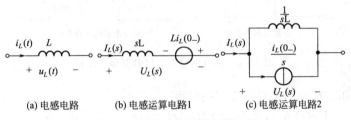

(a) 电感电路　　　　(b) 电感运算电路1　　　　(c) 电感运算电路2

图 12.2　电感电路及其运算电路

3. 电容元件的运算电路

在时域电路中，电容元件的正弦交流电路如图 12.3(a) 所示，其中电压、电流关系式为

$$i_C = C\frac{\mathrm{d}u_C}{\mathrm{d}t} \quad 或 \quad u_C = \frac{1}{C}\int_{0_-}^{t} i_C(\xi)d\xi + u_C(0_-)$$

对上述两式进行拉氏变换可得

$$\left.\begin{aligned} I_C(s) &= sCU_C(s) - Cu_C(0_-) \\ U_C(s) &= \frac{1}{sC}I_C(s) + \frac{u_C(0_-)}{s} \end{aligned}\right\} \qquad (12.14)$$

式 (12.14) 为电容元件上电压、电流的复频域关系表达式。式中，sC 是运算电路中的运算导纳，$Cu_C(0_-)$ 是反映电容元件中初始电压作用的附加电流源；$\frac{1}{sC}$ 是电容元件的运算阻抗，$\frac{u_C(0_-)}{s}$ 则是相应的附加电压源的电压。由此可得相应的运算电路如图 12.3(b) 和图 12.3(c) 所示。

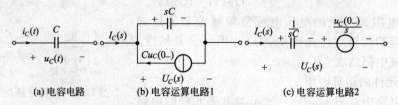

(a) 电容电路　　　　(b) 电容运算电路1　　　　(c) 电容运算电路2

图 12.3　电容电路及其运算电路

12.4.2　耦合电感的运算电路

图 12.4(a) 所示电路为具有耦合电感元件的时域分析电路，其中电压、电流关系为

$$u_1 = L_1 \frac{\mathrm{d}i_1}{\mathrm{d}t} + M \frac{\mathrm{d}i_2}{\mathrm{d}t}$$

$$u_2 = L_2 \frac{\mathrm{d}i_2}{\mathrm{d}t} + M \frac{\mathrm{d}i_1}{\mathrm{d}t}$$

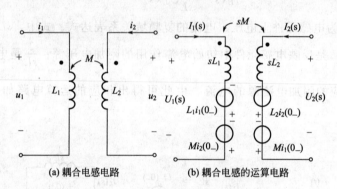

(a) 耦合电感电路　　　　(b) 耦合电感的运算电路

图 12.4　耦合电感的电路及其运算电路

对上述两电压方程分别进行拉氏变换可得

$$\left. \begin{array}{l} U_1(s) = sL_1 I_1(s) + sMI_2(s) - L_1 i_1(0_-) - Mi_2(0_-) \\ U_2(s) = sL_2 I_2(s) + sMI_1(s) - L_2 i_2(0_-) - Mi_1(0_-) \end{array} \right\} \tag{12.15}$$

式（12.15）为耦合电感元件的电压、电流关系的复频域形式，与其相对应的运算电路如图 12.4(b) 所示。图中 sM 称为互感的运算阻抗；$Mi_1(0_-)$ 和 $Mi_2(0_-)$ 都是互感的附加电压源。

如电路中存在受控源、理想变压器等电路元件时，其复频域形式的运算电路都可以根据它们在时域电路中的特性方程经拉氏变换来求得，相应的运算电路与时域电路基本相似。这些内容本节就不一一赘述了。

12.4.3　应用拉氏变换分析线性电路

以图 12.5 所示的 RLC 串联电路为例，讨论如何由时域电路建立相应的运算电路，以及如何在运算电路中解出待求电流 i 的象函数 $I(s)$。

设动态元件中的原始储能等于零。让图 12.5(a) 中各元件均用对应的运算电路模型来代替，即各电压、电流用象函数表示，就可得到如图 12.5(b) 所示的运算电路。

对图 12.5(b) 所示运算电路应用 KVL 定律可得

$$U_R(s) + U_L(s) + U_C(s) = U(s)$$

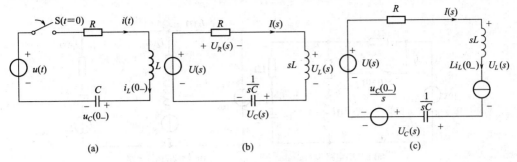

图 12.5 RLC 串联电路

式中 $\qquad U_R(s)=RI(s); U_L(s)=sLI(s); U_C(s)=\dfrac{1}{sC}I(s)$

将它们代入 KVL 方程，有

$$RI(s)+sLI(s)+\frac{1}{sC}I(s)=U(s)$$

即

$$\left(R+sL+\frac{1}{sC}\right)I(s)=U(s)$$

令

$$Z(s)=R+sL+\frac{1}{sC}\quad(\text{称为运算阻抗})$$

$$Y(s)=\frac{1}{R+sL+\dfrac{1}{sC}}\quad(\text{称为运算导纳})$$

则有

$$Z(s)I(s)=U(s)$$

或

$$\frac{I(s)}{Y(s)}=U(s)$$

由此可得

$$I(s)=\frac{U(s)}{Z(s)}\qquad\text{或}\qquad I(s)=U(s)Y(s)\qquad\qquad(12.16)$$

式（12.16）称为 RLC 串联电路欧姆定律的复频域形式，其中的运算阻抗 $Z(s)$ 和运算导纳 $Y(s)$ 之间具有 $Z(s)Y(s)=1$ 的关系。

若动态元件的初始值不为零，得到有附加电源的运算电路如图 12.5(c) 所示。

由上述分析可知，在线性电路的运算法中，运算电路除增加了反映初始条件的附加电源外，在形式上和正弦交流电路的相量法相似。因此，本章之前介绍的所有电路分析方法和电路定理，从形式上完全可以移用于运算法中。应用这些方法和定理时，要根据运算电路列出必要的代数方程，解出待求响应的象函数，然后利用拉氏反变换即可求得时域的电路响应。采用运算法分析和计算线性电路，不需要列出电路的微分方程，而且初始条件已考虑在附加电源之中，不必再确定积分常数。因此，运算法比时域分析中的经典法要优越得多。

应用运算法分析线性电路的一般步骤如下。

（1）确定和计算各储能元件的初始条件。

（2）将 $t\geqslant 0+$ 时的时域电路变换为相应的运算电路。

（3）用以前学过的任何一种方法分析运算电路，求出待求响应的象函数。

（4）对待求响应的象函数进行拉氏反变换，即可确定时域中的待求响应。

例 12.7 图 12.6 所示电路在开关闭合以前已达稳态，求 $t\geqslant 0$ 时各支路上的电流响应。

解： 首先确定储能元件电感和电容的初始条件 $i_L(0_-)$ 和 $u_C(0_-)$。由图 12.6(a) 可看

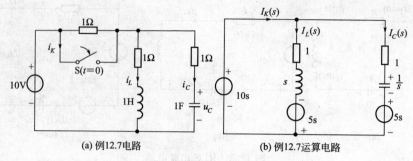

(a) 例12.7电路　　　　　　　(b) 例12.7运算电路

图 12.6　例 12.7 电路及运算电路

出，开关闭合前由于电路已达稳态，因此在 $t=0_-$ 时电感元件相当于短路，电容元件相当于开路，有

$$i_L(0_-)=\frac{10}{1+1}=5(\text{A})$$

$$u_C(0_-)=i_L(0_-)\times 1=5\times 1=5(\text{V})$$

由此可做出相应的运算电路，如图 12.6(b) 所示。

再根据运算电路求解各支路电流的象函数。$I_L(s)$ 和 $I_C(s)$ 两支路并联接于 $10s$ 的电压源，因此直接可得两支路电流的象函数为

$$I_L(s)=\frac{\dfrac{10}{s}+5}{1+s}=\frac{10+5s}{s(1+s)}=\frac{10}{s}-\frac{5}{s+1}$$

$$I_C(s)=\frac{\dfrac{10}{s}-\dfrac{5}{s}}{1+\dfrac{1}{s}}=\frac{\dfrac{10-5}{s}}{\dfrac{s+1}{s}}=\frac{5}{s+1}$$

再对结点列 KCL 方程可得

$$I_K(s)=I_L(s)+I_C(s)=\frac{10}{s}-\frac{5}{s+1}+\frac{5}{s+1}=\frac{10}{s}$$

对各支路电流进行拉氏反变换，即可得到各支路电流的时域响应为

$$\left.\begin{array}{l}i_L(t)=10-5\text{e}^{-t}\text{A}\\[2pt]i_C(t)=5\text{e}^{-t}\text{A}\\[2pt]i_K(t)=10\text{A}\end{array}\right\}\quad t\geqslant 0_+$$

例 12.8　图 12.7(a) 所示电路在开关动作之前已达稳态。已知 $I_S=10\text{A}$，$R_1=R_2=40\Omega$，$L=4\text{H}$，$C=0.01\text{F}$。开关 S 在 $t=0$ 时断开，求 $t\geqslant 0_+$ 时电容元件上的电压响应。

解：根据题意，先求 $t=0_-$ 时电路中储能元件上的初始值，即

$$i_L(0_-)=I_S\frac{R_1}{R_1+R_2}=10\times\frac{1}{2}=5(\text{A})$$

$$u_C(0_-)=i_L(0_-)R_2=5\times 40=200(\text{V})$$

由此可画出相应的运算电路如图 12.7(b) 所示。

运算电路中与电阻 R_1 相串联的电压源 $U_S(s)$ 是由时域电路中的恒流源 I_S 与它相并联的电阻 R_1 经过等效变换得出的，其象函数为

$$U_S(s)=L[I_S R_1]=L[10\times 40]=\frac{400}{s}$$

由图 12.7(b) 可算出电感中通过的电流的象函数为

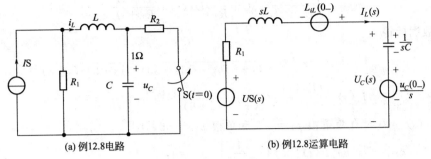

(a) 例12.8电路　　　　　　　(b) 例12.8运算电路

图 12.7　例 12.8 电路及运算电路

$$I_L(s) = \frac{U_S(s) + Li_L(0_-) - \dfrac{u_C(0_-)}{s}}{R_1 + sL + \dfrac{1}{sC}} = \frac{\dfrac{400}{s} + 20 - \dfrac{200}{s}}{40 + 4s + \dfrac{100}{s}}$$

$$= \frac{\dfrac{200 + 20s}{s}}{\dfrac{40s + 4s^2 + 100}{s}} = \frac{200 + 20s}{40s + 4s^2 + 100}$$

$$= \frac{5s + 50}{s^2 + 10s + 25}$$

因此，电容元件两端的电压象函数为

$$U_C(s) = \frac{1}{sC} I_L(s) + \frac{u_C(0_-)}{s}$$

$$= \frac{1}{0.01s} \times \frac{5s + 50}{s^2 + 10s + 25} + \frac{200}{s}$$

$$= \frac{400}{s} - \frac{500}{(s+5)^2} - \frac{200}{s+5}$$

查拉氏变换表即可得出电容电压的时域响应为

$$u_C(t) = 400 - 500te^{-5t} - 200e^{-5t} \text{V} \quad (t \geqslant 0_+)$$

例 12.9　图 12.8(a) 所示电路，$u_S = 0.1e^{-5t}$ V，$R_1 = 1\Omega$，$R_2 = 2\Omega$，$L = 0.1$H，$C = 0.5$F，求开关 S 闭合后的 $I_2(t)$。

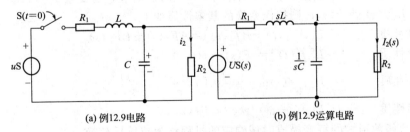

(a) 例12.9电路　　　　　　　(b) 例12.9运算电路

图 12.8　例 12.9 电路图

解：由于开关闭合前电路为零状态，所以 $i_L(0_-) = 0$，$u_C(0_-) = 0$，u_S 的拉氏变换为

$$L[U_S(s)] = L[0.1e^{-5t}] = \frac{0.1}{s+5}$$

画出该电路的运算电路如图 12.8(b) 所示，应用结点电压法，设 0 点为参考结点，结点电压 $U_1(s)$ 就是电压 $U_{R2}(s)$，列结点电压方程为

$$\left(\frac{1}{R_1+sL}+sC+\frac{1}{R_2}\right)U_1(s)=\frac{U_S(s)}{R_1+sL}$$

代入数据后得

$$U_1(s)=U_{R2}(s)=\frac{2}{(s+5)(s^2+11s+30)}=\frac{2}{(s+5)^2(s+6)}$$

$$I_2(s)=\frac{U_{R2}(s)}{R_2}=\frac{1}{(s+5)^2(s+6)}$$

当 $F_2(s)=0$ 时有两重根 $p_1=-5$ 和单根 $p_2=-6$，则

$$k_{11}=(s+5)^2F(s)\big|_{s=-5}=\frac{1}{s+6}\bigg|_{s=-5}=1$$

$$k_{12}=\frac{\mathrm{d}}{\mathrm{d}t}\big[(s+5)^2F(s)\big]\big|_{s=-5}=\frac{\mathrm{d}}{\mathrm{d}t}\left(\frac{1}{s+6}\right)\bigg|_{s=-5}=\frac{-1}{(s+6)^2}\bigg|_{s=-5}=-1$$

$$k_2=\frac{F_1(s)}{F'_2(s)}\bigg|_{s=-6}=\frac{1}{3s^2+32s+85}\bigg|_{s=-6}=1$$

得

$$I_2(s)=\frac{k_{12}}{s+5}+\frac{k_{11}}{(s+5)^2}+\frac{k_2}{s+6}=\frac{-1}{s+5}+\frac{1}{(s+5)^2}+\frac{1}{s+6}$$

最后进行拉氏反变换可得

$$i_2(t)=-\mathrm{e}^{-5t}+t\mathrm{e}^{-5t}+\mathrm{e}^{-6t}\mathrm{A}$$

●【学习思考】●

（1）对单个正弦半波，你能否求出其拉氏变换？

（2）对零状态线性电路进行复频域分析时，能否应用叠加定理？若为非零状态，即运算电路中存在附加电源时，能否应用叠加原理？

小　结

（1）时域函数 $f(t)$ 的拉普拉斯变换定义为

$$F(s)=\int_{0_-}^{\infty}f(t)\mathrm{e}^{-st}\,\mathrm{d}t$$

$F(s)$ 称为 $f(t)$ 的象函数，$f(t)$ 则称为 $F(s)$ 的原函数，复变量 $s=c+\mathrm{j}\omega$ 称为复频率。

（2）设 $L[f(t)]=F(s)$，则拉氏变换的基本性质如下。

① 线性性质　　　　　$L[Af_1(t)\pm Bf_2(t)]=AF_1(s)\pm BF_2(s)$

② 微分性质　　　　　$L[f'(t)]=sF(s)-f(0_-)$

③ 积分性质　　　　　$L\left[\int_0^t f(t)\mathrm{d}t\right]=\frac{1}{s}L[f(t)]=\frac{F(s)}{s}$

④ 延迟性质　　　　　$L[f(t-t_0)]=\mathrm{e}^{-st_0}F(s)$

（3）将象函数形式的解变换成时域响应的过程称为拉氏反变换，即

$$f(t)=\frac{1}{2\pi\mathrm{j}}\int_{c-\mathrm{j}\infty}^{c+\mathrm{j}\infty}F(s)\mathrm{e}^{st}\,\mathrm{d}t$$

对于较简单的函数，可以直接查拉氏变换表，对于较复杂的函数，必须先进行恰当的数学处理，使复杂函数分解为几个简单项之和，使得这些简单项都可以在拉氏变换表中查到，这种方法称为分解定理，也是进行拉氏反变换的主要方法。

（4）在复频域中，KCL、KVL 仍然成立，电阻、电感和电容元件的 VCR 均为代数方

程。当动态元件的初始条件不为零时，应特别注意附加电源的参考方向与 $i_L(0_-)$ 或 $u_C(0_+)$ 的参考方向的关系。

（5）应用拉氏变换分析线性电路的一般步骤为：①首先画出运算电路；②应用任何一种分析方法对运算电路进行分析或计算，求出响应的象函数；③对求得的象函数进行拉氏反变换，即可得时域响应。

习　题

* 12.1　求下列各函数的象函数。

（1）$f(t)=\sin(\omega t+\varphi)$　　　　　（2）$f(t)=e^{-\alpha t}(1-\alpha t)$

（3）$f(t)=t\cos(\alpha t)$　　　　　（4）$f(t)=t+2+3\delta(t)$

12.2　求下列各象函数的原函数。

（1）$F(s)=\dfrac{(s+1)(s+3)}{s(s+2)(s+4)}$　　　　　（2）$F(s)=\dfrac{s^2+6s+8}{s^2+4s+3}$

（3）$F(s)=\dfrac{s^3}{s(s^2+3s+2)}$　　　　　（4）$F(s)=\dfrac{s+1}{s^3+2s^2+2s}$

12.3　电路如图 12.9 所示，已知初始条件 $u_C(0_-)=4\mathrm{V}$，试用运算法求 $U_C(s)$ 及 $u_C(t)$。

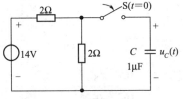
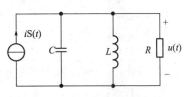

图 12.9　习题 12.3 电路　　　　　　　图 12.10　习题 12.4 电路

12.4　图 12.10 所示电路在零初始条件下 $i_S(t)=e^{-3t}\varepsilon(t)\mathrm{A}, C=1\mathrm{F}, L=1\mathrm{H}, R=0.5\Omega$，试求电阻两端电压。

12.5　试用运算法求 $R=2.5\Omega、L=0.25\mathrm{H}、C=0.25\mathrm{F}$ 的串联电路的零输入响应 $u_C(t)$、$i(t)$。初始条件为 $u_C(0_-)=6\mathrm{V}, i(0_-)=0$。

12.6　将 12.5 题中的 R 改为 1Ω，再求电路的零输入响应 $u_C(t)$、$i(t)$。初始条件同上。

12.7　图 12.11 所示电路中，已知 $u_S(t)=[\varepsilon(t)+\varepsilon(t-1)-2\varepsilon(t-2)]\mathrm{V}$，求 $i_L(t)$。

12.8　图 12.12 所示电路原已达稳态，在 $t=0$ 时把开关闭合。试画出运算电路。

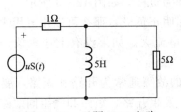
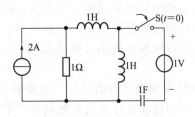

图 12.11　习题 12.7 电路　　　　　　　图 12.12　习题 12.8 电路

实训项目二　常用元器件的识别、测试及焊接技术练习

一、实训目的

（1）通过学习掌握电阻器、电容器、电感器、二极管等元件识读方法，培养学习兴趣。

（2）掌握用仪表检测元件好坏的方法。

（3）初步掌握焊接技术。

二、仪表及材料

万用表、电阻、电容、电感、焊锡等实验器材。

三、元件识别与测试方法

1. 辨别电阻阻值

取出一只电阻，观察其外部的色环，每条色环的意义见表 12.2。

表 12.2　电阻的色环标示法

颜色	Color	第1数字	第2数字	第3数字(5环电阻)	Multiple乘数	Error误差
黑	Black	0	0	0	$10^0=1$	
棕	Brown	1	1	1	$10^1=10$	±1%
红	Red	2	2	2	$10^2=100$	±2%
橙	Orange	3	3	3	$10^3=1000$	
黄	Yellow	4	4	4	$10^4=10000$	
绿	Green	5	5	5	$10^5=100000$	±0.5%
蓝	Blue	6	6	6		±0.25%
紫	Purple	7	7	7		±0.1%
灰	Grey	8	8	8		
白	White	9	9	9		
金	Gold	注：第3数字是五色环电阻才有！			$10^{-1}=0.1$	±5%
银	Silver				$10^{-2}=0.01$	±10%

色环表格左边第 1 条色环表示第 1 位数字，第 2 条色环表示第 2 个数字，第 3 条色环表示乘数，第 4 条色环也就是离开较远并且较粗的色环表示误差。将所取电阻对照表格进行读数。例如第 1 条色环为绿色，表示 5，第 2 条色环为蓝色，表示 6，第 3 条色环为黑色，表示乘 1，第 4 条色环为红色，它的阻值是 $56×1=56\Omega$，误差为±2%。对照材料配套清单电阻栏目逐个检测各电阻阻值。5 环电阻上面的第 3 环请注意其阻值。

2. 学习用万用表检测电容的极性及好坏

注意观察在电解电容侧面有"一"标记的是负极，如果电解电容上没有标明正负极，也可以根据它引脚的长短来判断，长脚为正极，短脚为负极，如图 12.13 所示。

如果电容的引脚已经剪短，并且电容上没有标明正负极，那么可以用万用表来判断，判断的方法是正接时漏电流小（阻值大），反接时漏电流大。如果没有上述现象，说明电容已经损坏。

3. 判别线圈和变压器的好坏　线圈和变压器的故障通常为开路和短路，变压器还有绕组间短路，其短路还可分为局部短路和严重短路。发生开路、短路和绕组间短路的变压器和线圈就不能用了。

把万用表拨至×1 或×10 电阻挡可以检测线圈的好坏。如图 12.14 所示，用万用表测量绕组①、②端，若电阻值无穷大，说明该绕组断路（开路）；若电阻值小于实际绕组线圈的电阻值，说明线圈内部有严重短路。局部短路的电感线圈或变压器，由于器件损坏后其线圈电阻值只发生微小变化，万用表电阻挡测不出其变化值，因而无法判别出它的好坏。因此，对收音机中的小功率变压器，若出现短路时，只能采用替换的方法来确定其好坏。

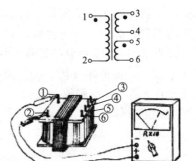

图 12.13　电容器及其图符号

图 12.14　万用表检测线圈示意图

四、练习焊接工艺，并对元器件引线或引脚进行镀锡处理

1. 焊接练习

焊接前一定要注意，烙铁的插头必须插在右手的插座上。烙铁通电前应将烙铁的电线拉直并检查电线的绝缘层是否有损坏，不能使电线缠在手上。通电后应将电烙铁插在烙铁架中，并检查烙铁头是否会碰到电线、书包或其他易燃物品。

（1）电烙铁的使用和保养　烙铁加热过程中及加热后都不能用手触摸烙铁的发热金属部分，以免烫伤或触电。

烙铁架上的海绵要事先加水。为了便于使用，烙铁在每次使用后都要进行维修，将烙铁头上的黑色氧化层锉去，露出铜的本色，在烙铁加热的过程中要注意观察烙铁头表面的颜色变化，随着颜色的变深，烙铁的温度渐渐升高，这时要及时把焊锡丝点到烙铁头上，焊锡丝在一定温度时熔化，将烙铁头镀锡，保护烙铁头，镀锡后的烙铁头为白色。如果烙铁头上挂有很多的锡，不易焊接，可在烙铁架中带水的海绵上或者在烙铁架的钢丝上抹去多余的锡。不可在工作台或者其他地方抹去。

（2）在焊接练习板上练习焊接　焊接练习板是一块焊盘排列整齐的线路板，学生可用一些旧的电子元器件进行练习。把元器件的管脚从焊接练习板的小孔中插入，练习板放在焊接木架上，从右上角开始，排列整齐，进行焊接。如图 12.15 所示。

进行焊接练习时，应把握加热时间、送锡多少，不可在一个点加热时间过长，否则会使线路板的焊盘烫坏。注意应尽量排列整齐，以便前后对比，改进不足。

焊接时先将电烙铁在线路板上加热，大约两秒钟后，送焊锡丝，观察焊锡量的多少，不能太多造成堆焊，也不能太少造成虚焊。当焊锡熔化发出光泽时，焊接温度最佳，应立即将焊锡丝移开，再将电烙铁移开。为了在加热过程中使加热面积最大，要将烙铁头的斜面靠在元件引脚上，烙铁头的顶尖抵在线路板的焊盘上。焊点高度一般在 2mm 左右，直径应与焊盘相一致，引脚应高出焊点大约 0.5mm，如图 12.16 所示。

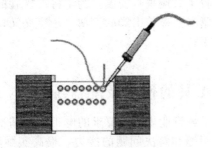

图 12.15　焊接练习示意图

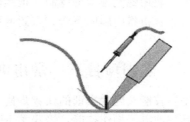

图 12.16　焊接示意图

焊点的形状如图 12.17 所示。焊点 a 一般焊接比较牢固；焊点 b 为理想状态，一般不易焊出这样的形状；焊点 c 焊锡较多，当焊盘较小时，可能会出现这种情况，但是往往有虚焊的可能；焊点 d、e 焊锡太少；焊点 f 提烙铁时方向不合适，造成焊点形状不规则；焊点 g 烙铁温度不够，焊点呈碎渣状，这种情况多数为虚焊；焊点 h 焊盘与焊点之间有缝隙，为虚焊或接触不良；焊点 i 引脚放置歪斜。一般形状不正确的焊点，元件多数没有焊接牢固，一般为虚焊点，应重焊。

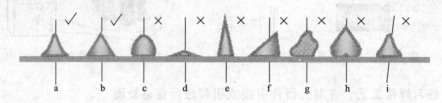

图 12.17　焊点形状示意图

2. 清除元件表面的氧化层

元件经过长期存放，会在元件表面形成氧化层，不但使元件难以焊接，而且影响焊接质量，因此当元件表面存在氧化层时，应首先清除元件表面的氧化层。注意用力不能过猛，以免使元件引脚受伤或折断。清除元件表面的氧化层的方法通常可以用左手捏住电阻或其他元件的本体，右手用锯条轻刮元件引脚的表面，左手慢慢地转动，直到表面氧化层全部去除。为了使元器件易于焊接，有时要用尖嘴钳前端的齿口部分将元器件的焊接点锉毛，去除氧化层。

收音机套件中提供的元器件一般放在塑料袋中，比较干燥，相对比较好焊，如果发现不易焊接，就必须先去除氧化层。

3. 元件引脚的弯制成形

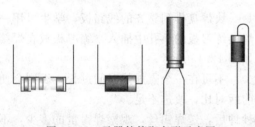

图 12.18　元器件管脚弯形示意图

元件焊接有平焊和立焊两种方式，在焊接前需要把元器件的管脚弯制成形。如图 12.18 所示。弯制成形可用镊子紧靠元件的本体，夹紧元件的引脚，使引脚的弯折处距离元件的本体有 2mm 以上的间隙。左手夹紧镊子，右手食指将引脚弯成直角。注意：不能用左手捏住元件本体，右手紧贴元件本体进行弯制，如果这样，引脚的根部在弯制过程中容易因受力而损坏。元件弯制后，引脚之间的距离应根据线路板孔距而定，引脚修剪后的长度大约为 8mm，如果孔距较小，元件较大，应将引脚往回弯折成形。电容的引脚可以弯成梯形，将电容垂直安装。二极管可以水平安装，当孔距较小时应垂直安装，为了将二极管的引脚弯成美观的圆形，应用螺丝刀辅助弯制：把螺丝刀紧靠二极管引脚的根部，十字交叉，左手捏紧交叉点，右手食指将引脚向下弯，直到两引脚平行。

实训项目三　常用电工工具的使用及配盘练习

电工基本技能及配盘实训的任务是使学生了解行业规范所要求的电工工艺基本知识和初步掌握最基本的电工操作技能，培养学生分析问题和解决问题的能力，提高实际动手能力，加强职业道德观念。

一、常用电工工具的使用

1. 螺丝刀的用途及操作方法

螺丝刀也称为螺丝起子、螺钉旋具、改锥等，用来紧固或拆卸螺钉。它的种类很多，按照头部的形状的不同，常见的可分为一字和十字两种；按照手柄的材料和结构的不同，可分为木柄、塑料柄、夹柄和金属柄等四种；按照操作形式可分为自动、电动和风动等形式。

（1）十字形螺丝刀　十字形螺丝刀（图 12.19）主要用来旋转十字槽形的螺钉、木螺丝和自攻螺丝等。产品有多种规格，通常说的大、小螺丝刀是用手柄以外的刀体长度来表示的，常用的有 100mm、150mm、200mm、300mm 和 400mm 等几种。使用时应注意根据螺丝的大小选择不同规格的螺丝刀。使用十字形螺丝刀时，应注意使旋杆端部与螺钉槽相吻合，否则容易损坏螺钉的十字槽。

（2）一字形螺丝刀　一字形螺丝刀（图 12.20）主要用来旋转一字槽形的螺钉、木螺丝和自攻螺丝等。产品规格与十字形螺丝刀类似，常用的也是 100mm、150mm、200mm、300mm 和 400mm 等几种。使用时应注意根据螺丝的大小选择不同规格的螺丝刀。若用型号较小的螺丝刀来旋拧大号的螺丝，很容易损坏螺丝刀。

图 12.19　十字形螺丝刀实物图

图 12.20　一字形螺丝刀实物图

螺丝刀的具体使用方法如图 12.21 所示。

当所旋螺钉不需用太大力量时，握法如图 12.21(a) 所示；若旋转螺钉需较大力气时，握法如图 12.21(b) 所示。上紧螺钉时，手紧握柄，用力顶住，使刀紧压在螺钉上，以顺时针的方向旋转为上紧，逆时针旋转为下卸。穿心柄式螺丝刀可在尾部敲击，但禁止用于有电的场合。

2. 验电笔的使用方法

验电笔实物图如图 12.22 所示。

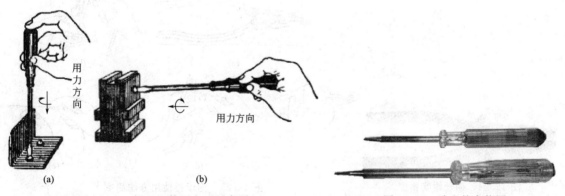

图 12.21　螺丝刀使用方法示意图

图 12.22　验电笔实物图

这里主要介绍低压验电器的使用。低压验电器常用的是螺钉旋具式验电器和验电笔，它们的正确握法如图 12.23 所示。图 12.23(a) 为螺钉旋具式验电笔的握法；图 12.23(b) 是笔式验电笔的握法。

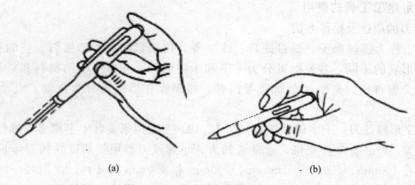

(a)　　　　　(b)

图 12.23　验电笔正确握法示意图

低压验电器能检查低压线路和电气设备外壳是否带电。为便于携带，低压验电器通常做成笔状，前段是金属探头，内部依次装安全电阻、氖管和弹簧。弹簧与笔尾的金属体相接触。使用时，手应与笔尾的金属体相接触。验电笔的测电压范围为 60～500V（严禁测高压电）。使用前，务必先在正常电源上验证氖管能否正常发光，以确认验电笔验电可靠。由于氖管发光微弱，在明亮的光线下测试时，应当避光检测。

检测线路或电气设备外壳是否带电时，应用手指触及其尾部金属体，氖管背光朝向使用者，以便验电时观察氖管发光情况。

当被测带电体与大地之间的电位差超过 60V 时，用验电笔测试带电体，验电笔中的氖管就会发光。对验电器的使用要求如下。

① 验电器使用前应在确有电源处测试检查，确认验电器良好后方可使用。

② 验电时应将验电器逐渐靠近被测体，直至氖管发光。只有在氖管不发光时，并在采取防护措施后，才能与被测物体直接接触。

3. 钢丝钳的用途及操作方法

钢丝钳实物如图 12.24 所示，其主要用途是用手夹持或切断金属导线，带刃口的钢丝钳还可以用来切断钢丝。钢丝钳的规格有 150mm、175mm、200mm 三种，均带有橡胶绝缘套管，可适用于 500V 以下的带电作业。图 12.25 所示为钢丝钳使用方法简图。

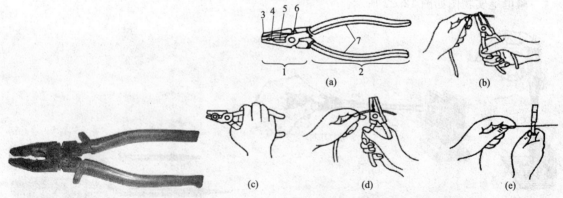

图 12.24　钢丝钳实物图　　　图 12.25　钢丝钳使用方法简图

图 12.25(a) 结构图中的 1 为钳头部分；2 为钳柄部分；3 是钳口；4 是齿口；5 是刀口；6 是铡口；7 是绝缘套。图 12.25(b) 是弯绞导线的操作图示；图 12.25(c) 是紧固螺母的操作图例；图 12.25(d) 是剪切导线的操作图例；图 12.25(e) 是侧切钢丝的操作图例。

使用钢丝钳时应注意以下几点。

① 使用钢丝钳之前，应注意保护绝缘套管，以免划伤失去绝缘作用。绝缘手柄的绝缘性能良好是带电作业时人身安全的保证。

② 用钢丝钳剪切带电导线时，严禁用刀口同时剪切相线和零线，或同时剪切两根相线，以免发生短路事故。

③ 不可将钢丝钳当锤使用，以免刃口错位、转动轴失圆，影响正常使用。

4. 尖嘴钳的用途及操作方法

尖嘴钳实物如图 12.26 所示。尖嘴钳是电工（尤其是内线电工）常用的工具之一。尖嘴钳的主要用途是夹捏工件或导线，或用来剪切线径较细的单股与多股线以及给单股导线接头弯圈、剥塑料绝缘层等。尖嘴钳特别适宜于狭小的工作区域，规格有 130mm、160mm、180mm 三种。电工用的带有绝缘导管。有的带有刃口，可以剪切细小零件。使用方法及注意事项与钢丝钳基本类同。尖嘴钳的握法如图 12.27 所示。

图 12.26　尖嘴钳实物图

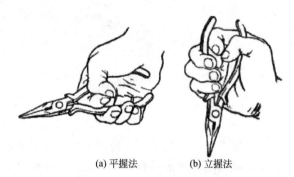

(a) 平握法　　　(b) 立握法

图 12.27　尖嘴钳握法示意图

5. 电工刀的用途及操作方法

电工刀实物如图 12.28 所示，主要用来切削电工安装维修中导线的绝缘层、电缆绝缘、木槽板等。普通的电工刀由刀片、刀刃、刀把、刀挂等构成。不用时，应把刀片收缩到刀把内。

电工刀的规格有大号、小号之分。大号刀片长 112mm；小号刀片长 88mm。有的电工刀上带有锯片和锥子，可用来锯小木片和锥孔。电工刀没有绝缘保护，禁止带电作业。

电工刀在使用时应避免切割坚硬的材料，以保护刀口。刀口用钝后，可用油石磨。如果刀刃部分损坏较重，可用砂轮磨，但须防止退火。

使用电工刀时，切忌面向人体切削，如图 12.29 所示。用电工刀剖削电线绝缘层时，可把刀略微翘起一些，用刀刃的圆角抵住芯线。切忌把刀刃垂直对着导线切割绝缘层，因为这样容易割伤电线。电工刀刀柄无绝缘保护，不能接触或剖削带电导线及器件。新电工刀刀口较钝，应先开启刀口然后再使用。电工刀使用后应随即将刀身折进刀柄，避免伤手。

图 12.28　电工刀实物图

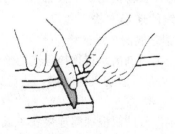

图 12.29　电工刀正确用法示意图

6. 剥线钳的用途及操作方法

剥线钳实物如图 12.30 所示，是内线电工、电机修理工、仪器仪表电工常用的工具之一。剥线钳适用于直径 3mm 及以下的塑料或橡胶绝缘电线、电缆芯线的剥皮。

剥线钳使用的方法是：将待剥皮的线头置于钳头的某相应刃口中，用手将两钳柄果断地一捏，随即松开，绝缘皮便与芯线脱开。

剥线钳外形如图 12.30 所示。它由钳口和手柄两部分组成。剥线钳钳口分有 0.5～3mm 的多个直径切口，用于与不同规格芯线直径相匹配。剥线钳也装有绝缘套。

剥线钳在使用时要注意选好刀刃孔径，当刀刃孔径选大时难以剥离绝缘层，若刀刃孔径选小时又会切断芯线，只有选择合适的孔径才能达到剥线钳的使用目的。

7. 活络扳手

图 12.31 所示为活络扳手实物图。

图 12.30　剥线钳实物图　　　　　　　图 12.31　活络扳手实物图

活络扳手又叫活扳手，主要用来旋紧或拧松有角螺丝钉或螺母，也是常用的电工工具之一。电工常用的活络扳手有 200mm、250mm、300mm 三种尺寸，实际应用中应根据螺母的大小选配合适的活扳手。

图 12.32 所示为活络扳手的使用方法示意图。

图 12.32(a) 所示为一般握法，显然手越靠后，扳动起来越省力。

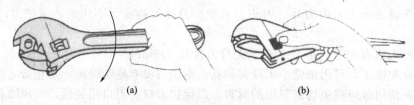

图 12.32　活络扳手使用方法示意图

图 12.32(b) 是调整扳口大小示例。用右手大拇指调整蜗轮，不断地转动蜗轮扳动小螺母，根据需要调节出扳口的大小，调节时手应握在靠近扳唇的位置。

使用活络扳手时，应右手握手柄，在扳动生锈的螺母时，可在螺母上滴几滴煤油或机油，这样就好拧了。若拧不动螺母时，切不可采用钢管套在活络扳手的手柄上来增加扭力的方法，因为这样极易损伤活络扳唇。不可把活络扳手当锤子用，以免损坏。

二、导线的连接方法

1. 单股铜芯线的直线连接

首先用电工刀剖削两根连接导线的绝缘层及氧化层，注意电工刀口在需要剖削的导线上与导线成 45°夹角，斜切入绝缘层，然后以 25°倾斜推削，将剖开的绝缘层齐根剖削，不要伤着芯线。

然后让剖削好的两根裸露连接线头成 X 形交叉，互相绞绕 2～3 圈；然后扳直两线头，再将每根线头在芯线上紧贴并绕 3～5 圈，将多余的线头用钢丝钳剪去，并钳平芯线的末端及切口毛刺，操作如图 12.33 所示。

2. 单股铜芯线的 T 形连接

首先把去除绝缘层及氧化层的支路芯线的线头与干线芯线十字相交，使支路芯线根部留出 3～5mm 裸线，如图 12.34(a) 所示。

然后把支路芯线按顺时针方向贴干线芯线密绕 6～8 圈，用钢丝钳切去余下芯线，并钳平芯线末端及切口毛刺，如图 12.34(b) 所示。

如果单股铜导线截面较大，就要在与支线芯线十字相交后，按照图 12.34(c) 所示绕法，从右端绕下，平绕到左端，从里向外（由下往上）紧密并缠 4～6 圈，剪去多余的线端，最后用绝缘胶布缠封。

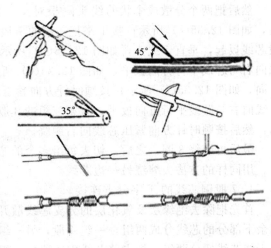

图 12.33　单股铜芯线的直线连接示意图

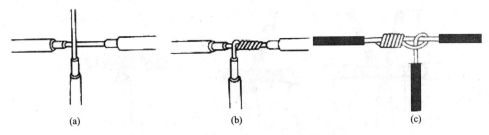

(a)　　　　　　(b)　　　　　　(c)

图 12.34　单股铜芯线的 T 形连接示意图

3. 7 股铜芯导线的直线连接

首先将除去绝缘层及氧化层的两根线头分别散开并拉直，在靠近绝缘层的 1/3 芯线处将该段芯线绞紧，把余下的 2/3 线头分散成伞状，如图 12.35(a) 所示。

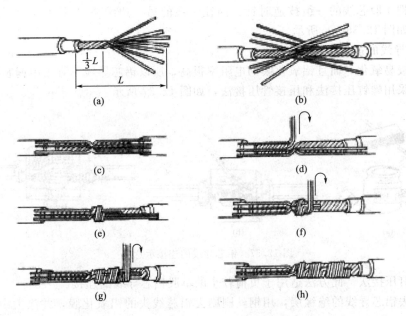

(a)　　　　　　　　　　(b)

(c)　　　　　　　　　　(d)

(e)　　　　　　　　　　(f)

(g)　　　　　　　　　　(h)

图 12.35　7 股铜芯导线的直线连接示意图

然后把两个分散成伞状的线头隔根对叉，如图 12.35(b) 所示；再放平两端对叉的线头，如图 12.35(c) 所示；接下来把一端的 7 股芯线按 2、2、3 股分成三组，把第一组的 2 股芯线扳起，垂直于线头，如图 12.35(d) 所示；按顺时针方向紧密缠绕 2 圈，将余下的芯线向右与芯线平行方向扳平，如图 12.35(e) 所示；随后将第二组 2 股芯线扳成与芯线垂直方向，如图 12.35(f) 所示；按顺时针方向紧压着前两股扳平的芯线缠绕 2 圈，也将余下的芯线向右与芯线平行方向扳平；将第三组的 3 股芯线扳于线头垂直方向，如图 12.35(g) 所示，然后按顺时针方向紧压芯线向右缠绕。

最后再缠绕 3 圈，之后，切去每组多余的芯线，钳平线端，如图 12.35(h) 所示。

用同样的方法去缠绕另一边芯线。

4. 7 股铜芯线的 T 字分支连接

首先把除去绝缘层及氧化层的分支芯线散开钳直，在距绝缘层 1/8 线头处将芯线绞紧，把余下部分的芯线分成两组，一组 4 股，另一组 3 股，排齐，然后用螺丝刀把已除去绝缘层的干线芯线撬分两组，把支路芯线中 4 股的一组插入干线两组芯线中间，把支线的 3 股芯线的一组放在干线芯线的前面，如图 12.36(a) 所示。

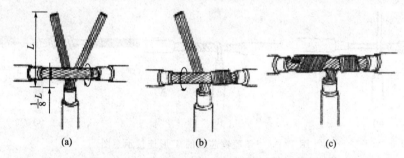

图 12.36　7 股铜芯线的 T 字分支连接示意图

然后，把 3 股芯线的一组往干线一边按顺时针方向紧紧缠绕 3～4 圈，剪去多余线头，钳平线端，如图 12.36(b) 所示。

最后，把 4 股芯线的一组按逆时针方向往干线的另一边缠绕 4～5 圈，剪去多余线头，钳平线端，如图 12.36(c) 所示。

5. 铝芯导线的连接

由于铝极易氧化，而且铝氧化膜的电阻率很高，所以铝芯导线不宜采用铜芯导线的连接方法，而常采用螺钉压接法和压接管压接法，如图 12.37 所示。

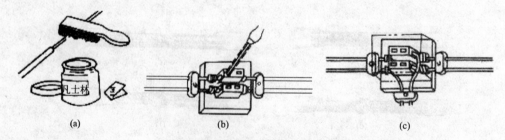

图 12.37　铝芯导线的连接示意图

（1）螺钉压接法　此方法适用于负荷较小的单股铝芯导线的连接。

首先除去铝芯导线的绝缘层，用钢丝刷刷去铝芯线头的铝氧化膜，并涂上中性凡士林，如图 12.37(a) 所示。

将线头插入瓷接头或熔断器、插座、开关等的接线桩上，然后旋紧压接螺钉，图 12.37(b) 所示为直线连接，图 12.37(c) 所示为分路连接。

（2）压接管接法　压接管接法适用于较大负载的多股铝芯导线的直线连接，需要压接钳和压接管，如图 12.38(a) 和图 12.38(b) 所示。

根据多股铝芯导线规格选择合适的压接管，除去需连接的两根多股铝芯导线的绝缘层，用钢丝刷清除铝芯线头和压接管内壁的铝氧化层，涂上中性凡士林。

然后将两根铝芯导线头对向穿入压接管，并使线端穿出压接管 25～30mm，如图 12.38(c) 所示。

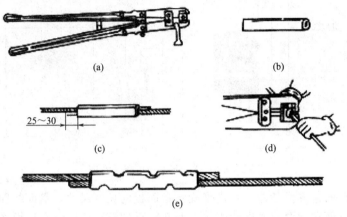

图 12.38　压接管接法示意图

最后进行压接。压接时第一道压坑应在铝芯线头一侧，不可压反，如图 12.38(d) 所示。压接完成后的铝芯导线如图 12.38(e) 所示。

6. 线头与针孔式接线桩的连接

把单股导线除去绝缘层后插入合适的接线桩针孔，旋紧螺钉。如果单股芯线较细，把芯线折成双根，再插入针孔。对于软线，须先把软线的细铜丝都绞紧，再插入针孔，孔外不能有铜丝外露，以免发生事故。如图 12.39(a) 所示。

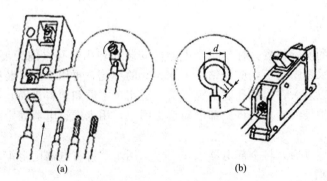

图 12.39　线头与接线桩的连接

7. 线头与螺钉平压式接线桩的连接

对于较小截面的单股导线，先去除导线的绝缘层，把线头按顺时针方向弯成圆环，圆环的圆心应在导线中心线的延长线上，环的内径 d 比压接螺钉外径稍大些，环尾部间隙为 1～2mm，剪去多余芯线，把环钳平整，不扭曲。然后把制成的圆环放在接线桩上，放上垫片，把螺钉旋紧。如图 12.39(b) 所示。

对于较大截面的导线，须在线头装上接线端子，由接线端子与接线桩连接。

三、家用配电盘的制作

家用配电盘是供电和用户之间的中间环节，通常也叫做照明配电盘。

配电盘的盘面一般固定在配电箱的箱体里，是安装电器元件用的。其制作主要步骤如下。

1. 盘面板的制作

根据设计要求来制作盘面板。一般家用配电板的电路如图 12.40 所示。

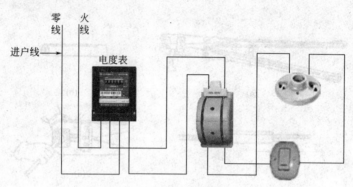

图 12.40　家用配电板电路示意图

根据配电线路的组成及各器件规格来确定盘面板的长度尺寸，盘面板四周与箱体边之间应有适当缝隙，以便在配电箱内安装固定，并在板后加框边，以便在反面布设导线。为节约木材，盘面板的材质已广泛采用塑料代替。

电器排列的原则如下。

① 将盘面板放平，全部元器件、电器、装置等置于上面，先进行实物排列。一般将电度表装在盘面的左边或上方，刀闸装在电度表下方或右边，回路开关及灯座要相互对应，放置的位置要便于操作和维护，并使面板的外形整齐美观。注意：一定要火线进开关。

② 各电器排列的最小间距应符合电气距离要求，除此之外，各器件、出线口距盘面的四周边缘的距离均不得小于 30mm。总之，盘面布置要求安全可靠，整齐美观，便于加电测试和观察。

2. 盘面板的加工

按照电器排列的实际位置，标出每个电器的安装孔和出线孔（间距要均匀），然后进行盘面板的钻孔（如采用塑料板，应先钻一个 $\phi3$mm 的小孔，再用木螺钉装固定电器）和盘面板的刷漆，漆干了以后，在出线孔套上瓷管头（适用于木质和塑料盘面）或橡皮护套（适用于铁质盘面）以保护导线。然后将全部电器摆正固定，用木螺钉电器固定牢靠。

3. 电器的固定

待盘面板加工好以后，将全部电器摆正固定，用木螺钉将电器固定牢靠。

4. 盘面板的配线

① 导线的选择。根据电度表和电器规格、容量及安装位置，按设计要求选取导线截面和长度。

② 导线敷设。盘面导线需排列整齐，一般布置在盘面板的背面。盘后引入和引出的导线应留出适当的余量，以便于检修。

③ 导线的连接。导线敷设好后，即可将导线按设计要求依次正确、可靠地连接电器元件。

5. 盘面板的安装要求

① 电源连接。垂直装设的开关或刀闸等设备的上端接电源，下端接负载；横装的设备左侧（面对配电板）接电源，右侧接负载。

② 接火线和零线。按照左零右火的原则排列。

③ 导线分色。火线和零线一般不采用相同颜色的导线，通常火线用红色导线，零线采用其他较深颜色的导线。

6. 制作配电箱体

如有条件可最后制作配电箱体。箱体形状和外表尺寸一般应符合设计要求，或根据安装位置及电器容量、间距、数量等条件进行综合考虑选择适当的箱体。

7. 盘面电器单相电度表简介

单相电度表是累计用户一段时间内消耗电能多少的仪表，其下方接线盒内有四个接线柱，从左至右按 1、2、3、4 编号。连接时编号 1、3 的作为进线，其中 1 接火线，3 接零线；编号 2、4 的作为电度表出线，2 接火线，4 接零线。具体接线时，还要根据电度表接线盒内侧的线路图为准。

8. 刀闸开关简介

刀闸开关主要用于控制用户电路的通断。安装刀闸时，操作手柄要朝上，不能倒装，也不能平装，以避免刀闸手柄因自重而下落，引起误合闸而造成事故。

四、综合盘的制作

所谓综合盘，就是在一个盘面上安装一盏白炽灯座和两个控制白炽灯通、断的双联开关，三个单相五孔插座，其盘面布置框图如图 12.41 所示。

1. 双联开关控制的照明电路安装

两只双联开关在两个地方控制一盏灯的线路通常用于楼梯或走廊。

控制线路中一个最重要的环节是火线必须进开关。零线直接连到灯座连接螺纹圈的接线柱上（如果是卡口灯座，可把零线连接在任意一个灯口的接线柱上）。

火线的连线路径：火线连接于双联开关的动触头的固定端，再从另一个动触头的固定端连接到灯座中心簧片的连线柱上。连线位置可参看图 12.42 所示的盘后走线图。

图 12.41 综合盘配电板示意图

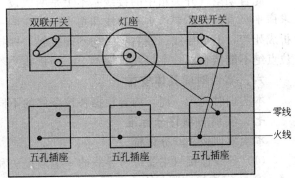

图 12.42 综合盘电路板后连线示意图

2. 五孔插座的安装

进行插座接线时，每一个插座的接线柱上只能接一根导线，因为插座接线柱一般都很小，原设计只接一根导线，如硬要连接多根，当其中一根发生松动时，必会影响其他插座的正常使用；另外，接线柱上若连接插座超过一个，当一个插座工作时，另一个插座也会跟着发热，轻者对相邻插座寿命产生影响，发热严重时还可能烧坏插座接线柱。

对家庭安装来讲，插座的安装位置一般离地面 30cm。卫生间、厨房插座高度另定。卫生间要安装防溅型插座，浴缸上方三面不宜安装插座，水龙头上方不宜安装插座。燃气表周围 15cm 以内不能安装插座。燃具与电器设备属错位设置，其水平净安装距离不得小于 50cm。

安装单相三眼插座时，面对插座正面位置，正确的方法是把单独一眼放置在上方，而且让上方一眼接地线，下方两眼的左边一眼接零线，右边一眼接火线，这就是常说的左零右火。安装两眼插座时，左边一眼接零线，右边一眼接相线，不能接错，否则用电器的外壳会带电，或打开用电器时外壳会带电，易发生触电事故。

家用电器一般忌用两眼电源插座，尤其是台扇、落地风扇、洗衣机、电冰箱等，均应采用单相三眼插座。浴霸、电暖器安装不得使用普通开关，应使用与设备电流相配的带有漏电保护的专门开关。

五、自动空气开关箱的制作

1. 自动空气开关简介

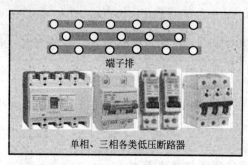

端子排

单相、三相各类低压断路器

图 12.43 自动空气开关箱制作示意图

自动空气开关也叫做低压断路器。自动空气开关不仅具有短路保护、过载保护的功能，还具有欠压和失压保护功能，图 12.43 中最左边的三相低压断路器还具有漏电保护功能。

当电路发生上述任何一种故障现象时，自动空气开关均可自动断开，切断故障线路，起到保护作用。空气开关具有自恢复能力，不需更换熔体等，待故障消除后，只要推上电键，随时可以连通电路。

2. 自动空气开关箱制作所需电气元件

单相、三相带漏电保护的自动空气开关各一个，两个不带漏电保护的单相、三相自动空气开关各一个，开关箱和端子接线排。

3. 接线工艺要求

此自动空气开关箱中的接线基本上是明敷设，因此要求布线安全合理、整齐美观。除要求横平竖直外，还要求水平导线和垂直导线在同一水平面和垂直面上。导线弯曲处注意不要折成死弯，上下导线、左右导线均不能接触，保持任意两根导线之间的必要距离。不同的电位点绝不能接在同一个接线排端子上。连接线头不要裸露导线，连接头要紧固牢靠。

六、实训时间具体安排

本实训时间为一周，内容根据各校条件的不同可以进行取舍。

七、实训各项评分标准

本次实训按 100 分评价。

（1）导线连接（主要练习导线的一字形接法和 T 字形接法）按 10 分计。

① 一字连接若圈与圈之间距离大扣 1 分；线损伤扣 1 分；圈数比要求的少或多均扣 1 分；导线裸露部分太长扣 1 分。

② T 形连接时若圈与圈之间距离较大扣 1 分；线被钳子夹伤扣 1 分；圈数不够或多扣 1 分；导线裸露部分过长扣 1 分。

（2）综合盘制作按 15 分计。

① 线路连接不正确，加电试验且一次不成功扣 3 分；灯头火线、零线接反扣 2 分。

② 火线和零线颜色不分扣 2 分；导线较短致使走线太紧扣 1 分；导线太长造成浪费扣 1

分；连线不牢固扣 1 分；线鼻绕反一处扣 1 分。

③ 五孔插座中火线零线接错扣 3 分；元件损坏一片扣 3 分（并且要立即购买新的进行赔偿）。

（3）配电盘制作按 15 分计。

① 通电试验不成功每返工一次扣 3 分；元件布局不合理扣 2 分；元件安装松动每处扣 1 分。

② 敷线工艺中走线不平直、交叉相接触每处扣 1 分；线鼻绕错一片扣 1 分；线头裸露部分较多每处扣 1 分。

③ 火线零线不分扣 2 分；火线接错扣 2 分；损坏元件一处扣 3 分（立刻赔偿）。

（4）自动空气开关箱制作按 15 分计。

① 火线零线不分扣 2 分；火线零线接反扣 3 分；接错一处扣 2 分。

② 线路布置不美观，不在一个平面内扣 3 分；线鼻绕反一处扣 1 分；导线裸露过多每处扣 1 分。

③ 损坏设备一处扣 3 分，且要责令立即赔偿补充，以免影响后面实训。

（5）实训期间全勤按 10 分计。旷课一次扣 5 分；请事假一次扣 2 分；病假一次扣 1 分。

（6）实训期间劳动态度好且遵守实训纪律按 10 分计。

（7）实训总结报告按 25 分计。

参 考 文 献

1. 邱关源. 电路. 第 4 版. 北京：高等教育出版社，1999.

2. 刘源. 电路分析基础. 北京：电子工业出版社，2006.

3. 曾令琴. 电路分析基础. 第 3 版. 北京：人民邮电出版社，2012.

4. 秦曾煌. 电工学（上、下册）. 第 5 版. 北京：高等教育出版社，1999.

5. 张永瑞. 电路分析基础. 第 2 版. 西安：电子科技大学出版社，2000.

6. 潘兴源. 电工电子技术基础. 上海：上海交通大学出版社，1999.

7. 李俊友. 电工应用技术教程. 北京：机械工业出版社，2002.

8. 杨得源. 实用电工技术问答. 沈阳：辽宁人民出版社，1981.

9. 易沅屏. 电工学. 北京：高等教育出版社，1993.

10. 唐庆玉. 电工技术与电子技术. 北京：清华大学出版社，2007.